运输类飞机外场结构损伤抢修

黄昌龙　徐海蓉　著

西北工业大学出版社

西　安

【内容简介】 本书依据运输类飞机适航法规、结构设计和维修要求等,综合国内外先进、成熟运输类飞机外场结构损伤快速处理适航要求符合性方法和工程实践,系统地讲解了运输类飞机外场结构损伤快速处理要求、方法及依据。

本书适合作为高等院校飞机维修专业的教材,也可作为运输类飞机维修人员以及高等院校、科研机构等单位飞机结构专业人员的技术参考资料。

图书在版编目(CIP)数据

运输类飞机外场结构损伤抢修/黄昌龙,徐海蓉著
. 一西安:西北工业大学出版社,2023.5重印
ISBN 978 - 7 - 5612 - 6722 - 6

Ⅰ.①运… Ⅱ.①黄… ②徐… Ⅲ.①运输机-损伤(力学)-维修 Ⅳ.①V271.2

中国版本图书馆 CIP 数据核字(2019)第 278035 号

YUNSHULEI FEIJI WAICHANG JIEGOU SUNSHANG QIANGXIU

运 输 类 飞 机 外 场 结 构 损 伤 抢 修

责任编辑:胡莉巾		策划编辑:张　晖	
责任校对:王梦妮		装帧设计:李　飞	
出版发行:西北工业大学出版社			
通信地址:西安市友谊西路 127 号		邮编:710072	
电　　话:(029)88491757,88493844			
网　　址:www.nwpup.com			
印 刷 者:陕西天意印务有限责任公司			
开　　本:787 mm×1 092 mm		1/16	
印　　张:14.125			
字　　数:353 千字			
版　　次:2019 年 12 月第 1 版　2023 年 5 月第 2 次印刷			
定　　价:65.00 元			

如有印装问题请与出版社联系调换

前　言

　　运输类飞机在航前、航后、过站、短停等外场运营期间,经常会遭受鸟击、雷击以及工作梯、车辆撞击等导致的结构损伤。绝大多数外场结构损伤发生在远离飞机用户维修基地的外航站,往往不具备结构损伤处理需要的停场时间、工具设备、航材、人力等条件。外场结构损伤处理不当,不仅会导致飞机长时间非计划停场,进而引起重大经济损失,还会影响飞机安全运行,甚至可能会引起飞机灾难性破坏。随着我国自主研发的 ARJ21,C919,AG600,MA700 等运输类飞机陆续投入运营,飞机用户将面临更加突出的外场结构损伤带来的安全和经济压力。

　　在确保飞行安全的前提下,尽量降低外场结构损伤导致的经济损失是运输类飞机用户关注的重点。外场结构损伤造成的主要经济损失是飞机非计划停场损失。运输类飞机外场结构损伤处理的基本原则是在满足《大型飞机公共航空运输承运人运行合格审定规则》第 121.379 条"飞机放行"的飞机放行条件的前提下,尽量避免非计划停场或者缩短非计划停场周期。

　　笔者针对运输类飞机外场结构损伤处理的安全性和经济性要求,以运输类飞机航空法规为基础,根据二十多年的运输类飞机结构设计经验、维修理论研究成果以及外场结构损伤处理工程实践验证,构建了"运输类飞机外场结构损伤抢修"理论系统,编写了本书。本书中,首先根据《运输类飞机适航标准》等适航规章,介绍运输类飞机结构的承载要求。其次,根据航空材料学、工程力学等经典理论以及飞机结构设计、维修要求,参考国内外先进成熟运输类飞机的典型结构,介绍运输类飞机的结构型式、承载特性以及运输类飞机的典型结构。再次,根据运输类飞机结构维修要求,介绍结构损伤型式及检查方法、结构损伤清除方法以及外场结构损伤信息收集和报告要求。最后根据《运输类飞机适航标准》以及《大型飞机公共航空运输承运人运行合格审定规则》等航空法规,介绍运输类飞机结构损伤放行条件以及外场结构损伤快速处理的要求和方法。

　　本书共 8 章。第 1~4 章和第 8 章由黄昌龙教授编写,第 5~7 章由徐海蓉老师编写,全书由黄昌龙教授统稿、审定。本书不仅可以作为高等院校飞机维修相关专业的教材,也可以作为运输类飞机维修人员的学习资料。

本书作者联系方式：richardhcl@vip.sina.com；helenxuhr@163.com。

在撰写本书过程中，笔者得到了广州飞安航空科技有限公司的技术支持，也参阅了波音公司和空客公司的飞机维修手册等相关技术资料，在此一并表示感谢。

本书是基于笔者的专业水平和理解，对运输类飞机航空法规等文件进行的解读。书中难免存在不当或欠妥之处，恳请广大读者批评、指正。

著　者

2019 年 8 月于广州

目　　录

第 1 章 绪 论

1.1 飞机结构损伤及危害

　　1988 年 4 月 28 日,美国阿罗哈航空公司一架机龄超过 19 年的"老龄"波音 737 - 200 型客机从夏威夷的希洛国际机场飞往檀香山途中,在太平洋上空时前机身上部铝合金蒙皮壁板突然撕裂、丢失。导致该起事故的直接原因是飞机用户未能及时检查发现飞机前机身上部蒙皮搭接缝区域的腐蚀疲劳裂纹。

　　1985 年 8 月 12 日,日本航空一架波音 747 - 100 型客机飞行途中,机身后增压加强框的铝合金腹板补强修理区域开裂,客舱增压区域向后喷出的高压气流使垂尾严重受损,最终导致飞机失去控制撞山解体。事故调查结果显示:1978 年 6 月 2 日,该飞机在日本大阪伊丹机场着陆时,机身后增压加强框腹板受损。随后完成的腹板补强修理不满足飞机安全运行要求,导致腹板补强修理区域应力过高引起疲劳开裂。飞机用户在后续的使用维修过程中,未能够及时检查发现腹板补强修理区域的疲劳开裂,最终酿成灾难性事故。

　　2002 年 5 月 25 日,台湾中华航空公司一架"老龄"波音 747 - 200 型客机在澎湖海域上空飞行时空中解体。事故调查结果显示:1980 年 2 月 7 日,该飞机在香港启德机场着陆时仰角过大,导致机身后下部铝合金蒙皮擦地、受损。随后进行的蒙皮补强修理并不满足要求,导致蒙皮补强修理区域疲劳开裂。飞机用户在后续的使用维修过程中,同样未能够及时检查发现蒙皮补强修理区域的疲劳开裂,最终,蒙皮疲劳裂纹超过临界长度后快速失稳扩展,引起机身解体。

　　运输类飞机投入使用后,结构不可避免地会遭受鸟击、雷击以及地面设备、车辆撞机等偶然因素导致的偶然损伤。随着机龄和飞行起落次数不断增加,飞机结构还会陆续出现设计缺陷、制造缺陷以及使用维修缺陷等导致的腐蚀、老化和疲劳损伤。结构损伤不仅会给飞机用户带来较大的经济损失,还可能影响飞机安全运行,甚至引起飞机灾难性破坏。飞机结构损伤影响飞机安全运行甚至引起飞机灾难性破坏的主要原因如下:

　　(1)飞机型号合格证持有人制定的飞机结构损伤检查标准不满足适航要求,或者飞机用户未能正确执行飞机结构损伤检查要求,导致未能及时检查发现结构损伤。

　　(2)飞机用户发现结构损伤后,对结构损伤的处理不满足飞机安全运行要求。

1.2 飞机结构维修要求

　　飞机投入运营后,飞机结构维修是避免结构损伤影响运输类飞机安全运行甚至引起飞机灾难性破坏的主要途径。运输类飞机结构维修要求总体原则是在避免结构损伤影响飞机安全运行的前提下,最大限度地降低飞机结构维修成本。由此可见,飞机结构维修要求主要包括安全要求和经济性要求。

1.2.1 安全要求

《大型飞机公共航空运输承运人运行合格审定规则》第121.363条"适航性责任"对运输类飞机用户的要求如下:

(1)合格证持有人应当对飞机的适航性负责,包括机体、发动机、螺旋桨、设备及其部件的适航性。

(2)合格证持有人应当按照本章的要求并依据中国民用航空局(以下简称"局方")批准或者认可的手册、程序实施下述工作,以确保飞机的适航性和运行设备、应急设备的可用性。

1)每次飞行前按照《大型飞机公共航空运输承运人运行合格审定规则》第121.367条要求的飞机维修方案完成所有维修任务,并进行必要的检查和放行;

2)对于影响安全运行的有关缺陷和损伤进行处理并达到局方批准的标准,该型飞机有可用的最低设备清单,应符合该清单规定的要求;

3)依据《大型飞机公共航空运输承运人运行合格审定规则》第121.368条要求的可靠性方案进行分析并保持《大型飞机公共航空运输承运人运行合格审定规则》第121.367条要求的飞机维修方案的有效性;

4)完成适航指令和局方要求强制执行的任何其他持续适航要求;

5)依据批准的标准完成改装,对于非强制性改装,制定具体政策。

(3)合格证持有人可以通过协议将上述(2)款中的全部或者部分工作进行委托,但对其飞机负有同样的适航性责任。

《大型飞机公共航空运输承运人运行合格审定规则》第121.379条"飞机放行"对运输类飞机放行的情况下,要求如下:

(1)合格证持有人在每次完成维修工作和对任何缺陷、故障进行处理后,在符合本条(2)款要求后,由合格证持有人授权的维修放行人员在飞机飞行记录本上签署飞机放行。

(2)飞机放行的条件如下:

1)维修工作是按照合格证持有人的要求进行的;

2)所有的工作项目都是由合格的维修人员完成,并按照《民用航空器维修单位合格审定规定》颁发维修放行证明;

3)没有已知的飞机不适航的任何状况;

4)至目前所完成的维修工作为止,飞机处于安全运行的状态。

(3)在规定的使用限制条件下,合格证持有人可以在符合局方批准的最低设备清单和外形缺损清单时放行带有某些不工作的设备或者带有缺陷的飞机。

(4)对于航线维修、A检或者相当级别(含)以下的飞机定期检修工作及结合其完成的改装工作,如飞机放行结合《民用航空规章》第145部"维修放行证明"一同进行,则无须重复签署。

根据《大型飞机公共航空运输承运人运行合格审定规则》第121.379条和第121.363

条,运输类飞机结构维修要求包括结构维护和结构损伤修理两方面。运输类飞机结构维修要求如下:

(1)结构损伤预防和控制。运输类飞机用户应该根据有效的《可靠性管理方案》、《飞机结构腐蚀预防和控制方案》(CPCP)以及服务通告(SB)等持续适航文件的评估执行等措施,有效预防和控制结构腐蚀和疲劳等损伤,避免结构腐蚀和疲劳等损伤引起飞机灾难性破坏导致飞机不适航。

(2)结构损伤检查。运输类飞机用户应该按照局方批准的有效《飞机维修方案》、适航指令等持续适航文件,及时检查发现影响飞机安全运行的结构损伤,避免结构损伤引起飞机灾难性破坏。

(3)结构损伤修理。运输类飞机用户发现结构损伤之后,如果确定结构损伤影响飞机安全运行,必须及时完成结构修理并达到局方批准的标准。结构修理达到批准的标准,不仅指结构损伤修理依据的修理方法或者修理方案需要得到局方批准或认可,还指结构损伤修理的施工结果必须与局方批准或认可的修理方法或者修理方案的修理要求一致。

1.2.2　经济性要求

运输类飞机运营产生的利润不仅是飞机用户赖以生存和发展的基础,也是飞机适航的根本保障。运输类飞机结构维修的经济性要求总体原则是尽可能降低结构损伤导致的经济损失。运输类飞机用户降低结构损伤经济损失的主要方法如下:

(1)通过合理的飞机结构维护措施有效预防和控制结构损伤,避免结构损伤出现或者尽早发现已经存在的结构损伤,从而达到降低修理成本的目的。值得注意的是,运输类飞机通过结构改装和调整结构检查要求等维护措施预防和控制结构损伤往往会增加结构维护成本,需要与降低的结构损伤修理成本比较后综合权衡。

(2)通过合理的飞机结构损伤处理方法,尽可能降低因结构损伤处理导致的经济损失。运输类飞机结构损伤处理的经济损失主要包括:结构损伤处理的飞机停场、航材、工时成本,结构修理增加的重量和气动阻力导致的油耗上升,以及结构修理补充检查成本等。其中,飞机停场损失是运输类飞机外场结构损伤处理的主要经济损失。2018年飞机用户统计数据表明:波音737等小型运输类飞机每停场一天造成的停场经济损失超过50万元。降低结构损伤处理的经济损失主要措施包括以下几方面:

1)尽量缩短结构损伤检查、损伤信息收集和损伤评定及损伤报告周期。

2)结构损伤处理方法合理。

3)尽量缩短结构损伤处理的施工周期。

第2章　飞机结构承载要求

2.1　飞机结构概述

　　主要作用为承受和传递飞机载荷的飞机构件称为飞机结构。运输类飞机在飞行阶段和地面阶段,将承受空气、发动机以及地面施加给飞机的重力、飞行载荷、增压载荷、发动机载荷以及地面载荷等外载荷。外载荷施加给飞机后通过结构传递并平衡。

　　根据飞机结构的构造关系,飞机结构分为结构元件(Structural Element)、结构组件(Structural Assembly)、结构部件(Structural Component)和机体(Airframe)4个级别。结构元件指单个结构件。结构元件是飞机结构的基本承载单元。两个或者两个以上结构元件通过紧固件或其他连接方式组成的结构称为结构组件。结构部件和子部件指用于独立实现飞机某设计功能的结构。运输类飞机机体的结构部件包括起落架、门、机身、发动机吊舱、尾翼、风挡以及机翼。运输类飞机每个结构部件往往还包括多个子部件(Structural Sub-component)。运输类飞机的典型结构部件如图2-1所示。

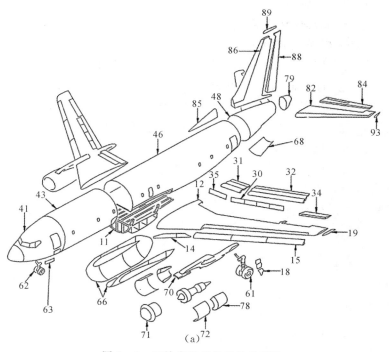

图 2-1　运输类飞机典型结构部件

部　件	序　号	子部件	部　件	序　号	子部件
机身 （ATA53）	41	机身前段	门 （ATA52）	18	主起落架舱门
	43	机身中段		63	前起落架舱门
	46	机身中后段		68	APU 舱门
	48	机身尾段	吊舱 （ATA54）	70	发动机吊挂
	66	翼身整流罩		71	发动机进气道
	79	机身尾椎		72	发动机风扇整流罩
机翼 （ATA57）	11	机翼中央段		78	C 涵道
	12	机翼外段	尾翼 （ATA55）	82	水平安定面
	14	前缘襟翼		84	升降舵
	15	缝翼		85	背鳍
	19	机翼翼尖		86	垂直安定面
	30	外侧扰流板		88	方向舵
	31	后缘内侧襟翼		89	垂直安定面翼尖
	32	后缘外侧襟翼		93	水平安定面翼尖
	34	副翼	起落架 （ATA32）	61	主起落架
	35	内侧扰流板		62	前起落架

(b)

续图 2-1　运输类飞机典型结构部件

2.2　飞机外载荷

飞行阶段以及地面阶段，空气、地面以及发动机等施加给飞机的载荷称为飞机外载荷。

根据外载荷的大小和加载面积，运输类飞机的外载荷分为集中载荷和分布载荷。加载面积较小的较大载荷称为集中载荷。集中载荷一般通过紧固件加载给结构。加载面积较大的载荷称为分布载荷。分布载荷一般通过结构表面加载，单位面积的结构载荷一般较小。

根据外载荷的大小随时间是否发生变化，运输类飞机的外载荷分为静载荷和动载荷。大小和方向随时间不发生变化或者变化速度比较缓慢的载荷称为静载荷。大小随时间变化的载荷称为动载荷。其中，大小随时间呈周期性变化的动载荷称为交变载荷。

根据外载荷的加载来源，运输类飞机外载荷主要包括重力、飞行载荷、地面载荷、增压载荷以及发动机载荷。其中，飞行载荷、地面载荷、增压载荷以及发动机载荷通过飞机结构表面加载，也称为表面力。重力由飞机质量导致，也称为体积力。飞机结构是否承受飞行载荷、地面载荷、增压载荷、发动机载荷，是判断结构失效是否影响飞机安全运行的主要依据。飞机外载荷除了重力为静载荷之外，飞行载荷、地面载荷、增压载荷以及发动机载荷等外载荷一般为交变载荷。

为了便于分析运输类飞机的外载荷,一般以飞机的重心为原点建立三维机体坐标系。其中,飞机纵轴为 x 轴,飞行方向为 x 轴正向。垂直于飞机纵轴的竖直方向为 y 轴。竖直向上为 y 轴正向。z 轴方向根据右手定则确定:伸开右手,使拇指之外的 4 个手指与 x 轴正向一致,然后向 y 轴正向转动,拇指方向为 z 轴正向。机体坐标系随飞机一起运动。飞机机体坐标系如图 2-2 所示。

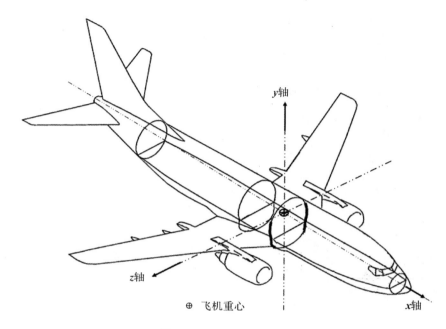

图 2-2　飞机机体坐标系

2.2.1　质量力

飞机结构以及飞机装载的人员、货物、燃油、系统设备、发动机等质量引起的飞机载荷称为质量力。质量力包括重力和惯性力。

1. 重力

地球以万有引力形式施加给飞机的外载荷称为重力。重力属于分布载荷和静载荷。重力取决于飞机的质量和重力加速度。重力的大小 G 等于飞机质量 m 乘以重力加速度 g,方向竖直向下指向地心,有

$$G = mg$$

水平匀速直线飞行时,飞机重力方向为 y 轴负向。重力加速度随飞机位置不同略有不同。同一纬度重力加速度 g 随飞行高度的增加而减小。同一飞行高度重力加速度随纬度的增加而增大。飞机的重力合力作用点称为重心。运输类飞机的重心位于前起落架和主起落架之间。

2. 惯性力

物体保持静止或匀速直线运动状态的性质称为惯性。惯性是物体固有的一种属性,会阻止物体静止或匀速直线运动状态发生改变。当飞机的外载荷之和为零时,惯性表现

为使飞机保持静止或匀速直线运动状态不变。当飞机的外载荷之和不为零时,飞机存在加速度。惯性表现为外载荷改变飞机运动状态的难易程度。飞机飞行时,似乎有一个与飞机加速度方向相反的力阻碍飞机运动状态发生改变。由于没有施力物体,阻碍飞机运动状态发生改变的惯性力实际上并不存在。这种通过惯性阻碍飞机运动状态发生改变、与飞机加速度方向相反的虚拟载荷称为惯性力。惯性力取决于飞机的质量和加速度,属于分布载荷和动载荷。

飞机的惯性力 F 取决于飞机的质量 m 和加速度 a,大小等于飞机的质量 m 乘以飞机加速度 a,方向与飞机的加速度方向相反,则有

$$F = -ma$$

惯性力是评定飞机外载荷合力大小的等效方法。飞机惯性力的大小等于飞机外载荷的合力,方向与飞机外载荷合力的方向相反。飞机在加速、减速、滚转、曲线飞行阶段以及飞机结构振动/颤振时存在加速度,飞机结构将承受惯性力。

2.2.2　飞行载荷

飞行阶段飞机外表面气流以空气动力形式施加给飞机的升力、飞行阻力、机动载荷以及突风载荷称为飞行载荷。飞行阶段包括起飞滑跑、着陆滑跑以及离地空中飞行阶段。

飞行过程中,流经飞机表面的气流总压包括静压和动压。在气流与外界没有能量交换的前提下,气流的总压不变。运输类飞机的飞行速度基本上为亚声速,因此飞机表面的气流速度基本上为亚声速。亚声速气流的动压和静压与总压的关系遵循伯努利方程,有

$$动压\left(\frac{1}{2}\rho v^2\right) + 静压(p) = 总压(p_0)$$

式中:ρ 代表气流的空气密度;v 代表气流与飞机外表面的相对速度。

静压为直接作用在飞机表面的气体压强。飞机表面的空气动力来源于气流的静压。匀速直线飞行阶段飞机外表面与飞机外部气流的相对速度可以近似看成飞行速度 v,但是飞机内表面与飞机内部气体的相对速度为零。根据伯努利方程可知:飞机外表面亚声速气流的静压小于飞机内表面气流的静压。这就使得位于飞机外表面的蒙皮和整流罩结构承受飞机内、外表面气流静压差导致的载荷。这种飞机内、外表面气流相对速度差导致的载荷称为空气动力。空气动力属于结构的表面力,加载于飞机外表面的蒙皮和整流罩结构。空气动力的方向近似垂直于蒙皮和整流罩结构表面。

1. 升力

用于平衡飞机及其装载和发动机重力的空气动力分量称为升力。升力用于维持飞机的飞行状态,属于分布载荷和交变载荷。飞机在无机动状态下水平匀速直线飞行时,升力的大小等于空气动力在图 2-2 所示飞机机体坐标系 y 轴正向的分量。运输类飞机的升力主要由机翼和水平尾翼产生。飞机水平匀速直线飞行时,机翼升力的方向为飞机机体坐标系 y 轴正向。机翼升力主要用于平衡方向竖直向下的飞机和发动机重力。机翼升力的合力作用点位于飞机重心的后面。水平匀速直线飞行时,水平尾翼升力的方向为飞机机体坐标系 y 轴负向。水平机翼升力主要用于平衡飞机的俯仰力矩。运输类飞机机翼和平尾升力如图 2-3 所示。

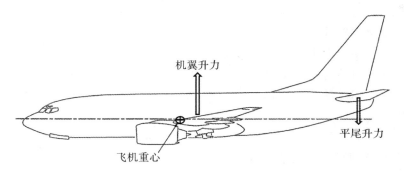

图 2-3 运输类飞机机翼和平尾升力

(1)机翼升力产生原理。运输类飞机机翼有 1°左右正安装角。机翼的弦向截面中间区域厚、后缘薄。其中,机翼上表面的弧度大于下表面的弧度。质量为 m 的气流从机翼前缘处开始分别流经机翼上、下表面后在机翼后缘汇合。机翼前缘相对速度为 v 的气流达到机翼后缘,速度变为方向斜后下方的气流 v'。在不考虑气流与机翼表面摩擦等能量损失的前提下,根据能量守恒定律可知:尽管气流到达机翼后缘的速度 v' 方向发生改变,但速度 v' 的大小与机翼前缘气流速度 v 相同。如果考虑气流与机翼表面摩擦等能量损失,机翼后缘气流实际速度 v' 的大小将小于机翼前缘气流速度 v。机翼升力产生原理如图 2-4 所示。其中,机翼的刚心为机翼扭转变形的轴中心。机翼的压心为机翼空气动力合力的作用中心,位于机翼弦平面刚心后面。机翼压心到前梁的距离比到后梁的距离大。

机翼的升力和飞行阻力的形成原理可以用动量定理解释:机翼前缘速度为 v 的水平方向气流到达机翼后缘变为方向斜后下方的速度 v'。其中,机翼后缘方向竖直向下的速度增加量 $\Delta v'_y$ 为 v'_y,水平方向的气流速度减小量 $\Delta v'_x$ 为 $v-v'_x$。设气流从机翼前缘到达机翼后缘的时间为 t。根据动量定理和力的作用力与反作用力原理,机翼升力 F_y 和飞行阻力 F_x 分别为

$$F_y = \frac{m\Delta v'_y}{t}$$

$$F_x = \frac{m(v-v'_x)}{t}$$

机翼升力形成原理也可以通过机翼的翼型和伯努利方程解释。由于机翼上表面弧度大于机翼下表面弧度且气流具有迎角 α,机翼上表面的气流速度大于机翼下表面的气流速度。根据伯努利方程可知:由于机翼上表面的气流速度大于机翼下表面速度,机翼上表面气流的静压小于下表面气流的静压。作用在机翼上表面与下表面的气流静压差,导致了方向为斜后上方的空气动力合力 F。飞机水平匀速直线飞行时,机翼空气动力合力 F 在飞机机体坐标系 y 轴正向的分量 F_y 为机翼升力。机翼空气动力合力 F 在飞机机体坐标系 x 轴负向的分量 F_x 为机翼飞行阻力。机翼升力计算方法为

$$F_y = \frac{1}{2}\rho v^2 S C_y$$

式中:ρ 代表气流的空气密度;v 代表气流相对速度;S 代表机翼翼型面积;C_y 代表机翼迎角为 α 时的升力系数。

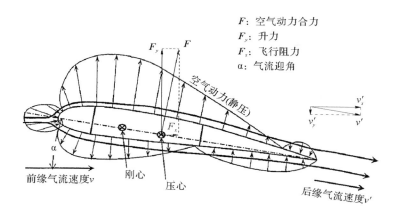

图 2-4　机翼升力产生原理

（2）水平尾翼升力产生原理。运输类飞机水平尾翼的弦向截面中间区域厚、后缘薄。其中，水平尾翼上表面的弧度小于水平尾翼下表面的弧度。质量为 m 的气流从水平尾翼前缘处开始分别流经水平尾翼上、下表面后在水平尾翼后缘汇合。水平尾翼前缘相对速度为 v 的气流达到水平尾翼后缘，速度变为方向斜后上方的气流 v'。在不考虑气流与水平尾翼表面摩擦等能量损失的前提下，根据能量守恒定律可知，尽管气流到达水平尾翼后缘的速度 v' 方向发生改变，但速度 v' 大小与水平尾翼前缘气流速度 v 相同。如果考虑气流与水平尾翼表面摩擦等能量损失，水平尾翼后缘气流实际速度 v' 的大小将小于水平尾翼前缘气流速度 v。水平尾翼的压心为水平尾翼空气动力合力作用中心，在水平尾翼弦平面刚心后面。水平尾翼压心到前梁的距离比到后梁的距离大。

水平尾翼的升力和飞行阻力的形成原理可以用动量定理解释：水平尾翼前缘速度为 v 的水平方向气流达到水平尾翼后缘，变为方向为斜后上方的速度 v'。其中，水平尾翼后缘竖直方向的气流速度增加量 $\Delta v'_y$ 为 v'_y，水平方向的气流速度减小量 $\Delta v'_x$ 为 $v-v'_x$。设气流从水平尾翼前缘到达水平尾翼后缘的时间为 t。根据动量定理和力的作用力与反作用力原理，水平尾翼升力 F_y 和飞行阻力 F_x 分别为

$$F_y = \frac{m\Delta v'_y}{t}$$

$$F_x = \frac{m(v-v'_x)}{t}$$

水平尾翼升力形成原理也可以通过水平尾翼的翼型和伯努利方程解释。由于水平尾翼上表面的弧度小于水平尾翼下表面，水平尾翼上表面的气流速度小于水平尾翼下表面速度。根据伯努利方程可知：水平尾翼上表面气流的静压大于水平尾翼下表面气流的静压。作用在水平尾翼上表面与下表面的气流静压差，导致了方向为斜后下方的空气动力。飞机在无机动状态下水平匀速直线飞行时，水平尾翼空气动力在图 2-2 所示飞机机体坐标系 y 轴负向的分量 F_y 为水平尾翼升力。水平尾翼空气动力合力 F 在飞机机体坐标系 x 轴负向的分量 F_x 为水平尾翼飞行阻力。

2. 飞行阻力

与飞机飞行速度方向相反、阻止飞机运动的空气动力分量称为飞行阻力。飞行阻力

属于分布载荷和交变载荷。飞行阻力为空气动力在飞机机体坐标系 x 轴负向的分量。飞行阻力主要通过发动机推力平衡。根据飞行阻力形成原因,飞行阻力主要包括摩擦阻力、诱导阻力、压差阻力和干扰阻力。以下简要介绍前三者。

(1)摩擦阻力。气流具有黏性。当气流流经飞机表面时,空气微团将与飞机外表面发生摩擦形成相对速度较低的附面层,从而产生阻滞飞机运动的阻力。气流与飞机外表面摩擦产生的阻力称为摩擦阻力。摩擦阻力主要取决于空气的黏性、飞机外表面蒙皮和整流罩结构的表面粗糙程度和面积大小。运输类飞机外表面的摩擦阻力是飞行阻力的主要组成部分,约占飞机总飞行阻力的 45%。机翼外表面摩擦阻力产生原理如图2-5所示。

(2)诱导阻力。诱导阻力是机翼独有的一种飞行阻力,伴随着机翼升力的产生而出现。飞行过程中,机翼上表面的气流速度大于机翼下表面的飞行速度,因而机翼上表面气流的静压小于下表面气流的静压。机翼上、下表面的气流静压差将产生升力。与此同时,机翼上、下表面的气流静压差,又会使机翼下表面高压区域的气流向翼尖方向展向流动并绕过翼尖流向上表面的低压区域。气流绕过翼尖时,在翼尖区域形成旋涡。这种旋涡不断产生并在气流作用下向后流去,形成翼尖涡流。机翼诱导阻力产生原理如图2-6所示。

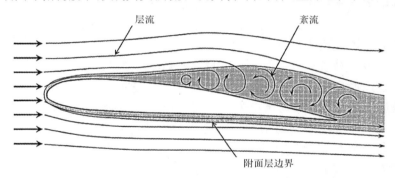

图 2-5　机翼摩擦阻力产生原理

图 2-6　机翼诱导阻力产生原理

翼尖涡流离开机翼后缘一定距离后,将形成两个较大的尾涡。尾涡在机翼根部到翼尖的翼展范围内形成一个方向向下的诱导气流速度,翼尖以外区域则形成一个方向向上的诱导气流速度。其中,翼展范围内方向向下的诱导气流速度称为"下洗速度"。下洗速度自翼尖至翼根逐渐减小。机翼下洗气流速度不仅减小了机翼升力,还增加了飞行阻力。机翼诱导下洗气流导致的飞行阻力称为诱导阻力。运输类飞机机翼诱导阻力是飞行阻力的主要组成部分,约占飞机总飞行阻力的 45%。现代运输类飞机一般采用翼尖小翼或者超临界机翼阻止机翼气流展向流动、减小机翼诱导阻力。

（3）压差阻力。气流到达机翼前缘等飞机迎风面结构表面时受到阻挡，流速降低、压强升高。气流经过飞机前缘迎风面后流速逐渐加快，或者在后部形成高速旋转的紊流，导致迎风面结构后部压强降低。飞机前缘和后部之间有压强差进而形成与飞行速度方向相反的飞行阻力。气流受到阻挡导致压强差形成的飞行阻力称为压差阻力。压差阻力形成原理如图 2-7 所示。运输类飞机的压差阻力约占飞机总飞行阻力的 10%。

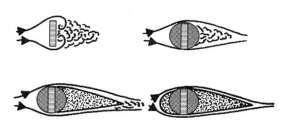

图 2-7　压差阻力形成原理

3. 机动载荷

飞机需要纵向、横向、航向和减速等机动时，驾驶员会通过操纵升降舵、副翼、方向舵以及扰流板等操纵面产生补充空气动力以改变飞机的飞行姿态。这种通过偏转操纵面提供改变飞行姿态的补充空气动力或者空气动力的变化量称为机动载荷。运输类飞机的机动载荷一般属于分布载荷和交变载荷。机翼或者尾翼的机动载荷合力作用点称为焦心或者焦点。

4. 突风载荷

导致飞机相对飞行速度大小和方向突然发生变化的气流称为突风。突风分为离散突风和连续突风两种。连续突风也称为紊流。突风形成原因主要包括热对流、地形、剪切气流、相邻区域其他飞机的尾流等，如图 2-8 所示。

| 热对流 | 地形 | 剪流 | 尾流 |

图 2-8　突风形成的主要原因

由于突风改变了飞机的相对飞行速度，飞机外表面空气动力将会发生变化。突风导致的飞机空气动力变化量称为突风载荷。突风载荷属于分布载荷和动载荷。运输类飞机主要关注垂直突风载荷和横向突风载荷对飞机安全运行的影响。

2.2.3　增压载荷

运输类飞机起飞后,大气压力和氧气的含量将随着飞行高度增加逐渐降低。现代运输类飞机到达 10 000 m 左右的巡航高度后,大气压将从海平面的 1.013×10^5 Pa 下降到 2.67×10^4 Pa 左右,氧气变得非常稀薄。如果不对飞机乘客区域增压,低压和低氧环境将导致乘客产生严重的头痛、呼吸困难等问题,甚至危及乘客生命安全。为了解决低压和缺氧问题,运输类飞机一般通过发动机引气系统对驾驶舱、客舱以及货舱区域进行增压。为了避免机载设备过热,飞机电子设备舱也需要通过发动机引气循环将机载设备工作产生的热量带走。运输类飞机的增压区域如图 2-9 所示。

由于运输类飞机机身增压区域与周围不增压区域之间存在压差,机身增压区域边界结构将直接承受压差导致的交变载荷。机身内部增压区域与外部不增压区域之间压差导致的载荷称为增压载荷。机身增压载荷产生原因如图 2-10 所示。增压载荷属于分布载荷和交变载荷。增压载荷是机身蒙皮等增压边界结构疲劳寿命的主要决定因素。

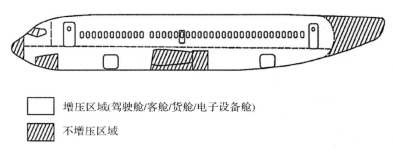

□　增压区域(驾驶舱/客舱/货舱/电子设备舱)

▨　不增压区域

图 2-9　运输类飞机增压区域

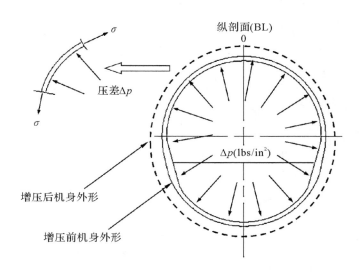

1 lbs(磅力)=4.448 N;1 in(英寸)=2.54 cm;1 lbs/in²(1 PSI)=6.895 kPa

图 2-10　机身增压载荷产生原因

2.2.4　发动机载荷

发动机施加给飞机的载荷称为发动机载荷。运输类飞机的发动机载荷属于集中载荷和交变载荷。运输类飞机发动机为涡轮发动机，发动机载荷主要包括发动机的重力、推力、扭矩、陀螺载荷。

1. 发动机推力

涡轮发动机通过进入发动机的氧气与燃油混合燃烧将燃油的化学能转化为热能，然后通过涡轮将热能转化为机械能，再通过风扇、螺旋桨空气动力的向前分量或发动机加速气流产生的推力，提供飞机飞行需要的发动机推力。涡轮发动机包括涡轮喷气（涡喷）发动机、涡轮风扇（涡扇）发动机、涡轮螺旋桨（涡桨）发动机、涡轮轴（涡轴）发动机以及新型的桨扇发动机。涡喷发动机主要用于需要超声速飞行的军机，涡轴发动机主要用于直升机。运输类飞机的发动机主要采用涡扇发动机和涡桨发动机。

涡扇发动机和涡桨发动机的推力，主要来源于发动机风扇叶片或者桨叶高速旋转产生的空气动力在飞行速度方向的分量。涡扇发动机的风扇叶片和涡桨发动机的桨叶横截面形状与机翼翼型类似，空气动力产生原理也与机翼空气动力产生原理相同：发动机风扇叶片或桨叶在涡轮驱动下高速旋转，使风扇叶片或者桨叶与气流形成很高的相对速度，通过风扇叶片或者桨叶产生方向与飞行速度一致的空气动力分量，即拉力。通过发动机尾喷管加速发动机燃烧室出来的气流产生的推力只占整个发动机总推力的一小部分。其中，涡扇发动机尾喷管加速气流产生的推力小于发动机总推力的22%。涡桨发动机尾喷管加速气流产生的推力仅占发动机总推力的10%～15%。

对于涡桨发动机来说，随着飞机的飞行速度逐渐增加，飞行速度方向气流导致的发动机桨叶压差阻力增加。为了克服桨叶压差阻力，需要提高发动机桨叶旋转速度增加向前的拉力。随着发动机桨叶旋转速度的增加，桨叶环向阻力和扭矩也会增加，这将引起桨叶空气动力特性恶化，导致发动机工作效率降低。因此，涡桨发动机在低速下工作效率较好，在高速状态下工作效率则大大降低，主要用于飞行速度较低的支线飞机。

涡扇发动机的风扇叶片前面有进气道。进气道可以通过降低进入发动机的气流速度、增加气流压强，为发动机提供均匀、稳定的气流，从而保证发动机在高亚声速飞行时仍具有较高的工作效率。因此，涡扇发动机主要用于飞行速度较高的干线飞机。

发动机推力除包括在飞机离地飞行阶段，风扇叶片或者桨叶提供与飞行方向相同的拉力之外，还包括在飞机着陆滑跑阶段，发动机短舱反推装置提供与飞机滑跑方向相反的反推力。

2. 发动机扭矩

涡扇发动机的风扇叶片和涡桨发动机的桨叶在涡轮驱动下高速旋转产生的空气动力，将产生与风扇叶片或桨叶转动速度方向相反的环向分量。与发动机风扇叶片或桨叶转动速度方向相反的空气动力环向分量称为环向阻力。风扇叶片或者桨叶环向阻力导致的力矩称为发动机扭矩。正常情况下，发动机风扇叶片或桨叶扭矩被发动机涡轮的扭矩平衡。《运输类飞机适航标准》第25.631条"发动机扭矩"要求，发动机吊挂及其支撑结构，必须承受压气机卡阻等故障造成发动机突然停车产生的扭矩承载要求。

3. 陀螺载荷

发动机启动开始工作后,绕发动机轴线高速转动的风扇叶片或者桨叶、涡轮等发动机部件,使得发动机具有很高的角动量。飞机飞行姿态发生改变后,发动机轴线将偏离原转动轴线方向。根据角动量守恒定律可知,发动机将产生试图回到原转动轴线方向的载荷。发动机力图回到原转动轴线方向的载荷称为陀螺载荷。发动机吊挂等发动机支撑结构,必须满足发动机陀螺载荷的承载要求。

2.2.5 地面载荷

在飞机着陆、起飞滑跑和着陆滑跑等起落架接触地面后的地面运行阶段,地面施加给飞机的载荷称为地面载荷。地面载荷主要包括着陆载荷、地面操纵载荷和牵引载荷等。运输类飞机的地面载荷主要通过起落架以及千斤顶等飞机顶升设备施加给机体,属于集中载荷和交变载荷。运输类飞机结构需要承受以下飞机着陆和地面运行工况引起的地面载荷:

1. 典型着陆工况

(1)水平正常着陆;

(2)绕主起落架回转;

(3)回跳着陆;

(4)横向漂移;

(5)单轮着陆;

(6)尾沉着陆;

(7)紧急着陆。

2. 典型地面运行工况

(1)地面滑行;

(2)起飞、着陆滑跑;

(3)反推刹车;

(4)单侧刹车;

(5)转弯;

(6)前轮摆振;

(7)飞机牵引;

(8)飞机顶升。

2.3 飞机结构变形、内力、失效及常用结构材料性能

2.3.1 结构变形

1. 变形

重力、飞行载荷、地面载荷、增压载荷以及发动机载荷等飞机外载荷施加给飞机后,它们将在结构之间传递并最终平衡。载荷在飞机结构之间传递时,会引起结构的尺寸和形

状发生变化。飞机结构在外载荷作用下的尺寸和形状变化称为变形。其中，机身、尾翼以及机翼等结构部件的变形称为飞机总体变形。飞机总体变形是飞机结构部件各结构变形累积的结果。根据外载荷撤销后结构能否恢复到原来的形状和尺寸，飞机结构的变形包括弹性变形和塑性变形两种。外载荷撤销后结构能够完全恢复到原来形状和尺寸的变形称为弹性变形。外载荷撤销后结构不能恢复到原来形状和尺寸的残余变形称为塑性变形。

飞机结构之间一般通过紧固件挤压结构紧固件孔壁表面传递载荷，这会导致紧固件加载表面产生垂直于结构紧固件孔壁表面的局部凹陷变形。垂直于结构加载表面的凹陷变形称为挤压变形。外载荷施加给飞机结构后，结构的变形形式包括拉伸、压缩、剪切、扭转和弯曲，如图 2-11 所示。其中，结构长度沿轴线拉长称为拉伸变形。结构长度沿轴线缩短称为压缩变形。结构轴线发生弯曲称为弯曲变形。结构承载截面沿垂直于轴线方向滑移称为剪切变形。结构承载截面同时沿垂直和平行于轴线方向转动称为扭转变形。拉伸、压缩、剪切、扭转和弯曲变形属于结构总体变形。结构表面挤压变形属于结构表面局部变形。

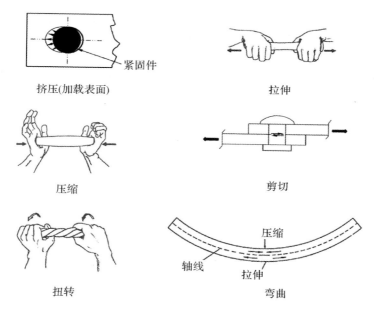

挤压(加载表面)　　　　　　　拉伸

压缩　　　　　　　　　剪切

扭转　　　　　　　　弯曲

图 2-11　飞机结构基本变形

2. 应变

为了衡量结构变形的大小，假定将结构分割成许多立方体承载单元。结构承载单元在外载荷作用下产生的变形称为应变。其中，结构承载单元的轴向长度变化量称为正应变。正应变用符号 ε 表示。结构承载单元的直角变化量称为剪应变，也称为切应变。剪应变用符号 γ 表示。拉伸、压缩和弯曲变形对应的应变为正应变。剪切和扭转变形对应的应变为剪应变。正应变和剪应变如图 2-12 所示。

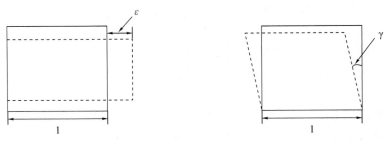

图 2 - 12　正应变和剪应变

2.3.2　结构内力

1. 内力

飞机结构在外载荷作用下产生挤压、拉伸、压缩、剪切、扭转或者弯曲等弹性变形后，结构内部质点离开了原来平衡位置，从而产生试图回到原平衡位置的相互作用力。结构弹性变形引起的内部质点之间相互作用力称为内力。结构不同变形形式对应不同的内力形式。其中，结构表面受载部位局部挤压变形引起的表面内力称为挤压力。挤压力一般用 F_{br} 表示。结构拉伸变形引起的内力称为拉力。拉力一般用 F_t 表示。结构压缩变形引起的内力称为压力。压力一般用 F_c 表示。结构剪切变形引起的内力为剪力。剪力一般用 F_s 表示。结构弯曲变形引起的内力为弯矩。弯矩一般用 M_b 表示。结构扭转变形引起的内力为扭矩。扭矩一般用 M_t 表示。结构变形及其引起的内力见表 2-1。飞机结构内力是具有大小和方向的矢量。结构内力的方向与结构的变形方向相同，如图 2-13 所示。拉力和压力的方向均为结构轴向，统称为轴力。

表 2 - 1　结构变形及其导致的内力

变　形	内　力	内力定义
挤压	挤压力 F_{br}	位于结构表面。力的方向垂直于结构表面且指向结构表面
拉伸	拉力 F_t（轴力）	力的方向垂直于承载截面且指向承载截面外部
压缩	压力 F_c（轴力）	力的方向垂直于承载截面且指向承载截面内部
剪切	剪力 F_s	力的方向平行于承载截面
扭转	扭矩 M_t	力矩的方向垂直于承载截面（右手螺旋定则）。扭矩通过结构以一圈闭口剪力形式传递
弯曲	弯矩 M_b	力矩的方向平行承载截面（右手螺旋定则）。弯矩通过结构以一对大小相等的拉力和压力形式传递

机身、尾翼以及机翼等飞机结构部件总体变形引起的内力称为飞机总体内力。飞机总体内力包括拉力、压力、剪力、弯矩和扭矩。飞机总体内力通过紧固件与结构紧固件孔

壁挤压以挤压力形式在结构元件之间传递并最终平衡。其中,弯矩以一对大小相等的拉力和压力形式通过不同结构元件传递。扭矩以一圈闭口剪力形式通过结构元件传递。拉力和压力在结构元件之间传递时,内力的种类、大小和方向不变。剪力在结构元件中传递时大小和方向不变,但是会引起弯矩并需要通过其他结构元件传递弯矩。由此可见,结构元件的外载荷除了直接加载的空气动力等飞机外载荷之外,还包括其他结构元件施加的拉力、压力和剪力。结构元件的基本内力包括拉力、压力和剪力。

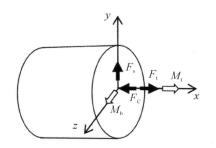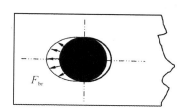

图 2 - 13 结构内力的种类

2. 应力

结构的内力过大将导致结构破坏。为了衡量结构内力的大小,引入了应力概念。结构承载截面或者表面的内力分布密度称为应力。结构表面挤压力的分布密度称为压应力。结构承载截面拉力的分布密度称为拉应力。结构承载截面压力的分布密度,也称为压应力。结构承载截面剪力的分布密度称为剪应力。弯矩以一对大小相等的拉力和压力形式通过不同结构元件传递,将分别导致结构元件拉应力和压应力。扭矩以一圈闭口剪力形式通过结构元件传递,将导致结构元件剪应力。结构内力及其应力见表 2 - 2。

表 2 - 2 结构内力及其应力

内力	应力及计算方法
挤压力 F_{br}	压应力 $\sigma_c = \dfrac{F_{br}}{A}$($A$ 为承载面积)
拉力 F_t	拉应力 $\sigma_t = \dfrac{F_t}{A}$($A$ 为承载面积)
压力 F_c	压应力 $\sigma_c = \dfrac{F_c}{A}$($A$ 为承载面积)
剪力 F_s	剪应力 $\tau = \dfrac{F_s}{A}$(A 为承载面积)
扭矩 M_t	剪应力 $\tau = \dfrac{M_t}{2\Omega t}$($\Omega$ 为盒式梁截面积,t 为结构厚度)
弯矩 M_b	正应力 $\sigma = \dfrac{M_b y}{I_z}$

拉应力 σ_t 和压应力 σ_c 统称正应力。正应力统一用 σ 表示。大小随时间周期性变化的

正应力称为交变正应力。交变正应力的特征值包括最大应力 σ_{max}、最小应力 σ_{min}、平均应力 σ_m、应力幅值 σ_a 和应力比 R，如图 2-14 所示[其中：平均应力 $\sigma_m = \frac{1}{2}(\sigma_{max} + \sigma_{min})$；应力幅值 $\sigma_a = \frac{1}{2}(\sigma_{max} - \sigma_{min})$；应力比 $R = \frac{\sigma_{min}}{\sigma_{max}}$]。其中，最大正应力 σ_{max} 为拉应力的交变应力称为交变拉应力。最大正应力 σ_{max} 为压应力的交变应力称为交变压应力。

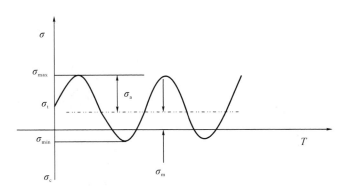

图 2-14 交变正应力

3. 应力集中

飞机载荷通过结构元件传递过程中，结构承载截面形状变化处的应力会急剧升高。这种现象称为应力集中。波音 737 飞机龙骨梁 ADF 天线处托板螺帽紧固件孔区域应力分布如图 2-15 所示。结构应力集中程度取决于结构材料的塑性以及承载截面形状变化剧烈程度。结构承载截面形状变化越剧烈，应力集中就越严重，结构承载截面形状变化部位处的应力就越高。结构材料的塑性越好，对应力集中越不敏感。复合材料属于脆性材料，在静载荷作用下对孔等造成的应力集中非常敏感。

2.3.3 结构失效

运输类飞机结构主要作用是承受和传递载荷。结构失去《运输类飞机适航标准》要求的承载能力称为结构失效。运输类飞机结构失效种类主要包括刚度失效、静强度失效和疲劳失效。

1. 刚度失效

飞机结构在外载荷作用下抵抗弹性变形的能力称为刚度。刚度表征了结构弹性变形的难易程度。在相同载荷作用下，结构的刚度越小弹性变形越大。《运输类飞机适航标准》第25.305条"强度和变形"规定：在直到限制载荷的任何载荷作用下，变形不得妨害安全运行。结构受外载荷作用产生妨害安全运行的过大弹性变形称为刚度失效。

（1）拉伸刚度失效。结构材料的拉伸弹性模量 E 与承载截面积 A 的乘积 EA 称为结构拉伸刚度。结构在拉伸载荷作用下首先会产生拉伸弹性变形。如果飞机结构的拉伸刚度过小，在外载荷作用下会产生过大的拉伸弹性变形。结构拉伸弹性变形过大不仅会引起结构载荷传递路径变化，而且可能导致相邻结构过早疲劳开裂，还可能妨碍飞行操纵等直接影响飞机安全运行。飞机结构在外载荷作用下拉伸弹性变形过大妨碍飞机安全运行称为拉伸刚度失效。

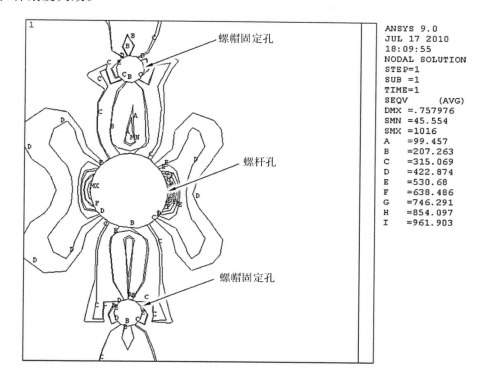

图 2 - 15　波音 737 飞机龙骨梁 ADF 天线处托板螺帽紧固件孔区域应力分布

（2）压缩刚度失效。结构材料的压缩弹性模量 E 与承载截面积 A 的乘积 EA 称为结构压缩刚度。结构在压缩载荷作用下首先会产生轴向压缩弹性变形并引起承载截面的压应力。当承载截面的压应力超过结构压缩失稳临界应力后，结构会突然产生垂直于轴线方向的横向变形。结构突然产生垂直于轴线方向的横向变形称为结构压缩失稳。结构的压缩失稳临界应力主要取决于结构的材料压缩弹性模量 E、承载截面厚度 t 或者面积 A、长度 l 以及支撑系数 f 等，如图 2 - 16 所示。其中，结构承载截面从边缘到中央区域的支撑系数 f 逐渐增加。结构承载截面边缘的支撑最弱、支撑系数 f 最低，压缩失稳临界应力最低。

如果结构的压缩失稳临界应力小于结构材料的压缩屈服强度，结构的压缩失稳属于压缩弹性失稳。压缩弹性失稳结构的外载荷撤销后，结构能够恢复原来形状。当压缩载荷较低时，结构承载截面的压应力相同。由于结构承载截面边缘的压缩失稳临界应力最低，随着结构压缩载荷逐渐增加，结构承载截面边缘的压应力将率先达到压缩失稳临界应力，产生局部压缩弹性失稳。结构边缘局部压缩弹性失稳区域的承载能力不再增加。随着结构压缩载荷进一步升高，结构承载截面边缘到中央区域的压应力将依次达到压缩失稳临界应力引起压缩弹性失稳。结构整个承载截面出现压缩弹性失稳称为总体压缩弹性失稳。结构出现总体压缩弹性失稳后，结构承受的压缩载荷不能够再上升。结构压缩刚度失效一般指总体压缩弹性失稳。为了防止结构压缩刚度失效，一般通过支撑结构提高结构的压缩失稳临界应力。

$$\sigma_{c,临界}=f\left[\left(\frac{t}{l}\right)^2 E\right]$$

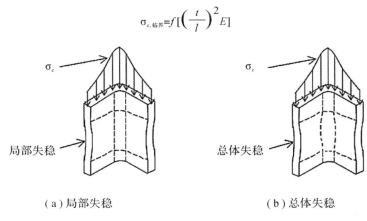

（a）局部失稳　　　　　　　　（b）总体失稳

图 2-16　结构压缩失稳

（3）剪切刚度失效。剪切结构的剪切载荷等效于一对对角拉伸载荷和一对对角压缩载荷，如图 2-17 所示。其中，对角压缩载荷容易导致剪切结构对角压缩失稳。飞机结构在剪切载荷作用下出现对角压缩弹性失稳称为剪切失稳，也称为剪切刚度失效。为了防止剪切结构对角压缩失稳，一般通过其他支撑结构元件承受剪切结构的对角压缩载荷，避免结构剪切刚度失效。

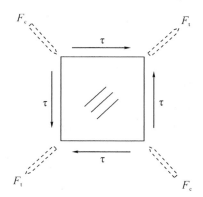

图 2-17　结构剪切失稳

2. 静强度失效

运输类飞机结构材料包括金属材料和复合材料两大类。其中，金属结构一般为塑性材料，复合材料为脆性材料。结构在静载荷作用下可能出现屈服塑性变形或者断裂。结构在静载荷作用下抵抗屈服塑性变形和断裂的能力称为静强度。其中，结构在静载荷作用下不出现屈服塑性变形的最大应力称为结构的材料屈服强度。结构在静载荷作用下不出现断裂的最大应力称为结构的材料极限强度。运输类飞机蒙皮常用的 2024-T3 铝合金板的静强度见表 2-3。

表 2 - 3　2024 - T3 铝合金板的静强度

材料及 热处理状态	2024 - T3 包铝(clad) (标准:AMS - QQ - A - 250/5)						2024 - T3 裸铝(bare) (标准:AMS - QQ - A - 250/4)			
材料厚度/in	0.010~0.062		0.063~0.128		0.129~0.249		0.010~0.128		0.129~0.249	
数据标准(详见本表注)	A	B	A	B	A	B	A	B	A	B
F_{tu}/KSI　　L	60	61	62	63	63	64	64	65	64	66
LT	59	60	61	62	62	63	63	64	63	65
F_{ty}/KSI　　L	44	45	45	47	45	47	47	48	47	48
LT	39	40	40	42	40	42	42	43	42	43
F_{cy}/KSI　　L	36	37	37	39	37	39	39	40	39	40
LT	42	43	43	45	43	45	45	46	45	46
F_{su}/KSI	37	38	38	39	39	40	39	40	40	41
F_{bru}/KSI　$e/D=1.5$	97	99	101	102	102	104	104	106	106	107
$e/D=2.0$	121	123	125	127	127	129	129	131	131	133
F_{bry}/KSI　$e/D=1.5$	68	70	70	73	70	73	73	75	73	75
$e/D=2.0$	82	84	84	88	84	88	88	90	88	90

注:(1)强度 A 值:95%置信度、99%可靠度。用于设计单传力路径结构和无冗余结构(例如:高载荷叉形接耳的耳片)。

(2)强度 B 值:95%置信度、90%可靠度。用于多传力路径结构和破损-安全结构设计以及补强修理时计算结构的损失承载能力。

(3)1 KSI=1000 PSI=6.895 MPa。

《运输类飞机适航标准》第25.305条"强度和变形"规定:结构必须能够承受限制载荷而无有害的永久变形;结构必须能够承受极限载荷至少 3 s 而不破坏。其中,"有害的永久变形"指结构在外载荷作用下进入屈服阶段产生屈服塑性变形。结构塑性变形过大会导致飞机正常飞行时结构丧失使用载荷的承载能力,引起载荷传递路径变化,导致相邻结构过早疲劳开裂。结构进入屈服阶段产生屈服塑性变形称为屈服失效。"结构破坏"指结构断裂。结构断裂后彻底丧失承载能力,可能会导致飞机灾难性破坏。结构出现断裂称为断裂失效。飞机结构在静载荷作用下的屈服失效或者断裂失效,统称为静强度失效。根据导致结构失效的变形种类,运输类飞机结构的静强度失效形式主要包括拉伸失效、压缩失效、剪切失效和挤压失效。

(1)金属结构失效形式。

1)拉伸和压缩失效。运输类飞机金属结构材料一般为塑性材料。金属结构的拉伸和压缩变形一般包括线性弹性变形阶段、非线性弹性变形阶段、屈服阶段、强化阶段。金属结构的拉伸变形还包括最后的颈缩断裂阶段。下面以低碳钢材料为例介绍金属结构在拉伸和压缩载荷作用下的变形规律。低碳钢材料拉伸和压缩变形规律如图 2 - 18 所示。

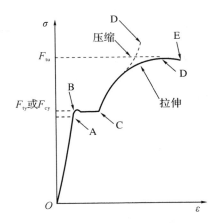

O—A：线性弹性变形阶段。

A—B：非线性弹性变形阶段。

B—C：屈服阶段(塑性变形)。

C—D：强化阶段(弹性+塑性变形)。

D—E：缩颈断裂阶段。

图 2-18　低碳钢材料的拉伸和压缩变形规律

金属结构拉伸或压缩变形的弹性变形阶段包括初始阶段的 O—A 阶段和随后的 A—B 阶段。结构弹性变形阶段只存在弹性变形。初始阶段 O—A 为线性弹性变形阶段。线性弹性变形阶段的应力与应变成正比。应力与应变的比值等于材料拉伸和压缩弹性模量 E。经过线性弹性变形阶段终点 A 后，随着拉力或者压力的进一步升高，金属结构进入 A—B 非线性弹性变形阶段。非线性弹性变形阶段的应力与应变不再保持正比关系。运输类飞机结构弹性变形过大会导致结构刚度失效。

当金属结构的拉力或者压力超过 B 点后，材料开始出现塑性变形并很快进入 B—C 屈服阶段。屈服阶段的结构失去了抵抗变形的能力。尽管拉力或者压力基本保持不变，但结构的塑性变形却急剧增加。低碳钢 B—C 屈服阶段的变形主要为塑性变形。传统运输类飞机结构常用的铝合金材料不存在屈服阶段。一般将铝合金结构出现 0.2% 的塑性变形定义为屈服阶段的起点。铝合金结构进入屈服阶段之后，载荷越高塑性变形越大。铝合金的拉伸变形规律如图 2-19 所示。铝合金结构进入屈服阶段后，会同时存在弹性变形和塑性变形。结构在拉伸载荷作用下不出现拉伸屈服失效的最大拉应力称为拉伸屈服强度。拉伸屈服强度用 F_{ty} 表示。结构在压缩载荷作用下不出现压缩屈服失效的最大压应力称为压缩屈服强度。压缩屈服强度用 F_{cy} 表示。

拉伸结构的拉应力超过拉伸屈服强度经过屈服阶段终点 C 后，结构进入 C—D 强化阶段。经过了屈服阶段的应变硬化后，金属材料增强了抵抗变形的能力。C—D 强化阶段同时存在弹性变形和塑性变形。结构经过强化阶段达到 D 点后，金属结构进入 D—E 颈缩断裂阶段。颈缩断裂阶段的结构承载截面会显著收缩、承载面积急剧减小，结构在拉力作用下很快断裂。结构在拉伸载荷作用下不出现断裂的最大拉应力称为拉伸极限强度。拉伸极限强度用 F_{tu} 表示。

金属结构在拉力作用下，拉应力 σ_t 超过材料的拉伸屈服强度 F_{ty} 后会进入拉伸屈服阶段，将产生有害的塑性变形。结构拉应力 σ_t 超过材料拉伸屈服强度 F_{ty} 后出现拉伸屈服的现象称为拉伸屈服失效。结构在拉力作用下，拉应力 σ_t 超过材料的拉伸极限强度 F_{tu} 后会出现拉伸断裂。结构拉应力 σ_t 超过材料拉伸极限强度 F_{tu} 后出现拉伸断裂的现象称为拉伸断裂失效。飞机结构拉伸屈服失效和拉伸断裂失效，统称为拉伸失效。

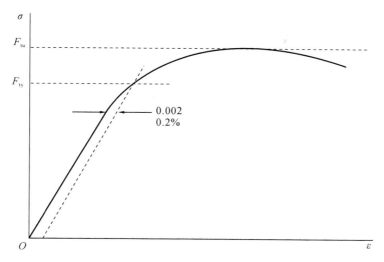

图 2-19　铝合金的拉伸变形规律

如果结构的材料压缩弹性模量 E、承载截面厚度 t 或者面积 A、长度 l 以及支撑系数 f 等对应的结构压缩失稳临界应力等于结构材料的压缩屈服强度 F_{cy},结构承载截面的压应力达到结构压缩失稳临界应力后将出现压缩屈曲失稳。压缩屈曲失稳结构的外载荷撤销后,结构不会恢复原来形状。由于结构承载截面边缘的压缩失稳临界应力最低,结构承载截面边缘的压应力将率先达到压缩失稳临界应力,产生局部压缩屈曲失稳(Wrinkle)。结构边缘局部压缩屈曲失稳后承载能力不再增加。结构一旦出现局部压缩屈曲失稳后,结构承载截面压缩屈曲失稳区域会丧失飞机正常飞行时的使用载荷承载能力,引起没有屈曲失稳区域的剩余承载截面应力上升。随着结构压缩载荷进一步升高,结构边缘到中央区域的压应力将依次达到压缩失稳临界应力引起压缩屈曲失稳,直到结构整个承载截面都出现压缩屈曲失稳为止。结构整个承载截面出现压缩屈曲失稳称为总体压缩屈曲失稳(Buckle)。结构出现总体压缩屈曲失稳后,容易出现压缩弯折断裂失效(Crippling)。压缩结构不会出现轴向压缩开裂或者断裂失效。

2)剪切失效。金属结构一般为塑性材料,剪切变形一般包括弹性变形阶段、屈服阶段、强化阶段以及剪切断裂阶段。金属结构剪切变形初始阶段为弹性变形阶段,应力与应变成正比。经过弹性变形阶段后,金属结构随着剪力逐渐增大将进入屈服阶段。经过屈服阶段之后,金属结构进入强化阶段。经过强化阶段之后,金属结构最终沿承载截面剪切断裂。结构在剪切载荷作用下不出现剪切断裂的最大剪应力称为剪切极限强度。剪切极限强度用 F_{su} 表示。

金属结构在剪力作用下,剪应力 τ 超过材料的剪切极限强度 F_{su} 后结构将会剪切断裂。金属结构剪应力 τ 超过材料剪切极限强度 F_{su} 后出现剪切断裂称为剪切失效。

3)挤压失效。运输类飞机载荷在结构元件之间主要通过紧固件挤压紧固件孔壁传递。紧固件与结构之间载荷传递过程中,紧固件孔壁和紧固件表面承受挤压载荷,紧固件承受剪力,如图 2-20 所示 。金属结构一般为塑性材料。紧固件孔壁表面在挤压载荷作用下,挤压变形过大会导致紧固件孔壁区域挤压屈服塑性变形或者挤压开裂,如图 2-21

所示。结构表面在挤压载荷作用下不出现挤压屈服塑性变形的最大压应力称为挤压屈服强度。挤压屈服强度用 F_{bry} 表示。结构表面在挤压载荷作用下不出现挤压开裂的最大压应力称为挤压极限强度。挤压开裂强度用 F_{bru} 表示。

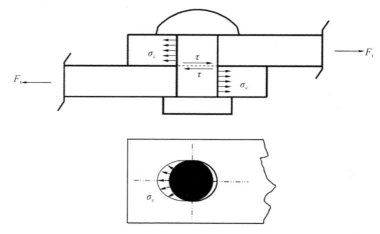

图 2-20　结构紧固件孔区域载荷传递特点

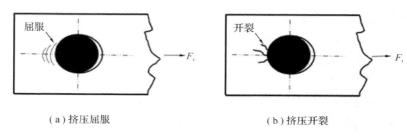

（a）挤压屈服　　　　　　　　　　　（b）挤压开裂

图 2-21　结构紧固件孔区域挤压屈服和开裂

结构紧固件孔壁在紧固件挤压载荷作用下,紧固件孔壁结构表面压应力 σ_c 超过结构材料挤压屈服强度 F_{bry} 后,金属结构紧固件孔区域将产生屈服塑性变形。紧固件孔壁表面压应力 σ_c 超过结构材料挤压极限强度 F_{bru} 后,金属结构紧固件孔区域将产生开裂。金属结构紧固件孔壁表面在挤压载荷作用下产生的挤压屈服塑性变形或者挤压开裂称为挤压失效。其中,金属结构紧固件孔壁表面压应力 σ_c 超过结构材料挤压屈服强度 F_{bry} 后出现的屈服塑性变形称为挤压屈服失效。金属结构紧固件孔壁表面压应力 σ_c 超过结构材料挤压极限强度 F_{bru} 后出现的开裂称为挤压开裂失效。

（2）复合材料结构失效形式。

1）拉伸失效。复合材料结构的拉伸载荷主要由增强纤维承受和传递。复合材料为脆性材料,拉伸的应力-应变曲线基本保持线性,拉伸失效形式为拉伸断裂。复合材料拉伸断裂前一般没有明显的屈服失效阶段,拉伸断裂时塑性变形也很小。

2）压缩失效。复合材料结构的压缩载荷主要由树脂基体承受和传递。复合材料为脆性材料,压缩的应力-应变曲线基本保持线性,压缩失效时塑性变形很小。复合材料结构的压缩失效形式主要取决于树脂基体的强度以及增强纤维与树脂基体界面的连接强度。

界面连接强度较高的复合材料结构压缩失效形式主要为断口与压力成 45°角的压缩剪切断裂失效。界面连接强度中等的复合材料结构压缩失效形式主要是压缩失稳。与金属结构材料压缩屈服引起的压缩屈曲失稳不同,复合材料的压缩失稳主要原因是增强纤维与树脂基体界面的强度较低,导致界面分层后结构刚度不足进而引起压缩刚度失效。

3)剪切失效。复合材料结构的层间剪切载荷主要由树脂基体承受和传递。复合材料层间剪切的应力-应变曲线整体保持线性,剪切失效形式为剪切断裂。复合材料结构剪切断裂前没有明显的屈服失效阶段,剪切断裂时塑性变形很小。复合材料结构层间剪切断裂失效的损伤型式包括树脂基体开裂、增强纤维断裂以及增强纤维与树脂基体界面开裂。

4)挤压失效。复合材料结构的挤压载荷主要由树脂基体承受和传递。复合材料的挤压载荷承载能力主要取决于树脂基体。复合材料结构的挤压失效部位主要位于紧固件孔壁表面。挤压失效形式主要为树脂基体挤压开裂失效。复合材料结构的增强纤维与树脂基体界面连接强度较低,紧固件孔区域挤压开裂失效往往同时伴随着增强纤维与树脂基体界面的分层。

3. 疲劳失效

(1)金属结构。金属结构在交变载荷作用下产生的开裂称为疲劳开裂。运输类飞机金属结构疲劳开裂一般由交变拉应力导致。金属结构在交变载荷作用下不出现疲劳开裂的最大拉应力 σ_{max} 称为结构的材料疲劳强度。金属结构材料疲劳强度一般用 σ_N 表示,也称为疲劳极限强度。铝合金没有疲劳极限强度,一般将交变载荷施加到 1×10^7 循环不产生疲劳开裂的最大拉应力作为疲劳强度。铝合金等材料的这种疲劳强度称为条件疲劳极限强度。

金属结构在交变载荷作用下出现疲劳断裂称为疲劳失效。金属结构疲劳失效一般只有一条垂直于拉伸载荷方向的主裂纹。金属结构交变拉应力的最大拉应力 σ_{max} 超过结构材料疲劳强度 σ_N 是疲劳开裂的必要条件。如果交变拉应力中最大拉应力 σ_{max} 小于结构材料的疲劳强度 σ_N,金属结构在规定周期内不会产生疲劳开裂。交变拉应力中的最大拉应力 σ_{max}、应力比 R、平均应力 σ_m 和应力幅值 σ_a,是影响金属结构疲劳裂纹形成和扩展速度的主要因素。当交变载荷的应力比 $R \geqslant -1$ 时,金属结构疲劳开裂具有以下规律:

1)在平均应力 σ_m 相同前提下,应力幅值 σ_a 越大越容易疲劳开裂。在应力幅值 σ_a 相同前提下,平均应力 σ_m 越大越容易疲劳开裂,如图 2-22 所示。

2)在最大拉应力 σ_{max} 相同前提下,应力比 R 越小(压应力值越大)越容易疲劳开裂。应力比 R 相同前提下,最大拉应力 σ_{max} 越大越容易疲劳开裂,如图 2-23 所示。

(2)复合材料结构。复合材料结构在交变载荷作用下产生的开裂称为疲劳开裂。交变拉应力和交变压应力都可以导致复合材料结构疲劳开裂。复合材料结构疲劳开裂的应力门槛值高,但疲劳寿命分散性大。因此,复合材料结构一般只有条件疲劳强度。交变应力中的最大应力 σ_{max}、应力比 R、平均应力 σ_m 和应力幅值 σ_a,是影响复合材料结构疲劳寿命的主要因素。在应力比 R 相同前提下,复合材料结构的疲劳寿命一般具有以下规律:

1)在平均应力 σ_m 相同前提下,应力幅值 σ_a 越大,疲劳寿命越短;

2)在应力幅值 σ_a 相同前提下,平均应力 σ_m 越大,疲劳寿命越短。

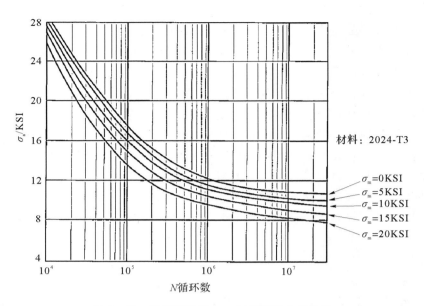

图 2 - 22　结构平均应力 σ_m 与疲劳寿命的关系

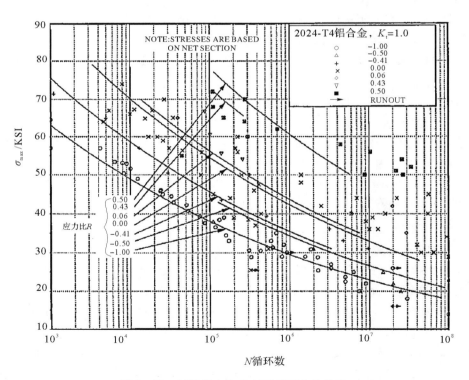

图 2 - 23　结构应力比 R 与疲劳寿命的关系

2.3.4　常见结构材料强度性能

1. 铝合金

铝合金是传统运输类飞机的主要结构材料。传统运输类飞机80％以上的金属结构材料采用铝合金。铝合金的比强度和比刚度高，抗疲劳性能和断裂韧性好，易于加工成形。但是，铝合金的抗腐蚀性能相对较差。运输类飞机铝合金结构材料主要包括2×××系列的铝-铜合金和7×××系列的铝-锌合金两大类。2×××系列铝合金和7×××系列铝合金主要性能如下：

（1）2×××系列铝合金。2×××系列铝合金的静强度比7×××系列铝合金的静强度低。但是，2×××系列铝合金的抗疲劳性能比7×××铝合金好。因此，2×××系列铝合金一般用于抗疲劳要求较高的飞机结构。

（2）7×××系列铝合金。7×××系列铝合金的抗疲劳性能比2×××系列铝合金差。但是，7×××系列铝合金的静强度比2×××系列铝合金高，尤其压缩强度远高于2×××系列铝合金。为了减轻飞机结构的质量，7×××系列铝合金一般用于载荷尤其压缩载荷较高、但抗疲劳性能要求不太高的飞机结构。

2. 合金钢

合金钢的静强度高、刚度大。但是，合金钢的断裂韧性较差、临界疲劳裂纹长度较短，使得疲劳开裂难以被及时检查发现。因此，合金钢主要用于起落架、操纵面滑轨等高集中载荷的安全寿命类结构(Safe - life Part，也称"时寿件")。安全寿命类结构主要通过限制结构的使用寿命、到寿更换的方法避免结构失效引起飞机灾难性破坏。此外，合金钢的抗腐蚀性能差。

3. 耐蚀钢

耐蚀钢的静强度比铝合金高，抗腐蚀和耐磨性能良好。飞机耐蚀钢结构材料主要包括奥氏体耐蚀钢(3××系列和A286紧固件)和时效硬化耐蚀钢(PH系列)两种。

（1）奥氏体耐蚀钢(3××系列和A286耐蚀钢)奥氏体耐蚀钢的强度比时效硬化耐蚀钢(PH系列)低。但是，奥氏体耐蚀钢具有较好的冷/热加工成形性能和优良的焊接性能、抗高温氧化性能及很好的耐腐蚀性能。奥氏体耐蚀钢可以不需要时效，直接通过加温奥氏体化改变合金晶体结构型式就能够获得所需材料性能。铝合金结构补强修理过程中，如果铝合金补强件过厚，有时可能会导致紧固件难以安装。为了减小飞机铝合金补强件的厚度，可以视情采用3××系列奥氏体耐蚀钢替代铝合金补强件。3××系列奥氏体耐蚀钢的材料强度具有很强的方向性，使用时需注意材料方向。A286是最常见的奥氏体耐蚀钢材料，主要用作飞机结构紧固件。

（2）时效硬化耐蚀钢(PH系列耐蚀钢)。时效硬化耐蚀钢的静强度高于奥氏体耐蚀钢，具有良好的耐腐蚀性能。时效硬化耐蚀钢能够通过固溶处理、淬火和时效获得所需材料性能。铝合金结构补强修理过程中，如果铝合金补强件过厚，有时可能会导致紧固件难以安装。为了减小飞机铝合金补强件的厚度，可以视情采用时效硬化耐蚀钢替代铝合金补强件。飞机结构补强修理中采用的时效硬化耐蚀钢主要包括15 - 5PH耐蚀钢和17 - 7PH耐蚀钢两种。其中，15 - 5PH耐蚀钢用于补强件厚度不小于0.063 in的情况，

17-7PH 耐蚀钢用于补强件厚度不超过 0.090 in 的情况。

4. 钛合金

钛合金比合金钢密度小、比铝合金强度高,抗腐蚀性能非常好,尤其中温性能稳定。一般用于载荷较高、空间受限的结构,或者中、高温区域等特殊部位的结构。纯钛的比强度高于耐蚀钢,抗腐蚀和加工成型性能也非常好,常用作货舱、客舱等门槛防磨板。

5. 复合材料

运输类飞机复合材料结构主要为碳纤维和玻璃纤维增强树脂基体复合材料。与金属结构材料相比,复合材料具有以下主要特点:

(1)比强度和比刚度高。结构材料静强度与密度的比值称为比强度。结构材料弹性模量与密度的比值称为比刚度。碳纤维和玻璃纤维增强树脂基体复合材料的比强度和比刚度比金属结构材料高得多。例如:碳纤维增强环氧树脂基体复合材料的比强度和比刚度,分别约为运输类飞机常用铝合金结构材料的 3.7 倍和 6.5 倍。因此,采用复合材料可以减轻飞机结构的质量。

结构的自振频率与材料比模量的平方成正比。复合材料结构比模量高,增强纤维与树脂基体界面吸振能力好。因此,复合材料结构的减振性能较好。

(2)可设计性好。增强纤维为复合材料结构的主要承载部分。复合材料增强纤维方向的承载能力比垂直于增强纤维方向的承载能力强得多。树脂基体主要作用为黏结、支撑增强纤维并在纤维之间传递载荷,同时维持结构形状。复合材料结构可以根据载荷的方向和大小进行铺层设计,在满足不同方位承载要求的基础上减轻重量。

(3)抗疲劳性能好。复合材料结构的树脂基体对缺口、空隙等应力集中源不敏感。增强纤维和树脂基体界面可以使裂纹尖端钝化或者改变方向,从而阻滞裂纹的扩展。增强纤维为多传力路径结构,不同铺层方位的增强纤维可以提供良好的止裂效果。因此,复合材料结构抗疲劳性能比金属结构材料好。大部分金属结构材料的疲劳强度为拉伸极限强度的 40%～50%,碳纤维增强聚酯树脂基体复合材料的疲劳强度则可以达到拉伸极限强度的 70%～80%。

(4)电性能好。复合材料结构可以根据结构的电性能要求,采用不同的树脂基体、增强材料以及辅助材料,将复合材料结构设计成为绝缘材料或者导电材料。

(5)抗冲击载荷能力差。复合材料的层间强度主要依靠增强纤维和树脂基体界面的黏结强度,层间连接强度较低。复合材料为脆性材料,缓冲、吸收冲击载荷能量的能力较差。在垂直于复合材料结构表面的冲击载荷作用下,复合材料结构容易出现分层和脱胶损伤。

(6)耐湿热性能差。复合材料结构的树脂基体以及树脂基体与增强纤维界面处容易吸湿。环境湿度越大、温度越高,复合材料结构的吸湿速度越快、吸湿量越大。复合材料结构吸湿后会引起玻璃化转变温度降低、刚度升高、韧性降低、层间强度降低、压缩强度和剪切强度降低等老化现象,进而导致树脂基体开裂、树脂基体与增强纤维界面处脱胶和分层等结构损伤。

2.4　飞机结构承载要求

2.4.1　飞行包线

1. 过载

飞机结构都会承受地球万有引力带来的重力。为了衡量飞机除重力之外的其余外载荷合力大小,引入了过载或过载系数的概念。飞机除重力之外的其余外载荷合力 F 与飞机重力 G 的比值,称过载或者过载系数。过载或者过载系数一般用 n 表示,有

$$n = \frac{F}{G}$$

2. 飞行机动包线

飞行过程中,机翼和平尾在图 2-2 所示飞机机体坐标系 y 轴方向的飞行载荷最高。但是,机翼和平尾在飞机 y 轴方向的承载能力较低。为了避免机翼和平尾等飞机结构部件在飞机机体坐标系 y 轴方向过载失效以及飞机外表面的空气动力过大引起蒙皮局部刚度失效,《运输类飞机适航标准》第 25.333 条"飞行机动包线"规定了不同条件下的许可当量空速 v 及其对应的飞机机体坐标系 y 轴方向许可最大正过载系数和最小负过载系数 n 范围。飞机结构必须能够承受飞行机动包线边界上及边界内任何一点的当量空速和过载系数 n 组合对应的载荷。运输类飞机的飞行机动包线也称 $v-n$ 曲线。运输类飞机的飞行机动包线要求如图 2-24 所示。

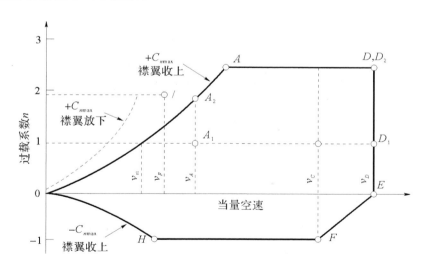

n 为机体坐标系 y 轴方向(纵轴的竖直方向)过载系数。正过载系数 n 代表飞行载荷为机体坐标系的 y 轴正向,负过载系数 n 代表飞行载荷为机体坐标系的 y 轴负向。v_{s1}:最大失速速度。v_F:最大襟翼放下速度。v_A:最大机动速度。v_C:最大巡航速度。v_D:最大俯冲速度。

图 2-24　运输类飞机的飞行机动包线要求

2.4.2　使用载荷

运输类飞机正常执行航班过程中结构承受的典型载荷称为使用载荷（Operating Load）。飞机结构在每个飞行航段均会承受使用载荷。因此,使用载荷一般为大小随时间呈周期性变化的交变载荷。使用载荷是导致飞机结构疲劳开裂失效的主要原因。运输类飞机结构使用载荷对应的最大正过载系数 n 为 1.4。

使用载荷一般用于飞机结构的疲劳寿命和损伤容限评定。《运输类飞机适航标准》第 25.571 条"结构的损伤容限和疲劳评定"规定:飞机在整个使用寿命期间应避免由于疲劳损伤引起的灾难性破坏。这就意味着,运输类飞机结构在使用载荷作用下不能疲劳断裂失效。

2.4.3　限制载荷

运输类飞机使用寿命期间结构可能遇到的最高载荷称为限制载荷（Limit Load）。根据《运输类飞机适航标准》第 25.333 条"飞行机动包线"和第 25.337 条"限制机动载荷系数",运输类飞机结构限制载荷对应的最大正过载系数 n 为 2.5,最小负过载系数 n 为 -1。

《运输类飞机适航标准》第 25.305 条"强度和变形"规定:结构必须能够承受限制载荷而无有害的永久变形;在直到限制载荷的任何载荷作用下,变形不得妨碍安全运行。这就意味着,运输类飞机结构在限制载荷作用下不能产生屈服失效（静强度失效）或者过大的弹性变形（刚度失效）。

2.4.4　极限载荷

极限载荷（Ultimate Load）等于限制载荷乘以规定的安全系数。根据《运输类飞机适航标准》第 25.303 条"安全系数"、第 25.333 条"飞行机动包线"和第 25.337 条"限制机动载荷系数",当运输类飞机结构的外载荷为限制载荷时,安全系数必须采用 1.5。由此可见,极限载荷对应的最大正过载系数 n 一般为 3.75,最小负过载系数 n 为 -1.5。

《运输类飞机适航标准》第 25.305 条"强度和变形"规定:结构必须能够承受极限载荷至少 3 s 而不破坏。这就意味着,运输类飞机结构在极限载荷作用下不能产生断裂失效（静强度失效）。

2.4.5　允许损伤

运输类飞机投入使用后,结构不可避免地会出现鸟击、雷击等偶然损伤以及腐蚀和疲劳损伤。如果结构的承载能力只能够满足极限载荷承载要求,即使轻微损伤也会导致结构承载截面面积减少,使得结构剩余承载能力低于《运输类飞机适航标准》第 25.305 条"强度和变形"要求的极限载荷,从而影响飞机安全运行。《大型飞机公共航空运输承运人运行合格审定规则》第 121.363 条"适航性责任"要求:飞机用户需要对影响安全运行的有关缺陷和损伤进行处理并达到局方批准的标准。因此,结构剩余承载能力低于极限载荷承载能力要求后,飞机用户需要通过补强修理甚至更换结构、恢复结构的极限载荷承载能力。频繁的结构补强修理不仅会增加飞机质量,还会大大降低飞机利用率,导致飞机用户巨大经济损失。

为了满足运输类飞机用户的飞机运营经济性要求,飞机结构承载能力必须有一定设计承载裕度,避免飞机使用过程中大量的轻微结构损伤导致结构剩余承载能力低于极限载荷,如图 2-25 所示。运输类飞机结构的承载裕度要求主要取决于结构可能出现的损伤型式和损伤敏感性。大部分结构承载裕度是承载截面面积的 10%。偶然损伤、腐蚀以及磨损敏感部位的结构承载裕度应适当加大。结构承载裕度对应的截面不需要承受和传递结构载荷。

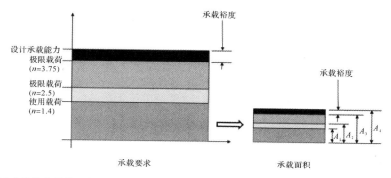

A_1—使用载荷对应的结构承载面积。A_2—限制载荷对应的结构承载面积。A_3—极限载荷对应的结构承载面积。A_4—满足承载裕度要求的结构承载面积。

图 2-25　飞机结构承载要求

结构剩余承载能力仍然能够满足极限载荷承载要求的结构损伤称为允许损伤。运输类飞机结构的允许损伤不影响飞机安全运行。因此,允许损伤不需要补强修理或者更换结构。结构允许损伤程度的最大值称为允许损伤限制(Allowable Damage Limit,ADL)。只要结构的损伤程度不超过 ADL,结构损伤就属于允许损伤。ADL 取决于结构的承载裕度。ADL 对应的截面面积不需要承受结构载荷。

运输类飞机结构的 ADL 与结构的损伤型式密切相关。运输类飞机大部分结构损伤为表面损伤。结构表面损伤的 ADL 一般为结构承载截面厚度的 10%。运输类飞机结构的 ADL 一般由飞机型号合格证持有人通过 SRM 提供给飞机用户查询。

2.5　飞机结构分类

根据结构断裂失效后是否影响飞机安全运行,运输类飞机结构分为次要结构(Secondary Structures)和主要结构(Structural Significant Items,SSI)两大类。飞机结构分类方法如图2-26所示。飞机结构种类的评定一般按照"部件→子部件→组件→结构元件"顺序进行。如果结构部件或组件为次要结构,所有结构元件均为次要结构。如果结构部件或组件为主要结构,不一定所有结构元件都是主要结构。

运输类飞机的结构种类由飞机型号合格证持有人通过 SRM 提供给飞机用户查询。运输类飞机典型主要结构和次要结构如图 2-27 所示。

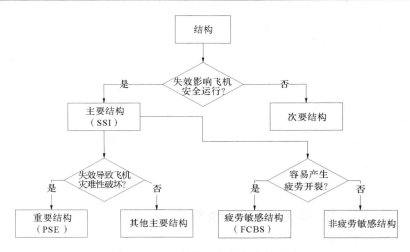

图 2-26　运输类飞机结构分类方法

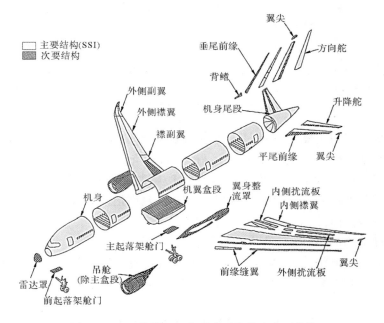

图 2-27　运输类飞机典型主要结构和次要结构

2.5.1　次要结构

断裂失效后不影响飞机安全运行的结构称为次要结构（Secondary Structure）。除了承受结构自身的质量力,次要结构还需要承受结构自身的空气动力。次要结构需要承受的最大空气动力参照《运输类飞机适航标准》第 25.333 条"飞行机动包线"各种条件下的最大当量空速确定。次要结构一般不会承受和传递飞行载荷、地面载荷、增压载荷或发动机载荷。次要结构可以参照《运输类飞机适航标准》要求设计,但是不必验证是否满足《运输类飞机适航标准》要求。

运输类飞机绝大部分次要结构为整流罩结构(Fairing Structure)。整流罩结构主要用于保证飞机气动外形光滑、降低飞行阻力。此外,机翼、尾翼的固定前缘等容易遭受偶然损伤的结构,一般也会设计成次要结构以便保护后部的主要结构。

2.5.2　主要结构

断裂失效后会影响飞机安全运行的结构称为主要结构(SSI)。SSI 需要满足《运输类飞机适航标准》相关适航要求。结构承受的外载荷种类是判断结构是否为 SSI 的主要依据。如果结构需要承受和传递飞行载荷、地面载荷、增压载荷或发动机载荷,该结构属于 SSI。

根据断裂失效后是否会引起飞机灾难性破坏,SSI 分为重要结构(Principal Structural Elements,PSE)和其他 SSI。断裂失效后会引起飞机灾难性破坏的 SSI 称为 PSE。断裂失效后影响飞机安全运行但不会导致飞机灾难性破坏的 SSI 称为其他 SSI。其他 SSI 有时也称为非重要结构。

根据结构是否容易产生疲劳开裂,SSI 又分为疲劳敏感结构(Fatigue Critical Baseline Structure ,FCBS)和非 FCBS。容易产生疲劳开裂的 SSI 称为 FCBS。不容易产生疲劳开裂的 SSI 称为非 FCBS。FCBS 一般承受交变拉力,补强修理的疲劳防控要求比非 FCBS 高。2×××系列铝合金一般用于抗疲劳要求较高的飞机结构。因此,2×××系列铝合金 SSI 一般为 FCBS。7×××系列铝合金的抗疲劳性能比2×××系列铝合金差,因此也可能属于 FCBS。7×××系列铝合金结构一般用于静强度和刚度要求较高的结构。

第 3 章　飞机结构型式及承载特性

3.1　概　　述

在飞行阶段以及地面阶段,运输类飞机将承受空气、地面以及发动机等施加的重力、飞行载荷、地面载荷、增压载荷以及发动机载荷等外载荷。外载荷施加于飞机后,将引起飞机拉伸、压缩、剪切、弯曲和扭转变形,导致飞机产生拉力、压力、剪力、弯矩和扭矩等内力并在结构之间传递、平衡。金属结构之间载荷传递主要通过紧固件挤压紧固件孔壁进行,这会引起结构紧固件孔壁表面挤压变形并引起结构紧固件孔壁表面产生挤压力。

根据结构断裂失效后果,飞机结构分为次要结构和 SSI。次要结构主要包括飞机外表面只承受自身的重力和空气动力的整流罩。整流罩需要能够承受《运输类飞机适航标准》第25.333条"飞行机动包线"各种条件下最大当量空速对应的空气动力。

SSI 除了要承受自身的重力和空气动力外,还需要承受和传递飞行载荷、地面载荷、增压载荷或发动机载荷引起的拉力、压力、剪力、弯矩或者扭矩。根据结构的承载特性,SSI 的结构型式分为杆、板、平面梁、盒式梁。其中,板和杆属于结构元件。平面梁是由板和杆通过紧固件连接组成的板/杆组合平面结构组件。盒式梁是由板和杆通过紧固件连接组成的板/杆组合闭口薄壁结构组件。不同结构型式的承载能力不同。SSI 的承载能力需要满足《运输类飞机适航标准》以下要求:

(1)疲劳防控和损伤容限要求。根据《运输类飞机适航标准》第 25.571 条"结构的损伤容限和疲劳评定":结构在正常飞行阶段的使用载荷作用下不可以产生引起飞机灾难性破坏的疲劳开裂。

(2)静强度和刚度要求。结构的承载能力应满足《运输类飞机适航标准》第 25.305 条"强度和变形"规定的限制载荷和极限载荷承载要求。

3.2　紧　固　件

3.2.1　紧固件的概念及其分类

紧固件用于连接飞机构件并传递载荷。运输类飞机使用的紧固件分为可拆装紧固件和不可拆装紧固件两大类。可以拆下来并装回去重复使用的紧固件称为可拆装紧固件。拆除后必须报废、不可以重复使用的紧固件称为不可拆装紧固件。拆除不可拆装紧固件时，一般需要破坏掉紧固件。除非特殊注明，运输类飞机结构及修理采用的紧固件属于不可拆装紧固件。

根据紧固件安装后结构表面的气动光滑性，结构修理采用的紧固件分为凸头（Protruding Head）紧固件和平头（Countersink Head）紧固件。平头紧固件安装后，紧固件头部与结构表面平齐，气动光滑性好、飞行阻力小。因此，平头紧固件一般用于结构表面气动光滑性要求较高的飞机外表面蒙皮和整流罩。凸头紧固件安装后，紧固件头部凸出结构表面，飞行阻力大，但是连接强度较高。凸头紧固件一般用于飞机内部结构。凸头紧固件的长度不包含头部高度，平头紧固件的长度包含头部高度。凸头和平头紧固件头部特征如图 3-1 所示。

根据紧固件承受拉力的能力大小，结构修理采用的紧固件分为大头紧固件和小头紧固件。在紧固件杆直径相同的前提下，大头紧固件的头部高度和直径尺寸均比小头紧固件大。因此，大头紧固件承受拉力的能力高于小头紧固件，一般用于拉力较高部位。大头紧固件也称为"抗拉头"（Tension Head）紧固件。小头紧固件也称"抗剪头"（Shear Head）紧固件，重量较轻。飞机结构修理一般优先考虑采用小头紧固件。大头和小头紧固件头部形状如图 3-1 所示。

根据紧固件在飞机使用过程中是否可能松动，结构修理采用的紧固件分为永久性紧固件和临时性紧固件。永久性紧固件在飞机使用过程中不会松动，安装后在飞机使用寿命期间可以不更换，一般用于飞机结构损伤的永久补强修理。临时性紧固件的安装简单，主要用于外场飞机蒙皮损伤抢修的临时补强修理。但是，临时性紧固件在飞机使用过程中可能会松动，安装后在一定期限内需要更换为永久性紧固件。

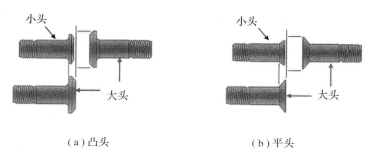

（a）凸头　　　　　　　　　　（b）平头

图 3-1　紧固件头部特征

3.2.2　紧固件承载特性

不可拆紧固件适合承受剪力，承受拉力的能力较弱。不可拆紧固件只适合承受飞机外表面结构自身空气动力引起的较小拉力，以及结构载荷传递过程中附加弯矩引起的拉力。结构载荷传递附加弯矩引起的紧固件拉力如图 3-2 所示。因此，结构设计及修理时，应通过紧固件承受剪力的形式传递结构之间的载荷，避免通过紧固件以拉力的形式传递结构之间的载荷，如图 3-3 所示。

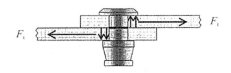

图 3-2 结构载荷传递导致的紧固件拉力

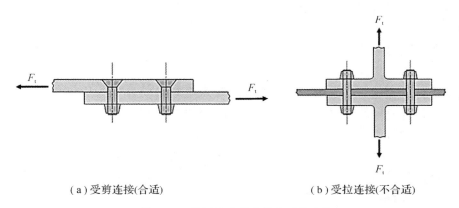

（a）受剪连接(合适)　　　　　　　　（b）受拉连接(不合适)

图 3-3 紧固件受剪连接和受拉连接

3.2.3 永久性紧固件

在飞机使用寿命期间不会松动、可以不更换的紧固件称为永久性紧固件。永久性紧固件一般用于飞机结构损伤的永久补强修理。安装永久性紧固件时,需要同时接近结构的两侧。飞机结构修理常用的永久性紧固件包括铆钉(Solid Rivet)和高锁螺杆(Hex-Drive Bolt)。

1. 铆钉

铆钉又称实心铆钉,是飞机结构设计及修理最常用紧固件。运输类飞机铝合金和镁合金结构的铆钉材料主要为铝合金,钛合金和不锈钢等结构一般采用蒙乃尔合金材料(Ni-Cu 合金)的铆钉。铆钉材料一般可以通过铆钉头部标记判断。常用铆钉材料及用途见表 3-1。

表 3-1　常用铆钉材料及用途

铆钉材料 （材料代码）	铆钉头部 材料标志	剪切极限 强度/KSI	使用部位
1100F（A）	◯ 无	9 500	非结构件
5056（B）	⊕ 凸出十字	28 000	镁合金结构

续　表

铆钉材料 （材料代码）	铆钉头部 材料标志	剪切极限 强度/KSI	使用部位
2117 - T3（AD）	小凹圆点	30 000	（1）一般结构修理。 （2）疲劳关键紧固件孔部位。 （3）液体密封区域。 （4）固定托板螺帽
2017 - T3（D）	小凸圆点（除 100°小 平头铆钉外）	38 000	一般结构修理。使用前不需要重 新热处理,也称为"外场铆钉"
2024 - T31（DD）	凸出双横条	41 000	连接强度高部位。使用前需热处 理并冷冻保存,也称为"冰箱铆钉"
7050 - T73（KE）	凸出圆圈	41 000	120°平头铆钉。使用前不需要热 处理,无须冷藏
蒙乃尔合金（M）	无	49 000	钛合金,CRES,镍合金等高强度 结构

　　铆钉一般采用冷镦成型铆钉机一次性挤压成形,由铆钉制造头（Manufacture Head）
和铆钉杆两部分组成。铆钉直径一般略小于紧固件孔的直径。安装时,通过铆枪击打铆
钉制造头,迫使铆钉杆端部撞击顶铁,依靠惯性力使铆钉杆端部形成铆钉墩头将结构连接
起来,如图3-4所示。铆钉安装成型过程中,铆钉杆会通过压缩膨胀变粗、填充铆钉孔形
成干涉配合。干涉配合可以降低交变拉应力的应力幅值并提高应力比,从而提高铆钉连
接部位的结构疲劳寿命。因此,铆钉连接部位的结构抗疲劳性能较好。除此之外,铆钉还
具有重量轻、密封性好、安装效率高和成本低等优点。在满足连接强度要求的前提下,铆
钉是飞机结构损伤永久补强修理优先选用的紧固件。飞机结构设计及损伤补强修理所用
的铆钉直径原则上一般不小于 5/32 in。

L—铆钉长度。凸头紧固件为铆钉杆长度,平头铆钉为包含铆钉头部在内的总长。

t—被连接结构的总厚度,等于铆钉的连接长度

图 3 - 4　铆钉安装成型图

飞机制造商对每一种铆钉定义了一个件号。铆钉的件号一般包括头部形状、直径、材料和长度等信息。表 3 - 2 所列为波音民机公司常用铆钉。例如：铆钉件号 BACR15CE6D8 含义如下：

BACR15：铆钉。

CE：头部形状代码。波音常用代码含义：CE 代表 100°小平头，BA 代表 100°大平头，FH 代表 82°平头，FV 代表 120°平头，FT 代表小凸头，BB 代表大凸头。

6：直径为 6/32 in。直径尺寸以 1/32 in 为单位。

D：材料代码。D 代表铆钉材料为 2017 - T3 铝合金。

8：铆钉长度为 8/16 in。长度尺寸以 1/16 in 为单位。

表 3 - 2 波音民机公司常用铆钉

铆钉材料 （材料代码）	铆钉头部 材料标志	大凸头 BACR15BB	小凸头 BACR15FT	100°大平头 BACR15BA	100°小平头 BACR15CE	82°平头 BACR15FH
2117 - T3（AD）						
2017 - T3（D）						
2024 - T31（DD）						
5056（B）						
1100F（A）						
7050 - T73（KE）						
蒙乃尔合金（M）						

2. 高锁螺杆

与铆钉相比，高锁螺杆具有承载能力高的优点，一般用于连接强度较高的结构部位。飞机结构修理使用的高锁螺杆材料主要为 A286 奥氏体耐蚀钢和 Ti - 6Al - 4V 钛合金，耐腐蚀性能好。高锁螺杆禁止采用 H11 等存在应力腐蚀问题的高强度合金钢材料。在直径和头部形状相同的前提下，高锁螺杆的剪切承载能力至少比铝合金铆钉中强度最高的 2024 - T31（DD）铆钉高出一倍。因此，高锁螺杆主要用于铆钉无法满足连接强度要求的飞机结构补强修理部位。高锁螺杆的抗拉伸能力也比铆钉高得多。为了满足结构载荷传递过程中附加弯矩带来的紧固件拉力承载要求,补强件材料厚度超过 0.10 in 后,补强修理的紧固件应该选用高锁螺杆。

飞机结构损伤补强修理采用的高锁螺杆直径原则上不小于 6/32 in。相同直径的高锁螺杆分为原级、加大一级和加大两级三种规格。高锁螺杆加大一级指螺杆直径在原级螺杆直径基础上加大 1/64 in,加大二级指螺杆直径在原级螺杆直径基础上加大 1/32 in。旧紧固件孔可能存在塑性变形、腐蚀等缺陷。如果结构补强修理区域的原装紧固件旧孔需要安装高锁螺杆,需要先采用铰孔方式清除旧紧固件孔可能存在的损伤,然后安装直径加大级的高锁螺杆。运输类飞机结构损伤补强修理区域高锁螺杆的直径选用原则见表3-3。

表 3-3　结构补强修理区域高锁螺杆直径选用原则

紧固件孔形式	紧固件直径
新孔	原级
旧高锁螺杆孔	铰孔后安装直径加大一级的高锁螺杆(直径加大 1/64 in)
旧铆钉孔	铰孔后安装直径加大两级的高锁螺杆(直径加大 1/32 in)

高锁螺杆由螺杆和防水螺帽两部分组成。安装时,将螺杆装入螺杆孔并戴上螺帽后,用六角锁匙插入螺杆头部的内六角槽固定螺杆,然后通过带内六角孔的工具转动螺帽。当螺杆轴向拉力达到规定值后,螺帽从剪切槽处剪断,安装过程结束。高锁螺杆的安装过程如图 3-5 所示。

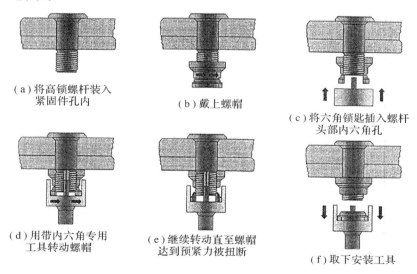

(a) 将高锁螺杆装入　　　　(b) 戴上螺帽　　　　(c) 将六角锁匙插入螺杆
　　紧固件孔内　　　　　　　　　　　　　　　　　头部内六角孔

(d) 用带内六角专用　　　(e) 继续转动直至螺帽　　　(f) 取下安装工具
　　工具转动螺帽　　　　　　达到预紧力被扭断

图 3-5　高锁螺杆安装过程

高锁螺杆安装过程中,钉杆不会膨胀、挤压紧固件孔壁形成干涉配合。因此,高锁螺杆连接部位的结构抗疲劳性能和密封性能比铆钉差。为了提升高锁螺杆连接部位的结构抗疲劳性能,对于运输类飞机 FCBS,可能需要对高锁螺杆孔进行冷拔处理,或者采用干涉配合方式安装高锁螺杆。为了防止高锁螺杆与紧固件孔壁之间缝隙积水引起腐蚀,高锁螺杆一般需要涂防腐蚀密封胶后湿安装。此外,高锁螺杆还具有重量较重、安装效率低和成本较高等缺点。

飞机制造商对每一种高锁螺杆定义一个件号。一般来说,高锁螺杆的件号包括头部形状、直径、材料和长度等紧固件信息。例如美国波音民机公司高锁螺杆件号 BACB30NW6K8X 含义如下:

BACB30:螺杆(包括高锁螺杆)。

NW:螺杆材料及头部形状代码。波音常用代码含义:NW 钛合金小平头,MY 钛合金小凸头;NY 钛合金大平头,NX 钛合金大凸头。

6:直径为 6/32 in。直径尺寸以 1/32 in 为单位。

K:表面处理。K 代表镀镉,A 代表喷铝。

8:螺杆的连接长度为 8/16 in。长度尺寸以 1/16 in 为单位。

X:直径是否加大。无字母代表原级,X 代表加大一级(直径加大 1/64 in),Y 代表加大两级(直径加大 1/32 in)。

3.2.4　临时性紧固件

运输类飞机运营期间,外场结构损伤抢修是导致飞机非计划停场、影响飞机正常运营的主要因素之一。在确保飞行安全基础上最大限度地缩短飞机非计划停场周期,是外场飞机结构损伤抢修的基本原则。外场飞机结构损伤大多数位于飞机外表面的蒙皮。如果采用永久性紧固件进行补强修理,需要进入飞机内部拆/装紧固件安装区域相关构件,大大延长了飞机蒙皮损伤抢修周期。更为麻烦的是,拆除飞机内部构件后,还可能发现飞机内部结构腐蚀等其他损伤。根据《大型飞机公共航空运输承运人运行合格审定规则》第 121.379 条"飞机放行条件"和第 121.363 条"适航性责任",可能需要对检查发现的飞机内部结构损伤进行修理,从而导致外场飞机蒙皮损伤抢修的周期不可控。

临时性紧固件是解决外场飞机金属蒙皮损伤抢修上述问题的有效措施。临时性紧固件又称盲紧固件(Blind Fastener),可以直接在飞机外表面进行单侧安装、不需要进入飞机内部。由于修理周期可控,临时性紧固件被广泛应用于外场飞机金属蒙皮损伤抢修。临时性紧固件主要包括拉铆钉(Blind Rivet)和拉螺杆(Blind Bolt),如图 3-6 所示。其中,拉螺杆的承载能力比拉铆钉高,但是安装过程中轴向拉力较高,容易导致厚度较薄的金属蒙皮紧固件区域塑性变形。因此,运输类飞机结构临时补强修理一般不使用拉螺杆。在满足连接强度要求的前提下,外场飞机金属蒙皮损伤抢修临时补强修理一般采用拉铆钉。

拉铆钉分为机械锁紧型拉铆钉和摩擦锁紧型拉铆钉两种。摩擦锁紧型拉铆钉由空心外套和穿过空心外套的带扩张端的芯杆组成。摩擦锁紧型拉铆钉通过空心外套与芯杆之间挤压形成的摩擦力锁紧拉铆钉,耐久性比机械锁紧型拉铆钉差。运输类飞机结构补强修理一般不使用摩擦锁紧型拉铆钉。摩擦锁紧型拉铆钉如图 3-7 所示。

机械锁紧型拉铆钉由空心外套、穿过空心外套的带扩张端芯杆、卡环和卡环成型垫片组成,如图 3-8 所示。芯杆扩张端一般带有结构连接长度调节垫片,可以提供一定的结构连接厚度安装范围。机械锁紧型拉铆钉成型后,通过卡环以及空心外套与芯杆之间挤压形成的摩擦力锁紧拉铆钉,耐久性比摩擦锁紧型拉铆钉好得多。运输类飞机外场金属蒙皮损伤抢修一般采用机械锁紧型拉铆钉。由于机械锁紧型拉铆钉需要通过卡环锁紧芯杆,安装后严禁打磨修整拉铆钉卡环端头部。机械锁紧型拉铆钉安装步骤如下:

1)将拉铆钉插入紧固件孔。

2)将紧固件带环状卡纹的杆端插入专用拉铆枪。

3)压紧结构表面并作动拉铆枪后,拉铆枪拉动芯杆使芯杆上的长度调节垫片压缩空心外套成型为墩头,同时迫使空心外套横向膨胀挤压孔壁和芯杆。与此同时,卡环成型垫片将卡环压入芯杆卡槽并成型锁住芯杆。

4)当芯杆轴向拉力达到预紧力规定值后,芯杆从预设位置拉断,安装过程结束。

拉铆钉的承载能力比铆钉低。在 2024-T3 或者 2024-T4 铝合金结构中,相同直径和材料的铆钉承载能力是拉铆钉的 1.4~1.5 倍。在 7075-T6 铝合金结构中,相同直径和材料的铆钉承载能力是拉铆钉的 1.4~1.8 倍。拉铆钉安装成型过程中紧固件外套的膨胀量较小,紧固件杆与结构紧固件孔壁之间干涉量比较小。因此,拉铆钉连接部位的结构抗疲劳性能比铆钉差。此外,机械锁紧型拉铆钉靠卡环和连接长度调节垫片固定。紧固件安装缺陷以及使用过程紧固件轴向拉力过大、振动等,均容易导致连接长度调节垫片滑动,从而引起卡环松动、脱落。一旦卡环松动、脱落,很容易造成芯杆脱落,引起拉铆钉失效。机械锁紧型拉铆钉安装后需要定期检查紧固件是否松动、脱落,并需要在一定期限内将其更换为永久性紧固件。正因为如此,拉铆钉被称为临时性紧固件。采用拉铆钉完成的补强修理一般为临时补强修理。由于紧固件杆与紧固件孔结构之间干涉量比较小,拉铆钉还具有密封性较差等缺点。以下结构部位禁止使用拉铆钉:

1)水密/油密区域边界结构。

2)紧固件承受较大拉力的部位。

3)高集中载荷连接部位。

4)振动较大部位。

5)结构表面与紧固件孔轴线不垂直部位。

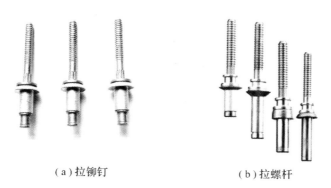

（a）拉铆钉　　　　　　　　（b）拉螺杆

图 3-6　拉铆钉和拉螺杆

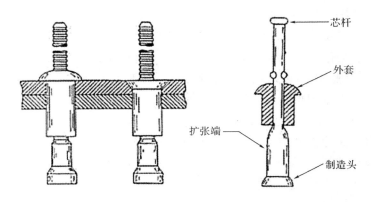

图 3-7　摩擦锁紧型拉铆钉

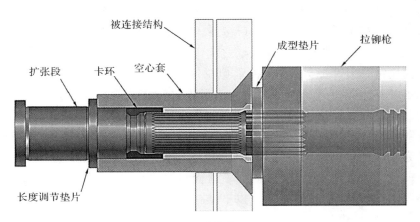

（a）安装前

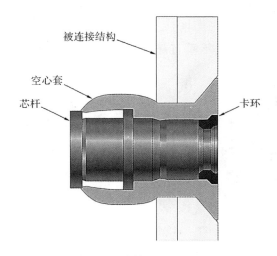

（b）安装后

图 3-8　机械锁紧型拉铆钉

3.3　板

3.3.1　板的概念及其分类

　　承载截面厚度尺寸远小于长度和承载截面宽度且基本变形为剪切变形的结构元件称为板。运输类飞机板类结构元件的基本作用是传递剪力。板在剪力作用下容易产生剪切失稳,结构设计时一般需要通过其他结构提供支撑防止板剪切失稳。

　　根据板的材料,板类结构元件分为金属板和复合材料板。根据板承载截面厚度中间面的形状,板类结构元件分为平面板和曲面板。厚度中间面为平面的板称为平面板,厚度中间面为曲面的板称为曲面板。曲面板也称为壳。根据板的作用,运输类飞机板类结构元件分为腹板(Web)和蒙皮(Skin)两种基本结构型式。板的基本结构型式和承载特点如图 3 - 9 所示。

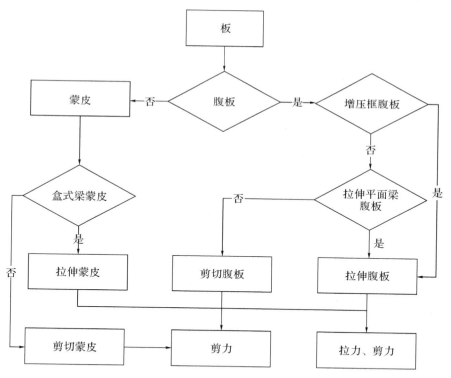

图 3 - 9　板的基本结构型式和承载特点

3.3.2　板承载特性

1. 金属板

　　金属板一般通过金属坯料辊压成型。金属坯料经过辊压之后,晶粒由等轴晶粒变成扁平状晶粒。因此,金属板材料具有方向性。其中,板的辊压成型方向为纵向,简称"L方向"。L 方向为板材晶粒尺寸最大的方向。板承载截面厚度方向为短横向,简称"ST 方向"。ST 方向为板材晶粒尺寸最小的方向。板承载截面内垂直于 L 和 ST 的方向为长横向,简称"LT 方向"。LT 方向的材料晶粒尺寸介于 L 和 ST 方向之间。金属板不同材料方向的强度、刚度和抗腐蚀等性能不同。金属板的材料方向定义如图 3-10 所示。根据板的厚度,金属板分为薄板(Sheet)和厚板(Plate)。厚度不超过 0.25 in 的板称为薄板。厚度超过 0.25 in 的板称为厚板。

金属板除了可以承受剪力之外,还适合承受 L 和 LT 方向的拉力。薄板在剪力和压力作用下,压应力超过板的压缩失稳临界应力后会压缩失稳。板的压缩失稳临界应力与板厚度的平方成正比。因此,运输类飞机结构载荷分析中,一般将金属薄板压缩承载能力计入长桁等支撑结构,不单独考虑薄板的压力。厚度超过 0.25 in 的金属厚板能够承受一定的压力。

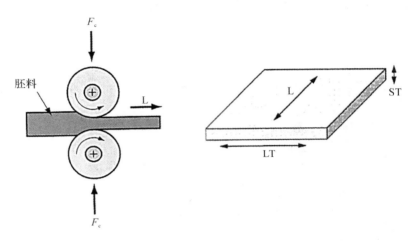

图 3-10　金属板的材料方向

2. 复合材料板

(1)层压板。层压板是一定方位的增强纤维与树脂基体通过加温加压固化而成的复合材料板,如图 3-11(a)所示。运输类飞机复合材料层压板结构一般为碳纤维或者玻璃纤维增强树脂基结构。层压板可以根据结构载荷方向和大小进行铺层设计,为各向异性结构。增强纤维为复合材料层压板的主要承载部分。增强纤维方向的承载能力比垂直于增强纤维方向的承载能力强得多。树脂基体主要作用为黏结、支撑增强纤维并在纤维之间传递载荷,同时维持结构形状。

层压板适合承受拉力。层压板的拉伸承载能力主要取决于增强纤维。层压板的剪切和压缩承载能力主要取决于树脂基体,承受剪力和压力的能力相对较弱。层压板在剪力和压力作用下,树脂基体与增强纤维界面可能会分层导致刚度不足引起屈曲失稳。层压板的层间强度较低,抗垂直于结构表面的冲击载荷能力较差,在冲击载荷作用下容易产生分层。

(2)夹芯板。夹芯板由结构两侧表面的层压板与中间的芯材组成,如图 3-11(b)所示。层压板与芯材之间采用树脂胶膜黏结固化连接,芯材为层压板提供支撑。在层压板总厚度相同的前提下,夹芯板通过增加结构厚度提高抗弯曲变形能力和压缩稳定性,更适合承受垂直于结构表面的空气动力等分布载荷。因此,夹芯板被广泛应用于客舱地板、货舱地板以及气动外形较为复杂的整流罩。

夹芯板的层压板各铺层之间以及层压板与芯材之间的强度较低,抗垂直于结构表面的冲击载荷能力较差,在冲击载荷作用下容易产生分层和脱胶。

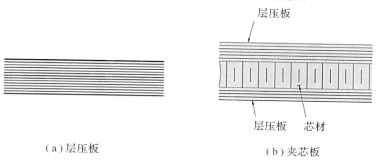

（a）层压板　　　　　　　　（b）夹芯板

图 3-11　复合材料板

3.3.3　腹板承载特点

腹板指平面梁或者承受机身增压载荷的增压框中基本作用为传递剪力的结构元件。平面梁的腹板为平面板。增压框腹板可能为平面板,也可能为曲面板。根据腹板的外载荷是否存在拉力,腹板分为拉伸腹板(Tension Web)和剪切腹板(Shear Web)。

外载荷包括拉力的腹板称为拉伸腹板。拉伸腹板的内力包括拉力和剪力。拉伸平面梁和增压框的腹板属于拉伸腹板。拉伸平面梁的腹板一般为单向拉伸腹板,拉伸方向大多数与梁缘条平行。增压框腹板为增压载荷引起的双向拉伸腹板。拉伸腹板的拉力和剪力一般是大小随时间周期性变化的交变载荷。因此,拉伸腹板一般为 FCBS。

外载荷不包括拉力的腹板称为剪切腹板。剪切腹板的内力为剪力。剪切平面梁的腹板属于剪切腹板。运输类飞机结构中剪切腹板的剪力一般为交变载荷,会引起交变拉应力。但是,剪切腹板交变剪力引起的交变拉应力中最大拉应力较低且应力幅值较小。因此,剪切腹板一般为非 FCBS。

3.3.4　蒙皮承载特点

蒙皮指飞机外表面直接承受空气动力且基本变形为剪切变形的结构元件。蒙皮一般为曲面板。根据蒙皮的外载荷是否存在拉力,蒙皮分为拉伸蒙皮(Tension Skin)和剪切蒙皮(Shear Skin)。外载荷存在拉力的蒙皮称为拉伸蒙皮。拉伸蒙皮的内力主要包括拉力和剪力。运输类飞机机翼、尾翼主盒段等盒式梁的蒙皮为拉伸蒙皮。拉伸蒙皮的拉力和剪力一般是大小随时间周期性变化的交变载荷。因此,拉伸蒙皮属于 FCBS。

外载荷不包括拉力的蒙皮称为剪切蒙皮。剪切蒙皮的内力主要为剪力。剪切蒙皮一般是薄板且曲率较大,还会以软板形式承受垂直于蒙皮表面的空气动力导致的较小链式拉力。盒式梁蒙皮之外的飞机蒙皮一般为剪切蒙皮,例如尾翼固定前缘蒙皮为剪切蒙皮。剪切蒙皮一般为非 FCBS。

3.4 杆

3.4.1 杆的概念及其分类

轴向长度尺寸远大于承载截面尺寸、基本变形为轴向拉伸或压缩的结构元件称为杆。根据材料种类,杆结构分为金属杆和复合材料杆。根据承载截面厚度是否相同,杆结构分为等厚度杆和不等厚度杆。等厚度杆的承载截面厚度相同,不等厚度杆的承载截面厚度不一定相同。金属杆结构主要包括钣弯件(Formed Section)和挤压件(Extruded Section)两种。其中,钣弯件属于等厚度杆。挤压件属于不等厚度杆。挤压件承载截面厚度不一定相同,各边根部区域厚度较厚。钣弯件和挤压件承载截面形状如图 3-12 所示。复合材料的设计性好,可以根据承载截面各边的载荷类型和大小,通过增强纤维铺层设计成等厚度杆或者不等厚度杆,如图3-13 所示。

运输类飞机杆类结构元件的主要作用是传递拉力或压力。根据承载特性,杆结构分为拉伸杆和拉压杆。拉伸杆适合承受拉力。金属钣弯件一般为拉伸杆。拉压杆适合承受拉力和压力。金属挤压件一般为拉压杆。

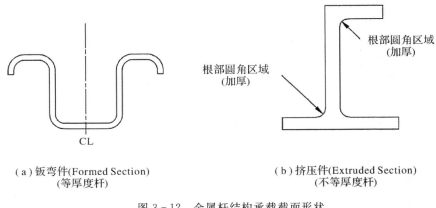

（a）钣弯件(Formed Section)
(等厚度杆)

（b）挤压件(Extruded Section)
(不等厚度杆)

图 3-12　金属杆结构承载截面形状

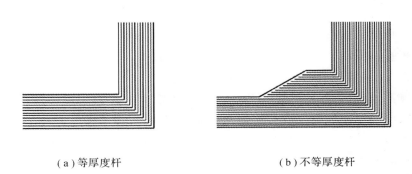

（a）等厚度杆　　　　　　　　　　（b）不等厚度杆

图 3-13　复合材料杆结构承载截面形状

3.4.2　杆承载特性

1. 金属杆

运输类飞机金属杆结构一般为塑性材料。杆结构在压缩载荷 F_c 作用下首先会产生轴向压缩弹性变形并引起承载截面的压应力。当杆的压缩载荷 F_c 较低时,承载截面的压应力 σ_c 相同。随着杆的压缩载荷 F_c 逐渐升高,当承载截面的压应力 σ_c 超过杆结构的压缩失稳临界应力后,杆结构会产生压缩失稳。杆结构的压缩失稳临界应力主要取决于结构的材料压缩弹性模量 E、承载截面厚度 t 或者面积 A、长度 l 以及支撑系数 f 等。其中,杆结构承载截面从结构边缘到根部圆角区域的支撑系数 f 逐渐增加。杆结构承载截面边缘的支撑最弱、支撑系数 f 最低,压缩失稳临界应力最低、最先压缩失稳。结构边缘局部压缩失稳区域的承载能力不再增加。随着结构压缩载荷 F_c 进一步升高,结构承载截面边缘到根部圆角区域的压应力 σ_c 将依次达到压缩失稳临界应力直到出现总体压缩失稳。结构出现总体压缩失稳后,结构承受的压缩载荷不能够再上升。因此,当杆的压缩载荷较高时,承载截面的压应力 σ_c 不同。其中,杆根部圆角区域的压应力 σ_c 最高。受压杆承载截面压应力分布规律如图 3-14 所示。

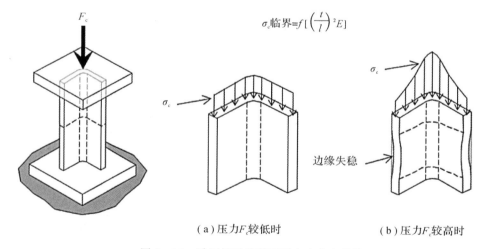

图 3-14　受压杆承载截面压应力分布规律

如果杆结构的压缩失稳临界应力小于结构材料的压缩屈服强度 F_{cy},结构的压缩失稳属于压缩弹性失稳,外载荷撤销后结构能够恢复到原来形状。如果杆结构的压缩失稳临界应力等于结构材料的压缩屈服强度 F_{cy},结构的压缩失稳属于压缩屈曲失稳,外载荷撤销后结构不能恢复到原来形状。

钣弯件是等厚度杆结构,压力较高时容易出现总体压缩失稳,不适合承受较大压力。挤压件根部圆角区域的厚度较厚、承载截面面积较大,根部圆角区域的压缩失稳临界应力较高,不容易总体压缩失稳。因此,挤压件承受压力的能力高于厚度相同的钣弯件。为了防止金属杆压缩总体失稳,结构设计时承受压力的杆一般还需要通过其他结构提供横向支撑。运输类飞机铝合金钣弯件和挤压件结构材料主要包括 2××× 系列铝合金和 7××× 系列铝合金。其中,2××× 系列铝合金的静强度比 7××× 系列铝合金低,但抗疲劳性能比 7×××铝合金好。7×××系列铝合金的抗疲劳性能比 2×××系列铝合金差,但静强度比 2×××铝合金高。7×××系列铝合金的压缩屈服强度 F_{cy} 比 2×××系列铝合金高得多。金属杆的基本结构型式和承载特点如图 3-15 所示。

2. 复合材料杆

复合材料杆由增强纤维与树脂基体通过加温加压固化成型。运输类飞机复合材料杆结构一般为碳纤维或者玻璃纤维增强树脂基结构。增强纤维为复合材料杆的主要承载部分。树脂基体主要作用为黏结、支撑增强纤维并在纤维之间传递载荷,同时维持结构形状。复合材料杆适合承受拉力。复合材料杆的拉伸承载能力主要取决于增强纤维。

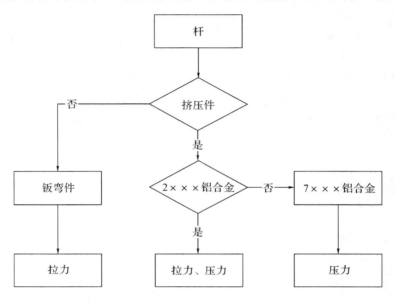

图 3-15　金属杆的基本结构型式和承载特点

复合材料杆承受压力的能力相对较弱,压缩承载能力主要取决于树脂基体以及增强纤维与树脂基体界面的强度。复合材料为脆性材料,压缩的应力-应变曲线基本保持线性,压缩失效前不存在压缩屈服阶段。在压缩载荷作用下,复合材料杆结构边缘处将率先压缩失效。复合材料杆压缩失效形式主要取决于增强纤维与树脂基体界面的连接强度。界面连接强度较高的复合材料杆压缩失效形式主要为压缩剪切断裂失效。界面连接强度中等的复合材料杆压缩失效形式主要是压缩失稳。与金属结构压缩失稳的原因不同,复合材料的压缩失稳主要是由增强纤维与树脂基体界面分层后刚度不足引起。

3.4.3　钣弯件承载特点

采用金属平面板通过钣弯成型的杆类结构元件称为钣弯件。钣弯件成型工艺简单、制造成本比挤压件低。钣弯件属于等厚度杆。由于金属板具有材料方向性,钣弯件也具有材料方向性。钣弯件的材料方向与板的材料方向一致。钣弯件材料的 L 方向一般为钣弯件结构的轴向。钣弯件不同材料方向的强度、刚度和抗腐蚀等性能不同。

钣弯件具有很好的拉伸承载能力。在承受相同拉力前提下,钣弯件的重量比挤压件轻、成本比挤压件低。但是,钣弯件承受压力的能力比挤压件差。因此,钣弯件一般用于只承受拉伸载荷的拉伸结构,或者压力较低的拉伸结构。运输类飞机钣弯件结构的拉力一般是大小随时间周期性变化的交变拉力,最大拉应力较高但应力比 R 一般不小于 0。

运输类飞机绝大部分钣弯件结构的材料为铝合金。运输类飞机铝合金钣弯件结构材料主要包括 2×××系列铝合金和 7×××系列铝合金。2×××系列铝合金的钣弯件结构一般为压力较低的 FCBS 拉伸结构。7×××系列铝合金的静强度比 2×××系列铝合金高,一般用于只承受较高拉力的拉伸结构。由于 7×××系列铝合金抗疲劳性能相对较差,7×××系列铝合金钣弯件结构也可能为 FCBS。运输类飞机大部分钣弯件结构材料为 7×××系列铝合金,2×××系列铝合金材料的钣弯件结构相对较少。

3.4.4　挤压件承载特点

采用金属胚料通过模具挤压成型的杆类结构元件称为挤压件。挤压件属于不等厚度杆,各边根部区域的材料厚度较厚、承载面积较大。金属坯料晶粒经过挤压成型之后同样具有材料方向性。其中,挤压件挤压成型轴向为纵向,简称“L 方向”。L 方向为挤压件材料晶粒尺寸最大的方向。挤压件承载截面的厚度方向为短横向,简称“ST 方向”。ST 方向为材料晶粒尺寸最小的方向。挤压件承载截面内垂直于 L 和 ST 方向的晶粒方向为长横向,简称为“LT 方向”。材料 LT 方向的材料晶粒尺寸介于 L 和 ST 方向之间。挤压件的材料方向如图 3-16 所示。挤压件不同材料方向的强度、刚度和抗腐蚀等性能不同。

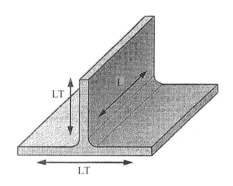

图 3-16　挤压件材料方向

挤压件不仅具有良好的拉伸承载能力,还具有较好的压缩承载能力。因此,挤压件一般用于压力较高的金属结构。运输类飞机绝大部分挤压件结构材料为铝合金。运输类飞机铝合金挤压件结构材料主要包括 2×××系列铝合金和 7×××系列铝合金。2×××系列铝合金挤压件一般用于拉力和压力都比较高的 FCBS。7×××系列铝合金的静强度比 2×××系列铝合金高,尤其压缩屈服强度远高于 2×××系列铝合金。7×××系列铝合金挤压件结构一般用于只承受压力的结构,或者拉力较低但压力较高的结构。由于 7×××铝合金抗疲劳性能较差,拉力较低但压力较高的 7×××铝合金挤压件结构也可能是 FCBS。运输类飞机挤压件 FCBS 的应力幅值较大且应力比 R 一般小于 0。只承受压力的 7×××系列铝合金挤压件结构一般为非 FCBS。

3.5 平面梁(板/杆组合平面结构)

3.5.1 平面梁种类

基本变形为弯曲变形的板/杆组合平面结构组件称为平面梁。平面梁的主要作用是承受和传递弯矩。运输类飞机平面梁的弯矩一般由腹板的剪力在传递过程中形成。平面梁的基本结构元件包括缘条(Chord)、腹板(Web)和腹板加强筋(Stiffener)。其中,平面梁的缘条至少有 2 根。缘条的结构型式为钣弯件或者挤压件,以一对大小相等的拉力和压力形式传递平面梁的弯矩。腹板加强筋的结构型式为挤压件,用于支撑缘条和腹板并承受腹板剪力引起的压力、避免腹板剪切失稳。腹板的结构型式属于平面板,基本作用为传递平面梁的剪力。平面梁的典型结构元件如图 3-17 所示。

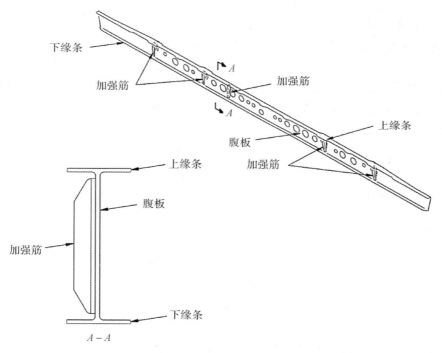

图 3-17 平面梁典型结构元件

根据梁缘条与腹板的连接方式,平面梁分为组合平面梁和整体平面梁。梁缘条与腹板通过紧固件连接的平面梁称为组合平面梁。梁缘条和腹板为整体结构、不需要通过紧固件连接的平面梁称为整体平面梁。金属整体平面梁分为钣弯整体平面梁和机加整体平面梁。钣弯整体平面梁采用平面板钣弯成型。机加整体平面梁采用厚板或者挤压型材机械加工成型。

根据平面梁腹板传递剪力的特点,平面梁分为对角拉伸平面梁(Diagonal Tension Beam)、厚腹板平面梁(Thick Web Beam)和腹板加筋平面梁(Stiffened Web Beam)。

1. 对角拉伸平面梁

对角拉伸平面梁的腹板较薄。利用腹板适合承受拉力的特点,对角拉伸平面梁通过腹板对角拉伸、腹板加强筋对角压缩方式传递剪力。对角拉伸平面梁的腹板比较薄,质量很轻。但是,由于腹板太薄,在正常飞行时的使用载荷作用下就可能剪切失稳。所以,运输类飞机一般不采用对角拉伸平面梁。

2. 厚腹板平面梁

厚腹板平面梁的腹板很厚,主要依靠厚腹板传递剪力。厚腹板可以大大提高腹板承受剪力的能力,能够有效防止腹板在剪力作用下失稳。运输类飞机厚腹板平面梁的腹板剪力超过极限载荷后,腹板才允许剪切失稳。但是,由于腹板太厚,厚腹板平面梁以牺牲重量为代价,所以,厚腹板平面梁主要用于腹板失稳后会导致灾难性后果的关键结构部位。例如,运输类飞机机翼油箱边界结构的翼梁腹板一旦失稳,容易引起燃油渗漏导致灾难性事故。因此,运输类飞机机翼翼梁一般设计为厚腹板平面梁。

3. 腹板加筋平面梁

通过加筋腹板传递剪力的平面梁称为腹板加筋平面梁。腹板加筋平面梁通过腹板加强筋为腹板提供支撑提高腹板承受剪力的能力,能够有效防止腹板剪切失稳。腹板加强筋可以减小腹板厚度、减轻平面梁的重量。运输类飞机腹板加筋平面梁的腹板剪力超过限制载荷后,腹板才可能出现剪切失稳。由于腹板不太可能剪切失稳且质量相对较轻,腹板加筋平面梁是运输类飞机普遍采用的平面梁结构型式。

3.5.2　平面梁承载特性

运输类飞机平面梁结构的弯曲变形主要由腹板剪力传递引起。因此,平面梁的基本内力是剪力引起的弯矩。其中,平面梁的腹板承受和传递剪力。弯矩由一对大小相等、方向相反的轴力组成,分别由平面梁的两条缘条承受和传递。腹板加强筋则为腹板和缘条提供支撑,防止腹板和缘条分别在剪力以及弯矩对应的压力作用下失稳,以提高平面梁的承载能力。腹板加强筋的内力主要是压力。

平面梁适合承受和传递弯矩、剪力、拉力和压力。根据平面梁的外载荷是否存在拉力,运输类飞机的平面梁分为拉伸平面梁(Tension Beam)和剪切平面梁(Shear Beam)。金属平面梁的结构元件及其承载特点如图 3-18 所示。

1. 拉伸平面梁承载特点

外载荷存在拉力的平面梁称为拉伸平面梁。拉伸平面梁的腹板内力包括剪力和拉力。拉伸平面梁的腹板补强修理时,需要考虑腹板损失的拉伸极限承载能力。运输类飞机机加整体平面梁一般为拉伸平面梁。机加整体平面梁的腹板一般较厚。腹板作为缘条的一部分参与缘条的拉力和压力传递。

运输类飞机拉伸平面梁主要包括机身的框、加强框、纵梁和客舱地板梁,机翼和尾翼的翼肋、发动机吊挂内侧区域的翼梁等。

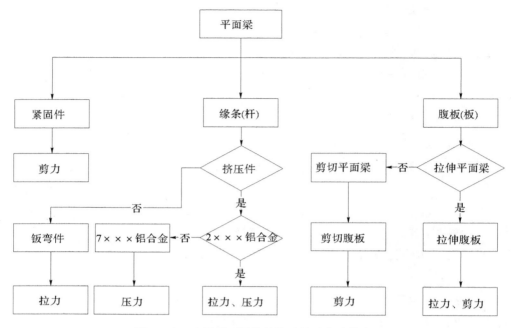

图 3-18　金属平面梁的结构元件及其承载特点

2. 剪切平面梁承载特点

外载荷不存在拉力的平面梁称为剪切平面梁。剪切平面梁的腹板内力主要为剪力，一般不考虑拉力。剪切平面梁的腹板补强修理时，一般考虑腹板损失的剪切极限承载能力。

3.6　盒式梁（板/杆组合闭口薄壁结构）

3.6.1　盒式梁构型特点

基本变形为扭转变形的板/杆组合闭口薄壁结构组件称为盒式梁。盒式梁的主要作用是传递扭矩。盒式梁的基本结构元件包括缘条、蒙皮或腹板、蒙皮或腹板的加强筋。其中，盒式梁的缘条至少有 4 根。按结构型式分，缘条属于杆；加强筋属于杆，一般为挤压件；腹板属于平面板，蒙皮的一般属于曲面板。蒙皮和腹板与缘条连接组成闭口薄壁结构，主要作用是传递扭矩对应的剪力。此外，缘条与腹板还组成了平面梁结构。

运输类飞机典型盒式梁结构主要包括机身、龙骨梁、机翼主盒段、平尾和垂尾的主盒段以及发动机吊挂的主盒段。机翼和尾翼的主盒段由前梁、后梁、蒙皮以及长桁和肋组成。机翼和尾翼主盒段的前梁和后梁是由缘条、腹板以及腹板加强筋组成的平面梁，长桁和肋则为蒙皮提供支撑。典型机翼主盒段的盒式梁构型如图 3-19 所示。

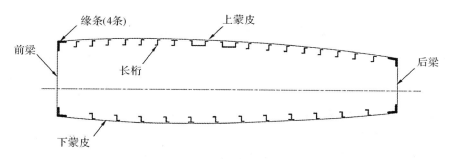

图 3-19 典型机翼主盒段盒式梁

3.6.2 盒式梁承载特性

盒式梁的主要作用是传递扭矩。扭矩通过蒙皮、腹板和缘条组成的盒式梁闭口薄壁结构以一圈闭合的剪力形式传递。缘条和腹板或蒙皮组成的平面梁,可以承受和传递弯矩、剪力、拉力和压力。腹板加强筋则为缘条和腹板提供支撑,提高缘条和腹板的承载能力。长桁和肋等结构则为蒙皮提供支撑,提高蒙皮的承载能力。

由此可见,盒式梁适合承受和传递扭矩、弯矩、剪力、拉力和压力。金属盒式梁的结构元件及其承载特点如图 3-20 所示。

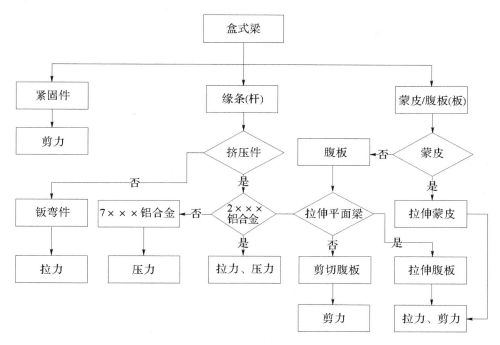

图 3-20 金属盒式梁的结构元件及其承载特点

3.7 整　流　罩

3.7.1　整流罩构型特点

位于飞机外表面,主要承受自身重力和空气动力的结构称为整流罩。整流罩的外形一般不规则,其基本作用是保持飞机外表面气动光滑、减小飞行阻力。运输类飞机维修接近口盖以及非增压区域的接近门也属于整流罩。整流罩属于次要结构,失效不影响飞机安全运行。整流罩一般由外表面蒙皮和蒙皮支撑结构组成。大部分整流罩的蒙皮材料为复合材料夹芯结构,少部分整流罩的蒙皮材料为铝合金。运输类飞机前翼身整流罩如图3-21所示。

3.7.2　整流罩承载特点

整流罩的主要作用是保持良好的飞机外表面气动外形、减小飞行阻力。整流罩的外载荷主要是自身的质量力和空气动力。铝合金整流罩蒙皮一般是薄板且曲率较大,以软板形式承受垂直于整流罩表面空气动力导致的较小链式拉力。

尽管整流罩的内力较小,但必须能够承受《运输类飞机适航标准》第25.333条"飞行机动包线"规定飞行速度对应的空气动力。为了保持飞机气动外形,整流罩的刚度应能够保证在垂直于整流罩蒙皮表面的空气动力作用下不能产生过大弹性变形。

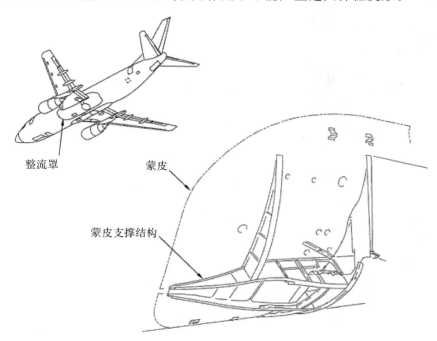

整流罩　　　蒙皮

蒙皮支撑结构

图 3-21　运输类飞机前翼身整流罩

第4章 运输类飞机典型结构

4.1 门(ATA52)

4.1.1 主要功用

运输类飞机的门(Door)指能够快速打开和关闭、允许接近飞机内部的结构部件。门属于ATA 52结构部件,包括舱门(Cabin Door)和勤务门(Service Door)两大类。典型运输类飞机门如图4-1所示。舱门主要包括客舱门(Passenger Cabin Doors)、应急门(Emergency Exits)、货舱门(Cargo Doors)、登机梯门(Airstair Door)、前设备舱门(Forward Access Door)、电子舱门(Electronic Equipment Compartment Door)、起落架舱门(Landing Gear Doors)、空调舱门(A/C Bay Door)以及辅助动力装置舱门(APU Access Door)。其中,客舱门、货舱门以及应急门等舱门为机组人员、旅客以及飞机维修等人员进、出飞机提供通道口。登机梯舱门和起落架舱门分别为登机梯和起落架进、出飞机提供收放口。

勤务门为飞机外场运营期间的燃油、液压油、滑油、厕所以及APU、空调组件、机载设备、地面电源等例行勤务工作提供接近口。自动泄压门(Blowout Door)为机身增压区域提供超压保护。

4.1.2 主要外载荷及门分类

门位于运输类飞机外表面,需要承受门自身质量力和空气动力外。根据门所在区域,门分为增压区域门和非增压区域门。增压区域门需要承受增压载荷。

根据是否承受增压载荷,运输类飞机门分为SSI门和次要结构类门。需要承受增压载荷的增压区域门属于SSI门。SSI门包括客舱门、应急门、货舱门、登机梯门、前设备舱门、电子舱门以及自动泄压门等。只承受门自身质量力和空气动力的非增压区域门属于次要结构类门。次要结构类门的结构型式属于整流罩。次要结构类门包括起落架舱门、空调舱门、辅助动力装置舱门以及各种勤务盖板。

4.1.3 典型结构及结构型式

1. SSI门

SSI门的结构型式属于盒式梁。SSI门除了承受门自身质量力和空气动力外,还需要承受增压载荷。SSI门的典型结构主要包括外蒙皮(Outer Skin)、内蒙皮(Inner Skin)、墙(Intercostal)、边框(Side Frame)、梁(Beam)、止动销/止动座(Stop Pin/Stop Fitting)以及铰链臂（Hing Arm）等。门的载荷通过止动销/止动座以及铰链臂加载给机身门开口的支撑结构。SSI门的典型结构如图4-2所示。

（1）外蒙皮（Outer Skin）。外蒙皮位于飞机的外表面，需要通过自身刚度维持飞机外表面的气动外形。外蒙皮的外载荷主要包括空气动力和增压载荷。外蒙皮将这些外载荷分别加载给墙、边框和梁。

外蒙皮的结构型式为拉伸蒙皮，内力主要为空气动力以及增压载荷引起的环向和纵向拉力。此外，外蒙皮还包括门自身质量力引起的剪力。空气动力以及增压载荷引起的内力为交变拉力，可能导致铝合金外蒙皮疲劳开裂。铝合金外蒙皮一般属于SSI的FCBS。铝合金外蒙皮的材料一般采用抗疲劳性能较好的2×××系列铝合金薄板。

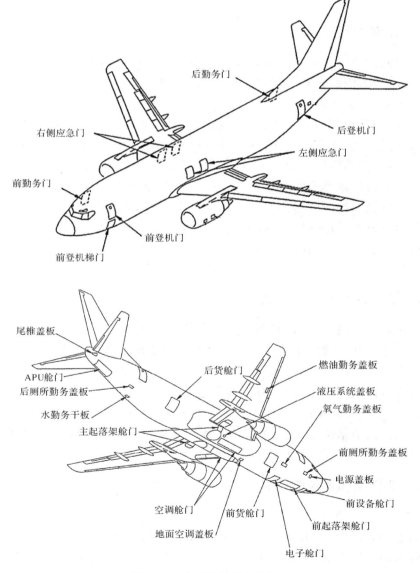

图4-1 典型运输类飞机门

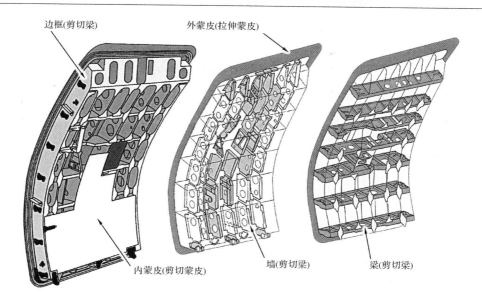

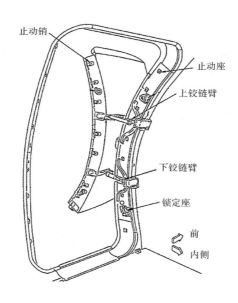

图 4 - 2　SSI门的典型结构

（2）墙（Intercostal）。墙也称为短梁，位于梁与梁之间，分别为梁的腹板和缘条提供环向支撑，并且能提高梁的承载能力。墙还为外蒙皮和内蒙皮提供支撑，还能提高蒙皮刚度。墙的外载荷主要包括外蒙皮加载的空气动力和增压载荷。墙将这些外载荷以剪力形式加载给梁。

墙的结构型式属于剪切平面梁，由内缘条、外缘条和腹板组成。墙的缘条较弱，但通过与外蒙皮和内蒙皮连接提高了承载能力。墙的内力主要是外蒙皮加载的空气动力和增压载荷引起的剪力，以及剪力传递过程中导致的弯矩。外蒙皮加载给墙的空气动力和增压载荷为交变载荷。传统运输类飞机门墙的材料一般为铝合金,属于 SSI 的 FCBS。

(3)边框(Side Frame)。边框位于门前后侧的边缘,为梁的腹板和缘条提供环向支撑并提高梁的承载能力。边框还为外蒙皮和内蒙皮提供支撑、提高蒙皮刚度。边框的外载荷主要是外蒙皮加载的空气动力和增压载荷。边框将门的外载荷通过止动销/止动座直接加载给机身门开口的支撑框。

边框的结构型式属于剪切平面梁,由内缘条、外缘条和腹板组成。边框的内力主要是外蒙皮加载的空气动力和增压载荷引起的剪力,以及剪力传递过程中导致的弯矩。外蒙皮加载给边框的空气动力和增压载荷为交变载荷。传统运输类飞机门边框的材料一般为铝合金,属于 SSI 的 FCBS。

(4)梁(Beam)。梁属于门的纵向支撑结构,为外蒙皮和内蒙皮提供支撑并提高蒙皮刚度,同时还为墙和边框提供纵向支撑并提高墙和边框的承载能力。梁的外载荷主要是外蒙皮和墙加载的空气动力和增压载荷。梁将这些载荷通过止动销/止动座直接加载给机身框。

梁的结构型式属于剪切平面梁,由内缘条、外缘条和腹板组成。梁的内力主要是外蒙皮和墙加载给梁的空气动力和增压载荷导致的剪力,以及剪力传递过程中导致的弯矩。外蒙皮和墙加载给梁的空气动力和增压载荷为交变载荷。传统运输类飞机门梁的材料一般为铝合金,属于 SSI 的 FCBS。

(5)内蒙皮(Inner Skin)。内蒙皮与外蒙皮、边框一起组成闭口薄壁盒式梁结构,增加了门的刚度。此外,内蒙皮还增加了梁、边框和墙的内缘条承载面积。内蒙皮一般有很多门内部构件检查、维修接近口。

内蒙皮的内力主要是门自身质量力引起的剪力。内蒙皮的结构型式为剪切蒙皮。传统运输类飞机门内蒙皮的一般材料为铝合金薄板。铝合金内蒙皮属于 SSI,一般为非 FCBS。

2. 次要结构类门

次要结构类门属于运输类飞机非增压区域门。次要结构类门的外载荷主要为自身质量力和空气动力。从结构型式上看,次要结构类门属于整流罩,由蒙皮、蒙皮支撑结构、铰链和快开锁扣组成。次要结构类门的典型结构如图 4-3 所示。

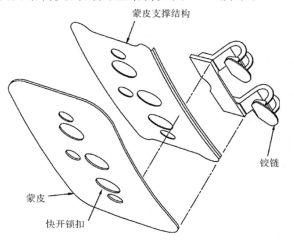

图 4-3　次要结构类门的典型结构

蒙皮直接承受自身空气动力。蒙皮支撑结构则为蒙皮提供支撑、提高蒙皮的刚度，防止蒙皮在空气动力作用下产生过大的弹性变形。次要结构类门的空气动力和质量力，将通过铰链和快开锁扣加载给门开口的支撑结构。次要结构类门的蒙皮一般为铝合金。

4.2　机身（ATA53）

4.2.1　主要功用

（1）装载机组、旅客、货物以及机载设备等，承受并平衡机身结构及装载的质量力。
（2）作为增压气密舱，承受并平衡机身的空气动力和增压载荷。
（3）将机翼、尾翼、起落架等结构部件连接成为机体，承受并平衡机翼、尾翼、起落架等结构部件的质量力以及飞行载荷、地面载荷和发动机载荷。

4.2.2　主要外载荷

（1）机身自身的空气动力及增压载荷。
（2）机身结构以及机载设备、机组、旅客、货物等装载的质量力。
（3）机翼加载的升力、机动载荷、发动机推力及其导致的弯矩和扭矩。
（4）垂尾和平尾加载的质量力、升力、机动载荷、飞行阻力及其导致的弯矩和扭矩。
（5）前起落架和主起落架加载的质量力、飞行阻力、地面载荷。

4.2.3　典型结构及结构型式

运输类飞机机身一般为半硬壳式机身，结构型式属于盒式梁。以客舱地板平面为界，机身分为上机身和下机身，如图 4 - 4 所示。上机身包括驾驶舱和客舱区域。下机身包括货舱和电子设备舱等区域。典型的运输类飞机机身主要由蒙皮（Skin）、长桁（Stringer）、墙（Intercostal）、框（Frame）、加强框（Bulkhead）、龙骨梁（Keel Beam）、客舱地板（Floor Panel）、客舱地板梁（Floor Beam）、座椅滑轨（Seat Track）、货舱地板及其支撑结构（Cargo Floor Structure）、整流罩（Faring）等组成，如图 4 - 5 所示。

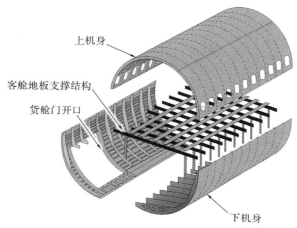

图 4 - 4　运输类飞机机身分区

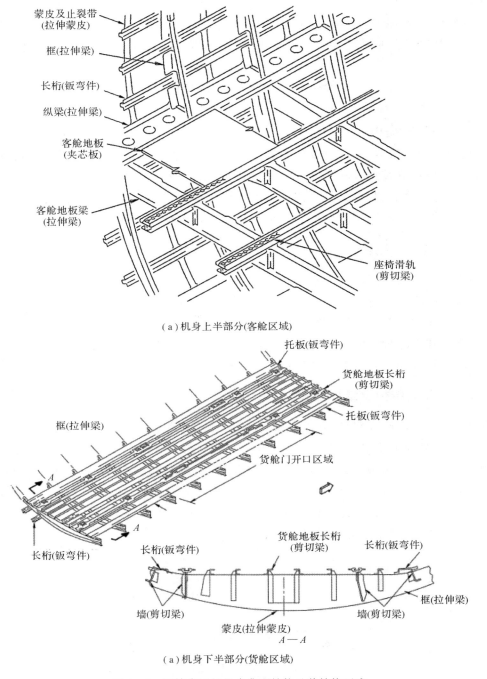

（a）机身上半部分（客舱区域）

（a）机身下半部分（货舱区域）

图 4-5 运输类飞机机身典型结构及其结构型式

1. 蒙皮（Skin）

蒙皮位于飞机的外表面，对于保证飞机气动外形、降低飞行阻力非常重要。空气动力和机身增压载荷直接作用在机身蒙皮。机身蒙皮将平衡大部分机身增压载荷和空气动力，并将剩余增压载荷和空气动力加载给长桁和框。蒙皮将承受框、纵梁和墙加载的旅客、机组、货物、机载设备等机身装载的质量力。机翼、尾翼和起落架等其他飞机结构部件的载荷,也将通过机身加强框等结构加载给机身蒙皮。大部分飞机外载荷最终将通过机身蒙皮平衡。

按结构型式分,机身蒙皮属于拉伸蒙皮。在飞机正常飞行阶段,机身蒙皮除了存在机身剪力和扭矩导致的剪力之外,机身环向还存在机身空气动力、增压载荷导致的拉力,机身纵向也存在增压载荷、机身弯矩、发动机载荷、地面载荷等导致的拉力。飞机正常飞行阶段,机身顶部蒙皮纵向的拉力大于机身底部蒙皮纵向的拉力。机身蒙皮环向和纵向的拉力都是交变拉力。新一代运输类飞机的机身蒙皮普遍采用高强度的碳纤维复合材料。传统运输类飞机机身蒙皮一般采用抗疲劳性能良好的 2××× 系列铝合金薄板。铝合金机身蒙皮属于 SSI 的 FCBS。机身蒙皮静强度失效模式主要为蒙皮剪切失稳和拉伸失效、蒙皮与长桁组合壁板的压剪失稳等。

机身蒙皮在增压载荷作用下容易产生疲劳裂纹。为了满足损伤容限设计要求,框和长桁下部的机身蒙皮内表面一般有通过金属黏结或者整体化学铣切而成的止裂带(Tear Strap)。机身顶部区域以及部分运输类飞机机型框之间的蒙皮内表面也有止裂带。机身蒙皮止裂带如图 4-6 所示。止裂带的宽度约 1.1 in。蒙皮疲劳裂纹扩展至厚度较厚的止裂带部位后将停止扩展或者改变扩展方向,从而将疲劳裂纹控制在相邻长桁和框组成的一个隔间(Bay)内。

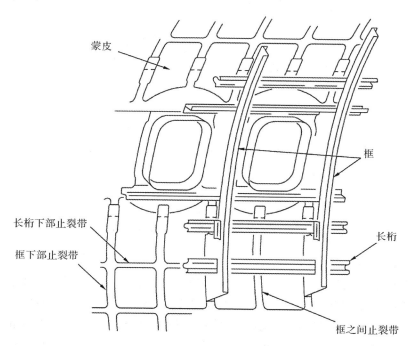

图 4-6　机身蒙皮止裂带

2. 长桁(Stringer)

长桁位于机身蒙皮的内表面。运输类飞机的长桁一般沿机身环向等间距布置。除了在舱门等机身大开口部位中断之外,长桁是机身纵向连续结构。传统运输类飞机的铝合金长桁通过铆钉等紧固件与机身蒙皮直接连接，并通过槽形件（Clip）与框连接，如图 4-7 所示。新一代运输类飞机的高强度碳纤维复合材料机身长桁与蒙皮普遍采用共固化连接技术。

长桁为机身蒙皮提供支撑，承受蒙皮加载的环向空气动力、增压载荷以及机身弯矩等引起的轴力。通过与框连接的槽形件，长桁将蒙皮加载的环向空气动力和增压载荷加载给框。长桁的槽形件为框提供环向支撑，提高了框抗压缩失效能力。作为框腹板加强筋，长桁的槽形件还提高了框腹板的剪切承载能力。

按结构型式分，长桁属于杆。长桁的内力包括机身的增压载荷、弯矩以及发动机推力、地面载荷等引起的拉力和压力。其中，长桁的拉力较大，压力较小。因此，传统运输类飞机的机身长桁一般为 7×××系列铝合金钣弯件。机身长桁属于 SSI 的 FCBS。机身长桁的静强度失效模式主要为拉伸失效、压缩失效以及蒙皮与长桁组合壁板的压剪失稳。

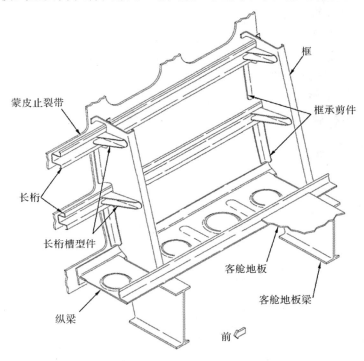

图 4-7　机身蒙皮、长桁和框等结构的典型连接方式

3. 框（Frame）和加强框（Bulkhead）

框位于机身蒙皮的内表面。运输类飞机的框一般沿机身纵向等间距布置。除了在舱门等机身大开口区域中断之外，框是机身环向连续结构。框通过长桁的槽形件与长桁连接。框在机身客舱地板平面两侧分别与客舱地板梁和纵梁连接。除了金属机身顶部区域之外，框通过承剪件（Shear Tie）与机身蒙皮连接。框与蒙皮、长桁、客舱地板梁以及纵梁的连接方式如图4-7所示。运输类飞机金属机身顶部区域的框与蒙皮一般不直接连接，如图4-8所示。

框通过承剪件和长桁的槽形件分别为机身蒙皮和长桁提供环向支撑，提高蒙皮抗剪切和长桁抗压缩失效能力，同时维持机身截面形状。通过长桁的槽形件，框承受并平衡长桁加载的环向空气动力和增压载荷。客舱地板梁加载给框的旅客、机组人员、货物、机载设备等机身内部装载重力,主要通过机身两侧框的承剪件加载给机身蒙皮。

　　框的内力除了旅客、机组、货物、机载设备等机身内部装载重力导致的剪力以及剪力传递过程引起的弯矩,还存在空气动力和增压载荷导致的环向拉力。机身框属于拉伸平面梁,由内缘条、外缘条、腹板和承剪件组成。承剪件和机身蒙皮也可以看成框的外缘条。框自身的外缘条则可以看成破损-安全缘条。典型机身框的结构元件如图 4-9 所示。框的拉力较大,压力较小。传统运输类飞机的机身框一般选用静强度比较高的 7××× 系列铝合金材料。由于空气动力和增压载荷导致的框环向拉力为交变拉力,且 7××× 系列铝合金的抗疲劳性能相对较差,传统运输类飞机的铝合金框一般属于 SSI 的 FCBS。新一代运输类飞机的机身框普遍采用高强度碳纤维复合材料。

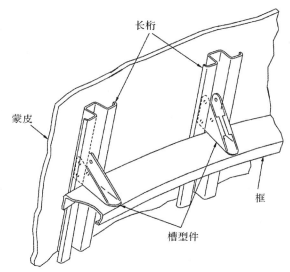

图 4-8　机身顶部区域框与长桁和蒙皮的连接方式

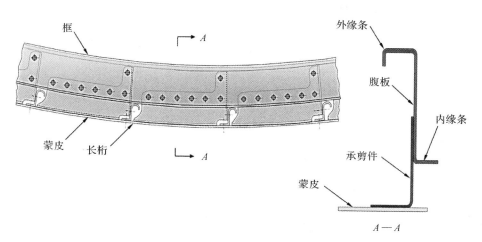

图 4-9　典型机身框的结构元件

加强框属于框。除了具有框的功用,加强框主要用于承受和传递机翼、尾翼以及起落架等其他结构部件加载的较高集中载荷,或者作为机身增压气密边界结构直接承受并传递增压载荷。直接承受增压载荷的加强框,也称为增压框。

加强框的内力除了包括其他结构部件加载的集中载荷以及旅客、机组人员、货物、机载设备等机身内部装载重力导致的剪力,还包括空气动力和增压载荷导致的环向交变拉力。加强框的结构型式属于拉伸平面梁,由内缘条、外缘条以及腹板组成。由于需要承受较高的集中载荷,加强框的截面厚度较厚,一般为整体机加平面梁。传统运输类飞机的加强框一般选用静强度比较高的 7××× 系列铝合金材料。由于空气动力和增压载荷导致的载荷为交变拉力,且 7××× 系列铝合金抗疲劳性能相对较差,传统运输类飞机的铝合金加强框一般属于 SSI 的 FCBS。

4. 龙骨梁(Keel Beam)

为了满足空调组件的维护以及主起落架的收放要求,传统运输类飞机机身底部空调舱和主轮舱区域的机身蒙皮和长桁被切除,导致机身俯仰弯矩的传递通路中断。为了恢复机身底部中断的俯仰弯矩传递通路,在机身底部主轮舱和空调舱开口区域设置了龙骨梁。龙骨梁向前延伸至前货舱底部,向后延伸至后货舱底部,然后逐渐弱化、过渡并最终与货舱底部长桁连接。运输类飞机机身龙骨梁如图 4-10 所示。

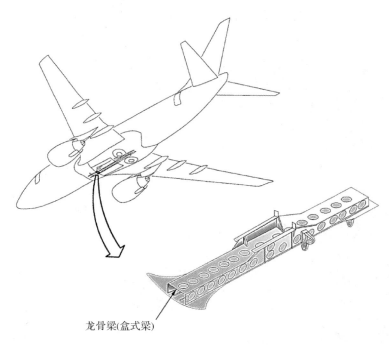

龙骨梁(盒式梁)

图 4-10　运输类飞机机身龙骨梁

在飞机正常飞行阶段,平尾升力等引起的机身俯仰弯矩导致机身顶部区域承受拉力、底部区域承受压力。位于机身底部的龙骨梁主要作用是承受并传递机身弯矩导致的较大压力。飞机在着陆、地面滑行以及停放状态下,前机身底部区域的龙骨梁将承受地面载荷导致的拉力。因此,龙骨梁的内力属于交变拉力。为了避免飞行过程中龙骨梁压缩失稳,将龙骨梁设计成盒式梁,它由两根上缘条和两根下缘条、腹板以及腹板加强筋组成。传统运输类飞机的龙骨梁一般选用静强度比较高的 7××× 系列铝合金材料。由于龙骨梁承受交变拉力,且 7××× 系列铝合金抗疲劳性能相对较差,传统运输类飞机的铝合金龙骨梁属于 SSI 的 FCBS。龙骨梁失效模式主要包括上、下缘条的拉伸失效、局部和总体压缩失稳以及腹板的剪切失稳。

5. 纵梁(Crease Beam)

单通道运输类飞机的直径较小,又被称为窄体机。窄体机的机身截面由上、下两个圆弧组成。机身上半圆弧和下半圆弧连接过渡区域,形成略向机身内侧凹陷的"皱折"(Crease)区域。"皱折"区域位于客舱地板平面的机身两侧。纵梁就位于客舱地板两侧的机身"皱折"区域,故又叫作"皱折梁"。纵梁从前增压加强框延伸到后增压加强框,后部与平尾阻力梁连接。纵梁的外侧通过外缘条与机身蒙皮连接,内侧则通过内缘条与客舱地板连接。纵梁的腹板分别与框腹板和地板梁上缘条连接。纵梁与蒙皮、框以及客舱地板梁的典型连接形式如图 4-11 所示。

机身的增压载荷和空气动力会在机身两侧"皱折"区域产生方向指向机身外侧的合力。纵梁用于收集机身两侧"皱折"区域增压载荷和空气动力,然后加载给客舱地板梁并通过客舱地板梁平衡,以维持机身"皱折"区域的截面形状。纵梁还承受客舱地板加载的机身内部装载的纵向惯性力以及平尾阻力梁加载的平尾阻力,然后通过外缘条加载给机身蒙皮。

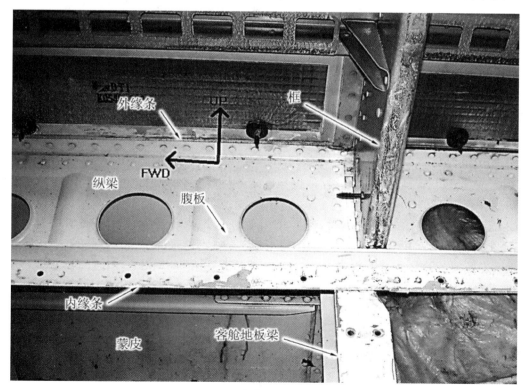

(a)客舱地板上部

图 4-11　纵梁与蒙皮、框以及客舱地板梁的典型连接形式

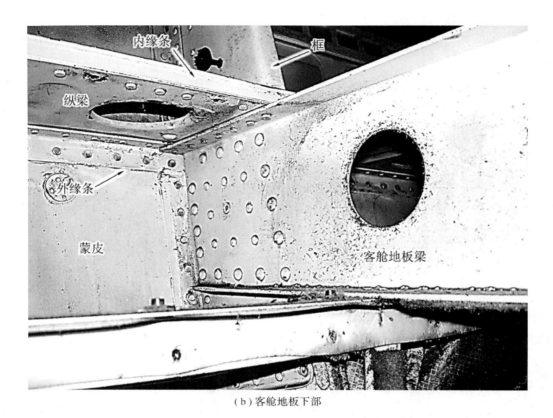

（b）客舱地板下部

续图 4-11　纵梁与蒙皮、框以及客舱地板梁的典型连接形式

　　纵梁属于拉伸平面梁，由内缘条、外缘条和腹板组成。机身两侧"皱折"区域空气动力和增压载荷将导致纵梁腹板承受横向交变拉力。客舱地板加载的机身内部装载纵向惯性力以及平尾阻力梁加载的平尾阻力，则会导致纵梁腹板承受剪力。传统运输类飞机的纵梁一般选用静强度比较高的 7×××系列铝合金材料。由于纵梁承受交变拉力且 7×××系列铝合金抗疲劳性能相对较差，传统运输类飞机的铝合金纵梁一般属于 SSI 的 FCBS。

　　6. 客舱地板梁（Floor Beam）

　　客舱地板梁位于客舱地板下面，主要作用是承受并传递客舱地板和座椅滑轨加载的载荷。客舱地板梁在机身两侧与框腹板连接。部分机型客舱地板梁下方还通过支柱与机身框连接，如图 4-12 所示。客舱地板梁承受客舱地板、座椅滑轨等加载的旅客、机组、厨房、厕所等客舱内部装载重力并将其加载给机身框。纵梁加载给客舱地板梁的机身两侧"皱折"区域增压载荷和空气动力，也将通过客舱地板梁平衡。

　　客舱地板梁属于拉伸平面梁，由上缘条、下缘条、腹板以及腹板加强筋组成。客舱地板梁的内力除了旅客、机组、厨房、厕所等客舱内部装载重力导致的剪力，还有机身两侧"皱折"区域空气动力和增压载荷导致的横向交变拉力。新一代运输类飞机的客舱地板梁普遍采用高强度碳纤维复合材料。传统运输类飞机的客舱地板梁一般选用静强度比较高的 7×××系列铝合金整体机加平面梁。由于客舱地板梁承受交变拉力且 7×××系列铝合金抗疲劳性能相对较差,传统运输类飞机的铝合金客舱地板梁一般属于 SSI 的 FCBS。

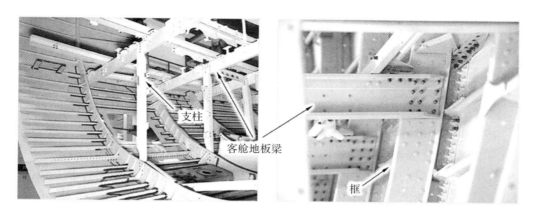

图 4 - 12 客舱地板梁及其支柱

7. 座椅滑轨(Seat Track)

座椅滑轨用于固定乘客座椅并传递座椅加载的乘客质量力。乘客座椅固定在座椅滑轨顶部的座椅安装槽。座椅滑轨直接固定在客舱地板梁上缘条的上表面。座椅滑轨的两侧通过上缘条与客舱地板连接,将乘客的纵向惯性力通过客舱地板加载给机身两侧纵梁。座椅滑轨还为客舱地板梁提供纵向支撑,防止客舱地板梁在垂直于梁平面的客舱装载纵向惯性力作用下失稳。

按结构型式分类,座椅滑轨属于平面梁,由顶部的座椅安装槽、上缘条、下缘条和腹板组成。运输类飞机典型座椅滑轨如图 4 - 13 所示。座椅滑轨的内力主要是乘客重力导致的剪力以及剪力传递过程中导致的弯矩。传统运输类飞机的座椅滑轨一般选用静强度比较高的7×××系列铝合金整体机加平面梁。座椅滑轨属于 SSI。

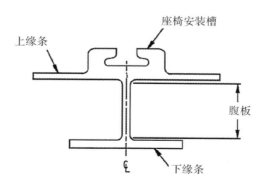

图 4 - 13 典型座椅滑轨

8. 货舱地板及支撑结构(Cargo Floor Structure)

货舱地板支撑结构包括货舱长桁(Cargo Track)、托板(Side Panel)以及墙(Intercostal)等。货舱地板支撑结构位于货舱地板下部,主要作用是支撑货舱地板并传递货舱地板加载的货物重量。货物的重力首先通过货舱地板加载给货舱长桁,再通过货舱长桁加载给框。货物的纵向惯性力通过货舱地板加载给货舱长桁、托板后,再通过货舱长桁和托板加载给货舱底部的墙,然后通过墙加载给机身蒙皮。货舱地板支撑结构还为货舱底部框提供纵向支撑,防止框在垂直于框平面的货物纵向惯性力作用下失稳。

按结构型式,货舱长桁和墙属于剪切平面梁,托板属于钣弯件。传统运输类飞机的货舱地板支撑结构一般选用静强度比较高的 7××× 系列铝合金,属于 SSI。

9. 墙(Intercostal)

墙位于框、客舱地板梁等机身框等环向结构或者客舱地板梁等横向结构之间,为机身环向或者横向结构提供纵向支撑,防止被支撑结构失稳。机身门开口等高应力区域的框之间一般会布置较多的墙,如图 4-14 所示。墙主要用于传递机身纵向惯性力。墙的内力一般是纵向惯性力等导致的剪力。按结构型式,墙为剪切平面梁,由比较弱的缘条和腹板组成。墙的缘条也可能由与墙缘条连接的其他结构担任。传统运输类飞机的墙一般采用静强度比较高的 7××× 系列铝合金。墙属于 SSI。

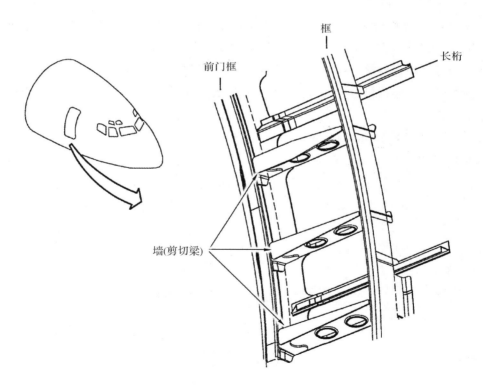

图 4-14　运输类飞机门开口区域墙

10. 整流罩(Faring)

机身整流罩主要包括雷达罩、翼身整流罩和尾椎,如图 4-15 所示。机身整流罩属于次要结构,主要作用是保持飞机光滑的气动外形、减小飞行阻力。其中,雷达罩还用于保护机身前部气象雷达等机载设备。

机身整流罩由蒙皮和蒙皮支撑结构组成,主要承受自身质量力和空气动力。整流罩内力为空气动力导致的较小链式拉力。机身整流罩一般采用复合材料。

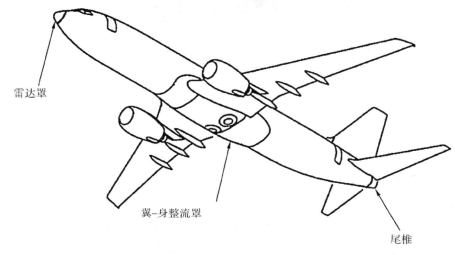

图 4-15　机身整流罩

4.3　发动机吊舱(ATA54)

发动机吊舱(Pylon & Nacelle)包括发动机吊挂和发动机短舱两部分。运输类飞机的发动机吊舱主要包括翼吊式吊舱和尾吊式吊舱两种。发动机吊舱位于机翼下方的吊舱构型称为翼吊式吊舱。波音、空客以及国产 C919 等大部分运输类飞机属于翼吊式吊舱。典型翼吊式吊舱如图 4-16 所示。与尾吊式吊舱相比,翼吊式吊舱主要具有以下优点:

1)发动机推力将产生飞机抬头力矩,可以减小平尾载荷。

2)发动机质量可以为机翼卸载,减轻机翼结构载荷。

3)机翼可以屏蔽发动机噪声,提高客舱乘机舒适度。

4)发动机重心距离飞机重心较近,便于飞行操纵。

5)发动机距离地面较近,便于发动机维护。

6)机翼下方可以布置多台发动机。

发动机吊舱位于飞机机身尾部两侧的吊舱构型称为尾吊式吊舱。国产大型支线飞机 ARJ21 等少部分运输类飞机采用尾吊式吊舱。尾吊式吊舱的最大缺点是只能采用高平尾布局,以避开发动机气流对平尾的影响。与翼吊式吊舱相比,尾吊式吊舱主要具有以下有优点:

1)可以避免翼吊式吊舱影响机翼气动外形,提高了机翼升力。

2)可以尽量降低机身到地面的高度,减小起落架载荷。

3)一旦发动机单侧失效,发动机偏航力矩较小。

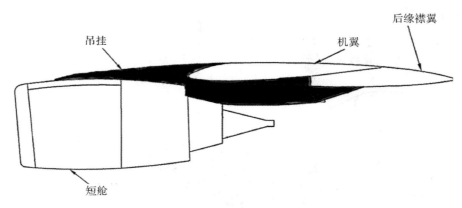

图 4-16　典型翼吊式发动机吊舱

4.3.1　发动机吊挂

1. 主要作用

发动机吊挂(Pylon/Strut)由主盒段和整流罩两部分组成,主要作用是传递发动机加载的质量力、推力、扭矩以及陀螺载荷。通过与机翼或机身的连接结构,发动机吊挂将自身的质量力和发动机载荷加载给机翼或者机身。

2. 主要外载荷

发动机吊挂的外载荷除了自身的质量力和空气动力外,主要还包括发动机加载的质量力、推力、扭矩、陀螺载荷。

3. 典型结构及结构型式

(1)主盒段。主盒段的主要作用是承受和传递发动机加载的质量力、推力、扭矩、陀螺载荷。此外,发动机吊挂还需要承受并传递短舱的质量力以及吊挂自身的质量力和空气动力。

由于需要承受发动机加载的扭矩,吊挂主盒段被设计成为盒式梁。吊挂主盒段的结构元件主要包括蒙皮、梁缘条、腹板、加强框、C 函道固定座、吊挂与发动机的连接结构、吊挂与机翼或机身的连接结构。飞行阶段,蒙皮主要承受发动机前吊点加载的发动机扭矩导致的剪力。腹板位于主盒段底部,主要承受发动机前吊点加载的发动机扭矩导致的剪力以及发动机推力导致的拉力。主盒段腹板还具有防火墙功能,用以隔离发动机高温区域。因此,腹板一般采用耐高温金属。在地面阶段,蒙皮主要承受发动机和吊舱重力导致的剪力和拉力。吊挂主盒段的金属结构属于 SSI 的 FCBS。发动机吊挂主盒段的典型结构如图 4-17 所示。

吊挂与发动机的连接结构包括发动机吊点和推力杆固定座,主要用于将发动机载荷加载给主盒段。其中,发动机质量力、扭矩、陀螺载荷主要通过发动机吊点加载,发动机推力主要通过推力杆固定座加载。推力杆属于拉压杆。

吊挂载荷通过与机翼或机身的连接结构加载给机翼或机身。吊挂连接结构与机翼固定座的紧固件一般为保险销。当吊挂加载给机翼的载荷超过极限载荷时保险销会被剪断,避免机翼结构破损导致燃油渗漏而引起飞机灾难性破坏。

(2)整流罩。吊挂整流罩属于次要结构,主要作用是保持飞机气动外形、减小飞行阻力。其中,位于机翼下部发动机尾喷高温区域的吊挂整流罩还起到隔离发动机尾喷高温区域、保护机翼结构的作用。整流罩包括蒙皮和蒙皮支撑结构,只承受自身质量力和空气动力。运输类飞机的发动机吊挂整流罩一般采用复合材料结构。但是,位于机翼下部发动机尾喷高温区域的吊挂整流罩一般为耐高温合金。

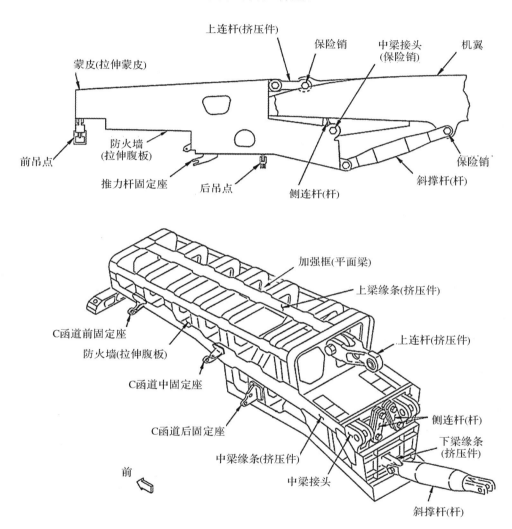

图 4-17　发动机吊挂主盒段典型结构

4.3.2　发动机短舱

1. 主要作用

短舱(Nacelle)属于次要结构,由进气道、风扇整流罩、C 函道和尾喷管组成。短舱属于整流罩,基本作用是形成光滑的气动外形、减小飞行阻力。此外,短舱还起着保护发动机及发动机附件的作用。C 函道是发动机外函道的组成部分。飞机着陆滑跑阶段,C 函道可以提供与飞机滑行方向相反的阻力,起到辅助刹车、缩短飞机滑跑距离的作用。尾喷管是发动机内函道的组成部分,通过加速气流提供部分发动机推力。发动机短舱典型结构如图 4-18 所示。

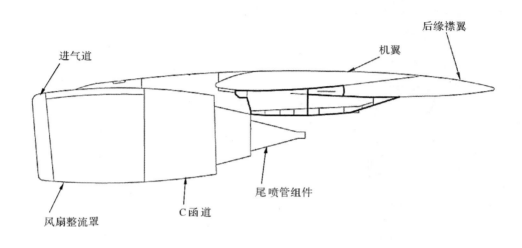

图 4-18　发动机短舱典型结构

2. 主要外载荷

短舱的外载荷除了自身的质量力和空气动力,还包括飞机着陆滑跑阶段 C 函道的反推阻力。

3. 典型结构及结构型式

(1)进气道(Inlet Cowl)。运输类飞机涡扇发动机的进气道位于风扇叶片前面,从结构型式上看,属于整流罩,基本作用是形成光滑的气动外形、减小飞行阻力。涡扇发动机的进气道还可以降低进入发动机的气流速度,通过减小风扇叶片转动方向的阻力及其导致的扭矩减小风扇叶片变形,从而保证飞机在高亚声速飞行时仍具有较高的工作效率。与此同时,进气道还可以增加进入发动机内函道的气流压强,为发动机提供均匀、稳定的气流。

(2)风扇整流罩(Fan Cowl)。风扇整流罩位于进气道后部、发动机风扇机匣的外部。从结构型式上看,风扇整流罩形式属于整流罩,其基本作用是形成光滑的气动外形、减小飞行阻力。此外,风扇整流罩还为发动机和发动机附件提供保护作用。

(3)C 函道(Thrust Reverser Cowl)。C 函道位于风扇整流罩后部,由内层、外层结构组成。从结构型式上看,C 函道属于整流罩,其基本作用是形成光滑的气动外形、减小飞行阻力,同时保护发动机。

运输类飞机 C 函道包含了反推阻力装置。C 函道的内层与外层通过立柱连接,中间通道为发动机的外函道。外层由固定不动的外壁、平移罩、折流门和反喷气流格栅组成。折流门的外端通过铰链固定在平移罩内表面,内侧通过拉杆固定在 C 函道内层的外表面。

飞机着陆后,驾驶员操纵反推阻力装置,C 函道的液压泵驱动反推平移罩向后滑动,通过连杆带动折流门封住外函道,使外函道的气流改变方向经由反推气流格栅向斜前方喷出,从而产生向后的阻力辅助刹车、缩短飞机滑跑距离。C 函道典型结构及反推原理如图 4 - 19 所示。

(4)尾喷管(Exhaust Assembly)。尾喷管位于发动机后部,由主管(Primary Sleeve)和排气塞(Exhaust Plug)组成。主管和排气塞之间的排气通道为发动机内函道的组成部分。运输类飞机发动机的尾喷管一般是"收敛型"(Converging)的亚声速喷管,可以通过加快发动机燃烧室排出的气流速度提供部分发动机推力。

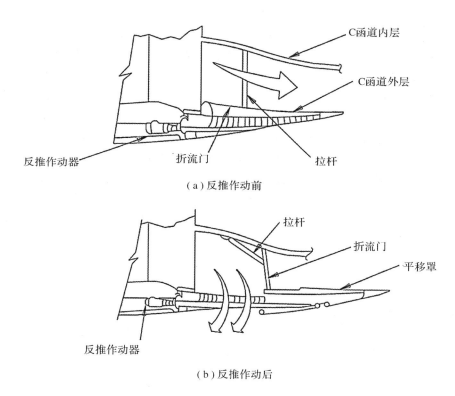

(a)反推作动前

(b)反推作动后

图 4 - 19　C 函道典型结构及反推原理

4.4　机翼(ATA57)

4.4.1　主要功用

根据机翼(Wing)与机身的相对位置,运输类飞机的机翼包括上单翼和下单翼两种构型。上单翼飞机的机翼位于机身上半部,下单翼飞机的机翼位于机身下半部。与上单翼相比,下单翼不影响飞机的客舱布局且便于安装起落架,不仅飞机构型相对简单,而且可以改善飞机的起降性能。由于距离地面较近,下单翼改善了发动机等飞机部件的维修性,并能够通过机翼屏蔽发动机噪声对客舱的影响。因此,民用运输类飞机一般采用下单翼机翼。军用运输机不仅需要避免重型货物导致飞机重心变化超出许可范围,还需要避免中央翼盒干涉重型货物的装载运输。因此,军用运输机一般采用上单翼机翼。

民用运输类飞机的机翼包括左机翼、右机翼和中央翼,如图 4-20 所示。其中,左机翼和右机翼位于飞机外部,统称为外大翼。外大翼有一定的后掠角和上反角。其中,后掠角可以降低高亚声速飞行时的飞行阻力,同时提高飞机的航向稳定性。上反角则可以提高飞机的横向稳定性。外大翼由主盒段、固定前缘、固定后缘、翼尖以及缝翼、襟翼、扰流板等操纵面组成,如图 4-21 所示。中央翼由主盒段组成,位于客舱地板下部的前货舱后部和主轮舱前部区域。

机翼主要作用是产生维持飞机飞行状态所需要的升力,同时提供飞机的横向稳定性。机翼升力作用中心位于机翼刚心的后部。机翼通过副翼提供飞机横向操纵所需要的机动载荷。机翼机动载荷的作用中心称为焦心。焦心位于机翼刚心的前部。机翼的缝翼、襟翼和扰流板可以增加飞机起飞、着陆阶段所需要的升力或阻力,改善飞机起飞、着陆阶段的性能。飞行过程中,飞行扰流板则可以增加飞行阻力,通过使飞机减速辅助横向操纵。运输类飞机机翼主盒段内部一般作为整体油箱装载燃油。

除了承受机翼结构和燃油等装载的质量力,机翼还承受空气动力产生的升力、飞行阻力、机动载荷、突风载荷等飞行载荷,发动机吊挂加载的发动机载荷,以及主起落架加载的起落架载荷。机翼外载荷除了部分自平衡外,其余载荷通过与机身的连接结构加载给机身。

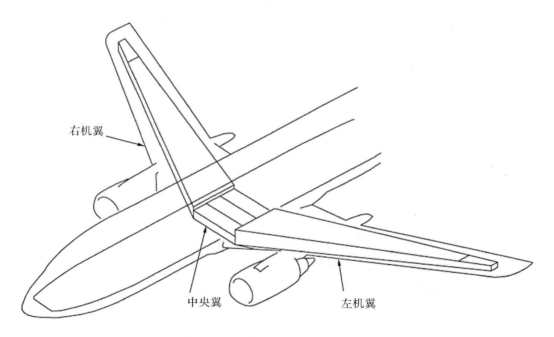

图 4-20　运输类飞机的机翼组成部分

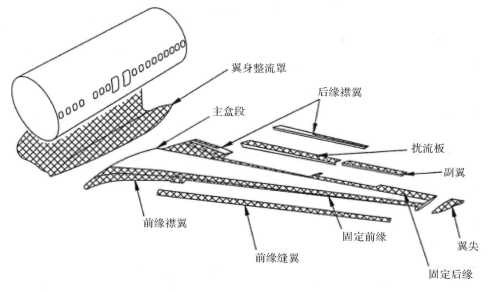

图 4 - 21　外大翼典型子部件

4.4.2　主要外载荷

机翼的外载荷除了机翼结构和燃油等装载的质量力外,主要包括空气动力引起的升力、飞行阻力、机动载荷、突风载荷等飞行载荷,发动机吊挂加载的发动机载荷,以及主起落架加载的起落架载荷。其中,发动机吊挂加载的发动机载荷主要包括发动机的推力、扭矩、陀螺载荷以及发动机和吊挂的质量力。主起落架加载的载荷包括飞行过程中的飞行阻力,主起落架质量力,以及飞机着陆、地面运行和停放状态下的地面载荷。

4.4.3　典型结构及结构型式

1. 机翼主盒段

机翼主盒段是外大翼和中央翼的主要组成部分。外大翼的主盒段前面为机翼固定前缘,后面为机翼固定后缘。副翼、缝翼、襟翼、扰流板等操纵面的支撑结构一般与外大翼主盒段的加强翼肋直接连接。机翼主盒段的典型结构包括蒙皮(Skin)、长桁(Stringer)、翼肋(Rib)、翼梁(Spar),如图 4 - 22 所示。

从结构型式上看,机翼主盒段为盒式梁,用以承受和传递发动机推力和机翼升力导致的扭矩。机翼的外载荷除了部分被主盒段结构直接平衡之外,其余外载荷将通过主盒段加载给机身。运输类飞机的机翼主盒段内部一般作为整体油箱装载燃油。

(1)蒙皮(Skin)。蒙皮位于机翼的外表面,是主盒段的基本结构元件。机翼蒙皮包括上翼面蒙皮和下翼面蒙皮。上翼面蒙皮的弧度大于下翼面蒙皮的弧度,以便产生方向竖直向上的升力。机翼主盒段的空气动力直接作用在机翼蒙皮。蒙皮需要通过自身刚度维持机翼主盒段外形,一方面避免升力降低和飞行阻力增加,另一方面保证主盒段内部的整体油箱不发生燃油渗漏。空气动力作用在蒙皮之后,通过蒙皮与长桁和翼肋的连接将空气动力加载给长桁和翼肋。其中,蒙皮加载给长桁的空气动力将通过长桁与翼肋的连接加载给翼肋。机翼的升力、飞行阻力以及发动机推力等导致的扭矩和弯矩,需要作为盒式梁基本结构元件的蒙皮承受、传递。传统运输类飞机机翼主盒段蒙皮一般采用铝合金。新一代运输类飞机机翼主盒段蒙皮普遍采用高强度碳纤维复合材料。

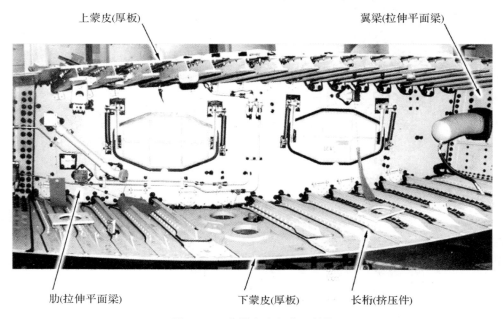

上蒙皮(厚板)　　　　　　　　　　　　　　翼梁(拉伸平面梁)

肋(拉伸平面梁)　　　　　下蒙皮(厚板)　　　长桁(挤压件)

图 4 - 22　机翼主盒段典型结构

机翼上翼面蒙皮为厚板。在飞机正常飞行阶段,上翼面蒙皮除了存在飞行阻力、发动机推力和升力导致的剪力之外,还存在升力传递过程中引起的弯矩导致的压力。在地面滑行以及停放阶段,下翼面蒙皮将承受机翼结构和燃油等装载重力传递过程引起的弯矩导致的拉力。因此,上翼面蒙皮的内力存在交变拉力。其中,在地面滑行以及停放阶段,上翼面蒙皮拉力的大小远小于飞行阶段升力导致的压力。传统运输类飞机的上翼面蒙皮一般选用静强度比较高的 $7\times\times\times$ 系列铝合金材料。由于上翼面蒙皮承受交变拉力,且 $7\times\times\times$ 系列铝合金抗疲劳性能相对较差,传统运输类飞机的铝合金上翼面蒙皮属于 SSI 的 FCBS。上翼面蒙皮的静强度失效模式主要包括蒙皮压缩失效、剪切失效,蒙皮和长桁组合壁板的压剪联合失效。

机翼下翼面蒙皮同样为厚板。下翼面蒙皮一般有机翼内部油箱区域结构的检查口盖开口。在飞机正常飞行阶段,下翼面蒙皮除了存在飞行阻力、发动机推力和升力导致的剪力外,还存在升力传递过程中引起的弯矩导致的拉力。飞机在地面滑行以及停放状态下,下翼面蒙皮将承受机翼结构和燃油等装载重力传递过程引起的弯矩导致的压力。下翼面蒙皮的内力同样存在交变拉力。其中,在地面滑行以及停放阶段,下翼面蒙皮压力的大小远小于飞行阶段升力导致的拉力。下翼面蒙皮的最大拉应力和应力幅值比上翼面蒙皮高得多。因此,下翼面蒙皮的抗疲劳要求高于上翼面蒙皮的抗疲劳要求。传统运输类飞机的下翼面蒙皮一般选用抗疲劳性能比 $7\times\times\times$ 系列铝合金更好的 $2\times\times\times$ 系列铝合金材料。

传统运输类飞机的铝合金下翼面蒙皮属于 SSI 的 FCBS。下翼面蒙皮的静强度失效模式主要包括蒙皮拉伸失效和剪切失效。

（2）长桁（Stringer）。长桁位于机翼蒙皮的内表面，是机翼展向连续结构。新一代运输类飞机的机翼长桁普遍采用高强度碳纤维复合材料，与高强度碳纤维复合材料的机翼蒙皮采用共固化技术黏结。传统运输类飞机的机翼铝合金长桁，通过铆钉等紧固件与铝合金蒙皮直接连接。长桁通过角型件与翼肋连接。

长桁为机翼蒙皮提供支撑，收集并承受机翼蒙皮加载的空气动力。通过与翼肋的角型连接件，长桁将蒙皮加载的空气动力加载给翼肋。长桁还通过角型连接件为翼肋提供展向支撑，提高翼肋的压缩和剪切承载能力。长桁与蒙皮一起承受并传递、平衡机翼升力导致的弯矩。机翼长桁包括上翼面长桁和下翼面长桁，结构型式均属于杆。

在飞机正常飞行阶段，上翼面长桁的内力为升力传递过程中引起的弯矩导致的压力。飞机在地面滑行以及停放阶段，上翼面长桁将承受机翼结构和燃油等重力传递过程引起的弯矩导致的拉力。因此，上翼面长桁的内力是交变拉力。其中，在地面滑行以及停放阶段，上翼面长桁拉力的大小远小于飞行阶段升力导致的压力大小。传统运输类飞机的上翼面长桁一般选用静强度比较高的 7×××系列铝合金挤压件材料。由于上翼面长桁承受交变拉力，且 7×××系列铝合金抗疲劳性能相对较差，传统运输类飞机的铝合金上翼面长桁属于 SSI 的 FCBS。上翼面长桁的静强度失效模式主要是压缩失效。

在飞机正常飞行阶段，下翼面长桁的内力为升力传递过程中引起的弯矩导致的拉力。飞机在地面滑行以及停放阶段，下翼面长桁的内力为机翼结构和燃油等装载重力传递过程引起的弯矩导致的压力。下翼面长桁的内力同样存在交变拉力。其中，在地面滑行以及停放阶段，下翼面长桁压力的大小远小于飞行阶段升力导致的拉力。下翼面长桁的最大拉应力和应力幅值比上翼面长桁高得多。因此，下翼面长桁的抗疲劳要求高于上翼面长桁的抗疲劳要求。传统运输类飞机的下翼面长桁一般选用抗疲劳性能较好的 2×××系列铝合金挤压件材料。传统运输类飞机的铝合金下翼面长桁属于 SSI 的 FCBS。下翼面长桁的静强度失效模式主要是拉伸失效。

（3）翼肋（Rib）。翼肋位于机翼蒙皮的内表面。翼肋的上部和下部与长桁通过长桁的角型件连接，与蒙皮通过承剪件（Shear Tie）直接连接。翼肋的前部和后部分别与前梁和后梁的腹板加强筋连接。运输类飞机的翼肋一般等间距布置。翼肋分为普通翼肋和加强翼肋。加强翼肋位于发动机吊挂、主起落架、操纵面等连接部位，用于传递发动机吊挂、主起落架、操纵面加载的集中载荷。传统运输类飞机机翼主盒段翼肋一般采用铝合金。新一代运输类飞机机翼主盒段翼肋普遍采用高强度碳纤维复合材料。

翼肋属于拉伸平面梁，由上缘条、下缘条、腹板、腹板加强筋以及承剪件组成。承剪件和蒙皮一起可以视为翼肋的外缘条。翼肋自身的外缘条则可以看成破损-安全缘条。翼肋的结构型式和结构元件如图 4-23 所示。翼肋通过承剪件和长桁的角型件分别为蒙皮和长桁提供环向支撑，可以分别提高蒙皮抗剪切失效和长桁抗压缩失效能力，同时维持机翼截面形状。通过承剪件和长桁的角型件，翼肋承受蒙皮和长桁加载的空气动力和燃油重力，然后将其转化为适合机翼主盒段承受的升力和扭矩并加载给机翼蒙皮和翼梁。除此之外，加强翼肋还需要承受和传递发动机吊挂、主起落架、操纵面等加载的集中载荷。

翼肋可以阻止燃油突然沿机翼展向流动,防止飞行姿态改变时燃油快速流动导致飞机重心突然变化过大。

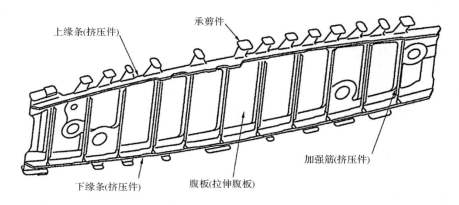

图 4-23 典型翼肋结构元件

飞机在正常飞行阶段,方向向下的下翼面蒙皮空气动力与方向向上的上翼面蒙皮空气动力导致翼肋腹板竖直方向承受交变拉力。此外,普通翼肋还存在升力等外载荷导致的剪力。传统运输类飞机的翼肋一般选用静强度比较高的 7××× 系列铝合金材料。翼肋腹板竖直方向承受交变拉力,且 7××× 系列铝合金的抗疲劳性能相对较差。因此,传统运输类飞机的铝合金翼肋属于 SSI 的 FCBS。翼肋的静强度失效模式主要为腹板的剪切失效以及张力场下的稳定性失效。

(4)翼梁(Spar)。运输类飞机的翼梁包括前梁和后梁。翼梁的上、下表面通过缘条与蒙皮连接形成盒式梁,前、后方通过腹板加强筋与翼肋连接。翼梁主要作用是传递翼肋加载的升力及其导致的主盒段扭矩。除此之外,翼梁还参与传递飞行阻力、发动机推力导致的机翼弯矩和扭矩。传统运输类飞机机翼主盒段翼梁一般采用铝合金。新一代运输类飞机机翼主盒段翼梁普遍采用高强度碳纤维复合材料。翼梁的结构型式属于拉伸平面梁,由上缘条、下缘条、腹板以及腹板加强筋组成。为了避免翼梁腹板失效导致燃油渗漏引起飞机灾难性破坏,翼梁一般采用典型的厚腹板平面梁。

飞机在正常飞行阶段,翼梁的外载荷除了翼肋加载的升力和扭矩导致的剪力外,还有飞行阻力和发动机推力导致的弯矩。机翼升力和扭矩导致的剪力由翼梁腹板承受并传递。由于机翼升力中心位于机翼刚心的后部靠近后梁一侧,机翼升力引起的扭矩导致前梁腹板剪力减载、后梁腹板剪力加载。机翼升力引起的弯矩,将导致翼梁下缘条承受较大的拉力、上缘条承受较大的压力。飞行阻力和发动机推力引起的弯矩导致发动机吊挂外侧的前梁承受拉力、发动机吊挂内侧承受压力,发动机吊挂外侧的后梁承受压力、发动机吊挂内侧承受拉力。飞机降落起落架接触地面后,飞行阻力、反推阻力以及主起落架加载的地面阻力将导致外大翼根部区域前梁承受较大拉力、后梁承受较大压力。由此可见,机翼根部区域翼梁腹板将承受发动机推力导致的拉力或者压力。翼梁腹板升力传递以及飞行阻力和发动机推力导致的弯矩,将导致翼梁上缘条承受较大的压力、下缘条承受较大的拉力。其中,后梁下缘条的拉力比前梁下缘条拉力高得多,后梁上缘条的压力比前梁上缘条的压力高得多。

在地面阶段,翼梁的外载荷主要包括机翼、发动机及吊挂等结构部件和燃油等的重力。重力导致的剪力由翼梁腹板承受并传递。翼梁腹板剪力传递过程中产生的弯矩将导致翼梁上缘条承受较小的拉力、下缘条承受较小的压力。

翼梁外大翼根部区域的腹板为厚板且高度较高。飞机在正常飞行阶段,腹板将承受升力、飞行阻力、发动机推力等导致的弯矩引起的交变拉力。传统运输类飞机翼梁腹板一般选用抗疲劳性能较好的 2××× 系列铝合金,属于 SSI 的 FCBS。飞机在正常飞行阶段,翼梁上缘条的压力大小远高于地面阶段的拉力,且地面阶段的拉力较小。传统运输类飞机翼梁上缘条一般选用静强度比较高的 7××× 系列铝合金材料。翼梁下缘条承受交变拉力且飞行阶段的拉力远高于地面阶段的压力。传统运输类飞机翼梁下缘条一般选用抗疲劳性能较好的 2××× 系列铝合金,属于 SSI 的 FCBS。机翼根部区域后梁下缘条的内力为交变拉力且最大拉应力和应力幅值较高,翼梁下缘条及其相邻区域腹板更容易疲劳开裂。为了避免后梁下缘条疲劳断裂引起灾难性破坏,某些机型外大翼根部靠近后梁下缘条的腹板区域设计有破损-安全缘条。破损-安全缘条还可以起到腹板止裂带的作用。运输类飞机机翼典型翼梁结构元件如图 4-24 所示。机翼翼梁的静强度失效模式包括前梁和后梁上缘条压缩失效、腹板剪切失效、缘条和腹板的弯剪联合屈曲失效以及前梁腹板和加强筋的弯曲失效等。

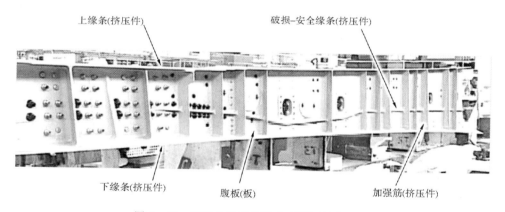

图 4-24 运输类飞机机翼典型翼梁结构元件

2. 固定前缘(Leading Edge)

固定前缘位于机翼前缘襟翼和缝翼等操纵面的后部、主盒段的前部。固定前缘是由上部蒙皮和下部可拆装检查接近口盖及其支撑结构组成,以便于机翼前梁前部飞机操纵、液压等系统的检查、维护。固定前缘下部的可拆装检查接近口盖一般采用间螺杆位置可微调的托板螺帽固定。因此,基本上固定前缘不参与主盒段扭矩传递。机翼固定前缘典型结构如图 4-25 所示。

运输类飞机起飞、着陆阶段,机翼固定前缘容易遭受鸟击等偶然损伤。为了避免鸟击影响飞机安全运行并保护主盒段,固定前缘一般设计成次要结构。固定前缘增大了机翼升力面积,可以提供部分升力。

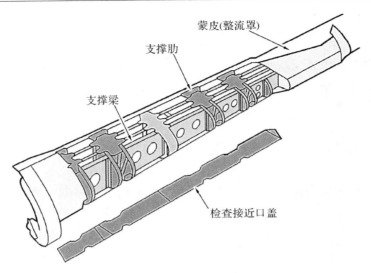

图 4 - 25　机翼固定前缘典型结构

　　从结构型式上看,固定前缘是整流罩,其基本作用是形成光滑的气动外形、减小飞行阻力,固定前缘蒙皮的内力很小。固定前缘主要承受自身质量力和空气动力。新一代运输类飞机的机翼固定前缘普遍采用复合材料。传统运输类飞机的机翼固定前缘材料一般选用铝合金。传统运输类飞机固定前缘的铝合金蒙皮一般为薄板且曲率较大,以软板形式承受垂直于蒙皮表面的空气动力导致的较小链式拉力。

　　3. 固定后缘(Trailing Edge)

　　固定后缘位于机翼后缘襟翼、副翼等操纵面的前部、主盒段的后部。固定后缘由可拆装检查接近口盖及其支撑结构组成开口薄壁结构,以便于机翼后梁后部飞机操纵、液压等系统的检查、维护。固定后缘结构固定在机翼主盒段的后梁。机翼固定后缘典型结构如图 4 - 26 所示。固定后缘的主要作用是为机翼的后缘操纵面提供收放空间,同时形成光滑的气动外形、减小飞行阻力。固定后缘属于次要结构,从结构型式上看是整流罩,主要承受自身质量力和空气动力。

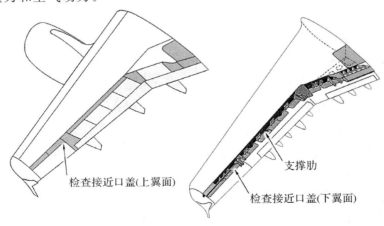

图 4 - 26　机翼固定后缘典型结构

4. 翼尖（Tips）

翼尖位于机翼外侧的端部，由蒙皮和蒙皮支撑结构组成，与机翼主盒段外侧端肋连接。翼尖属于次要结构，从结构型式上看是整流罩，其基本作用是形成光滑的气动外形，减小飞行阻力。

运输类飞机在飞行过程中，机翼的上翼面气流速度大于下翼面气流速度，使得上翼面的气流压强小于下翼面的气流压强。上、下翼面的气流压强差将导致下翼面气流沿机翼展向流动并绕过翼尖流向上翼面，使得机翼翼根到翼尖范围内产生向下的诱导气流，从而形成诱导阻力。运输类飞机一般采用翼尖小翼阻止机翼表面气流的展向流动、降低机翼诱导阻力。典型机翼翼尖小翼如图 4 - 27 所示。

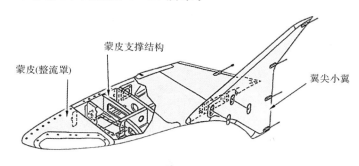

图 4 - 27　典型机翼翼尖小翼

5. 操纵面

运输类飞机的操纵面分为主操纵面和辅助操纵面。主操纵面用于产生改变飞机飞行姿态的机动载荷，辅助操纵面用于产生飞机辅助机动和改善起降性能的机动载荷。操纵面需要承受并传递机动载荷，属于 SSI。

机翼操纵面包括副翼、缝翼、襟翼和扰流板。其中，副翼为主操纵面，缝翼、襟翼和扰流板为辅助操纵面。机翼典型操纵面如图 4 - 28 所示。

（1）副翼（Aileron）。副翼位于机翼的后缘，主要作用是提供飞机横向机动（横滚）所需的机动载荷。飞机左、右机翼的副翼为差动偏转操纵面：当驾驶员操纵副翼进行横向机动时，一侧机翼的副翼向上偏转，另一侧机翼的副翼同时向下偏转。通过左、右机翼产生方向相反的机动载荷，为飞机提供横滚机动需要的滚转力矩。

（2）缝翼（Slat）和襟翼（Flap）。缝翼和襟翼属于飞机辅助操纵面的增升和增阻装置，主要用于改善飞机的起飞和降落性能。缝翼位于机翼固定前缘的前侧。缝翼伸出后可以增加机翼的临界迎角和有效面积，从而增加飞机的升力和阻力。襟翼分为前缘襟翼和后缘襟翼。襟翼伸出后可以增加机翼的翼型弯度和有效面积，从而增加飞机的升力和阻力。

飞机起飞阶段，缝翼和襟翼的主要作用是增加升力，阻力要尽量小。因此，飞机起飞阶段缝翼和襟翼伸出的角度较小。飞机降落阶段，缝翼和襟翼主要作用是同时增加升力和阻力，需要完全伸出到最大角度。

（3）扰流板（Spoiler）。扰流板位于机翼后缘的上表面，属于辅助操纵面的增阻装置。扰流板伸出后可以增加机翼厚度并在机翼上表面形成涡流以增加飞机的压差阻力。飞机接触地面后,扰流板伸出后还会导致机翼升力降低,从而增加地面摩擦阻力,缩短滑跑距离。

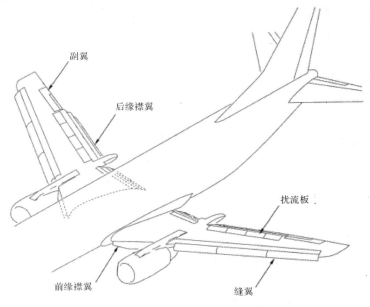

图 4-28 机翼典型操纵面

扰流板分为空中扰流板和地面扰流板,均可以用于增加飞行阻力、缩短飞机着陆滑跑距离。空中扰流板还可以用于飞机空中减速、辅助航向飞行机动。

4.5 尾翼(ATA55)

尾翼(Stabilizer)位于飞机的尾部,由水平尾翼(Horizontal Stabilizer,简称"平尾")和垂直尾翼(Vertical Stabilizer,简称"垂尾")组成,如图 4-29 所示。

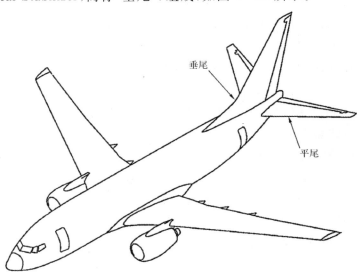

图 4-29 尾翼组成部分

4.5.1 水平尾翼

1. 主要功用

根据平尾与机身的相对位置,运输类飞机的平尾主要包括高平尾和低平尾两种构型。高平尾位于垂尾的顶部,又称为"T 型尾翼"。高平尾一般用于发动机位于机身尾段的尾吊式运输类飞机,可以有效避免发动机尾流、机翼气流等对平尾稳定性和操纵性的影响。但是,高平尾距离机身较远,尾翼的结构型式较为复杂,飞机牺牲的结构重量代价较大。低平尾位于机身尾段的中部,一般用于发动机位于机翼下部的翼吊式运输类飞机。

运输类飞机的平尾由水平安定面和升降舵组成,主要作用是提供飞机俯仰平衡力矩和俯仰方向的稳定性以及俯仰机动载荷。其中,水平安定面包括主盒段、固定前缘、固定后缘和翼尖。平尾典型结构如图 4 - 30 所示。高亚声速运输类飞机的平尾具有比机翼更大的后掠角和上反角。其中,后掠角不仅可以降低高亚声速飞行时的飞行阻力,还可以提高飞机的航向稳定性。上反角可以增加飞机的横向稳定性。大型远程运输类飞机的平尾往往还被作为整体油箱储存燃油。

飞机在正常飞行阶段,运输类飞机的重心位于机翼升力中心的前面,需要通过水平尾翼产生方向竖直向下的升力提供飞机俯仰平衡力矩。飞机使用过程中不同航段的旅客、货物、燃油等质量不同,可能引起飞机的重力大小和重心位置变化。运输类飞机的平尾一般采用全动平尾,通过绕平尾枢轴销转动的主盒段后梁支撑接头与机身加强框连接;前梁通过平尾操纵蜗杆接头与操纵蜗杆连接。飞机可以通过电机驱动蜗杆调节平尾的迎角,提供方向、大小合适的升力,保证飞机竖直方向的力和俯仰力矩的平衡,避免飞机重力大小和重心位置变化影响飞机安全运行。平尾后部的升降舵可以提供飞机俯仰机动所需要的机动载荷。

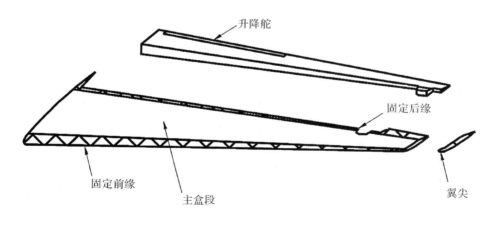

图 4 - 30 平尾典型结构

2. 主要外载荷

平尾的外载荷除了平尾结构及燃油的质量力和平尾外表面的空气动力外,还包括空气动力产生的升力、飞行阻力、俯仰机动载荷和竖直方向突风载荷等飞行载荷。

3. 典型结构及结构型式

（1）主盒段（Main Box）。主盒段是水平安定面的主要组成部分。水平安定面外侧主盒段的前面为固定前缘，后面为固定后缘。升降舵的支撑结构一般与主盒段的加强翼肋直接连接。平尾的外载荷除部分被水平安定面主盒段直接平衡外，其余外载荷将通过主盒段加载给机身。大型远程运输类飞机平尾的主盒段内部还往往作为整体油箱储存燃油。

为了承受并传递水平尾翼升力引起的扭矩，将水平安定面的主盒段设计为盒式梁。主盒段的结构元件主要包括蒙皮、长桁、翼肋和翼梁。主盒段上翼面蒙皮的弧度小于下翼面蒙皮的弧度，在巡航阶段可以通过产生方向向下的升力提供飞机俯仰平衡力矩。运输类飞机水平安定面主盒段的典型结构如图 4 - 31 所示。

上蒙皮(厚板)　　　　　　　　　　　　翼梁(拉伸平面梁)

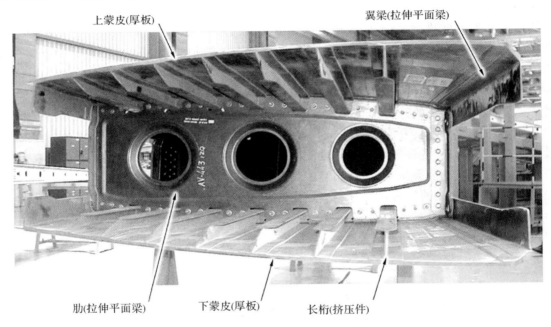

肋(拉伸平面梁)　　下蒙皮(厚板)　　长桁(挤压件)

图 4 - 31　水平安定面主盒段典型结构

1）蒙皮（Skin）。蒙皮位于主盒段的外表面。主盒段的空气动力直接作用于蒙皮。蒙皮需要通过自身刚度维持主盒段外形，一方面避免升力降低、飞行阻力增加，另一方面避免主盒段内部的整体油箱发生燃油渗漏引起飞机灾难性破坏。空气动力作用在蒙皮表面之后，通过蒙皮与长桁和翼肋的连接将空气动力分别加载给长桁和翼肋。其中，蒙皮加载给长桁的空气动力通过长桁与翼肋的连接加载给翼肋。升力、飞行阻力等导致的主盒段扭矩和弯矩也需蒙皮承受、传递。主盒段蒙皮包括上翼面蒙皮和下翼面蒙皮。传统运输类飞机水平安定面主盒段蒙皮一般采用铝合金。新一代运输类飞机水平安定面主盒段蒙皮普遍采用高强度碳纤维复合材料。

飞机在正常飞行阶段，上翼面蒙皮的内力除升力引起的扭矩以及飞行阻力导致的剪力外，还存在升力传递过程中引起的弯矩带来的拉力。地面阶段，上翼面蒙皮也将承受平尾结构和燃油等装载重力传递过程中引起的弯矩带来的拉力。当驾驶员操纵升降舵产生低头机动力矩时或者在垂直突风阶段,上翼面蒙皮与长桁可能一起承受压力。因此,上翼面蒙皮的内力属于交变拉力。其中,上翼面蒙皮的拉力大小远高于压力。传统运输类飞机的上翼面蒙皮一般选用抗疲劳性能较好的 2××× 系列铝合金薄板,属于 SSI 的 FCBS。上翼面蒙皮的静强度失效模式主要包括剪切失效,蒙皮和长桁组合壁板的压剪联合失效。

飞机在正常飞行阶段,下翼面蒙皮内力除了升力引起的扭矩和飞行阻力导致的剪力外,还包括与长桁一起承受升力传递引起的弯矩导致的压力。驾驶员操纵升降舵产生低头力矩时或者垂直突风阶段,可能会导致下翼面蒙皮承受拉力。因此,下翼面蒙皮的内力属于交变拉力。传统运输类飞机的下翼面蒙皮一般选用抗疲劳性能较好的 2××× 系列铝合金薄板,属于 SSI 的 FCBS。下翼面蒙皮的静强度失效模式主要包括剪切失效,蒙皮和长桁组合壁板的压剪联合失效。

2)长桁(Stringer)。长桁位于蒙皮的内表面,是平尾主盒段的展向连续结构元件。新一代运输类飞机的长桁一般选择高强度碳纤维复合材料,与高强度碳纤维复合材料的蒙皮采用共固化技术黏结。传统运输类飞机的铝合金长桁通过铆钉等永久紧固件与铝合金蒙皮直接连接。长桁通过角型件与翼肋连接。部分运输类飞机水平安定面主盒段采用没有长桁的梁式翼型。

长桁的结构型式均属于杆,包括上翼面长桁和下翼面长桁。长桁为蒙皮提供支撑,承受蒙皮加载的空气动力和轴力。通过与翼肋连接的角型件,长桁将蒙皮加载的空气动力加载给翼肋。长桁还为翼肋提供展向支撑,提高了翼肋抗压缩和剪切失效能力。长桁与蒙皮一起承受并平衡平尾升力导致的弯矩。

飞机在正常飞行阶段,上翼面长桁内力主要为升力传递过程中引起的弯矩带来的拉力。在地面阶段,上翼面长桁的内力主要是平尾结构和燃油等装载重力传递过程中引起的弯矩带来的拉力。当驾驶员操纵升降舵产生低头机动力矩时或者在垂直突风阶段,上翼面长桁可能会承受压力。由于上翼面长桁的拉力大小远大于压力且承受的压力较小,传统运输类飞机的上翼面长桁一般选用静强度比较高的 7××× 系列铝合金材料。7××× 系列铝合金的抗疲劳性能相对较差,上翼面长桁属于 SSI 的 FCBS。平尾上翼面长桁的静强度失效模式主要为拉伸失效。

飞机在正常飞行阶段,下翼面长桁内力主要为升力传递过程中引起的弯矩带来的压力。在地面阶段,下翼面长桁的内力主要是平尾结构和燃油等装载重力传递过程中引起的弯矩带来的压力。当驾驶员操纵升降舵产生低头机动力矩时或者在垂直突风阶段,下翼面长桁可能会承受拉力。由于下翼面长桁的压力大小远大于拉力大小且承受的拉力较小,传统运输类飞机的下翼面长桁一般选用静强度比较高的 7××× 系列铝合金材料。7××× 系列铝合金的抗疲劳性能相对较差,下翼面长桁属于 SSI 的 FCBS。平尾下翼面长桁的静强度失效模式主要为压缩失效。

3)翼肋(Rib)。翼肋位于蒙皮的内表面。翼肋的上部和下部与长桁通过角型件连接,与蒙皮通过承剪件(Shear Tie)直接连接。翼肋的前部和后部分别与前梁和后梁的腹板加强筋连接。运输类飞机平尾主盒段的翼肋一般等间距布置。翼肋分为普通翼肋和加强翼肋。加强翼肋用于承受升降舵加载的集中载荷。传统运输类飞机水平安定面主盒段翼肋一般采用铝合金。新一代运输类飞机水平安定面主盒段翼肋普遍采用高强度碳纤维复合材料。

翼肋属于拉伸平面梁，由上缘条、下缘条、腹板、腹板加强筋以及承剪件组成。翼肋的承剪件和蒙皮一起可视为翼肋的外缘条。翼肋自身的外缘条可以被当作破损-安全缘条。翼肋通过承剪件和长桁的角型件分别为蒙皮和长桁提供支撑，分别提高蒙皮抗剪切失效和长桁抗压缩失效能力，同时维持主盒段的截面形状。通过承剪件和长桁的角型件，翼肋承受蒙皮和长桁加载的空气动力和燃油重力，然后将其转化为适合主盒段承受的剪力和扭矩，并分别加载给蒙皮和梁腹板。翼肋还能够阻挡燃油沿翼尖方向展向突然快速流动，防止飞行姿态改变时飞机重心变化过大。

翼肋的内力除升力导致的剪力外，还包括由方向向下的下翼面蒙皮空气动力与方向向上的上翼面蒙皮空气动力导致的交变拉力（沿翼肋腹板竖直方向）。传统运输类飞机的水平安定面主盒段翼肋缘条一般选用静强度比较高的7×××系列铝合金材料，腹板一般选用抗疲劳性能较好的2×××系列铝合金。传统运输类飞机的铝合金翼肋属于SSI的FCBS。翼肋的静强度失效模式主要为腹板的剪切失效以及张力场下的稳定性失效。

4）翼梁(Spar)。平尾主盒段翼梁包括前梁和后梁。翼梁的上、下表面通过缘条与蒙皮连接形成盒式梁，前、后方通过腹板加强筋与翼肋连接。翼梁主要作用是传递翼肋加载的升力及其导致的主盒段扭矩。除此之外，翼梁还参与传递飞行阻力导致的平尾弯矩。传统运输类飞机水平安定面主盒段翼梁一般采用铝合金。新一代运输类飞机水平安定面主盒段翼梁普遍采用高强度碳纤维复合材料。

从结构型式上看，翼梁属于拉伸平面梁，由上缘条、下缘条、腹板以及腹板加强筋组成。在飞机正常飞行阶段，翼梁的外载荷除了翼肋加载的升力和扭矩导致的剪力之外，还有飞行阻力导致的轴力。升力和扭矩导致的剪力由翼梁腹板承受并传递。由于平尾升力作用中心位于平尾刚心的后部靠近后梁一侧，平尾升力引起的扭矩导致前梁腹板的剪力减载、后梁腹板的剪力加载。平尾升力和俯仰机动载荷引起的弯矩，将导致翼梁上缘条承受较大的拉力和较小的压力、下缘条承受较大的压力和较小的拉力。其中，后梁上缘条的拉力比前梁上缘条拉力高得多，后梁下缘条的压力比前梁下缘条的压力高得多。飞行阻力引起的弯矩导致前梁承受拉力、后梁承受压力。因此，平尾根部区域前梁腹板还将承受飞行阻力导致的拉力。

在地面阶段，翼梁的外载荷主要包括平尾结构和燃油等重力。重力导致的剪力由翼梁腹板承受并传递。翼梁腹板剪力传递过程中产生的弯矩将导致翼梁上缘条承受较小的拉力、下缘条承受较小的压力。

传统运输类飞机平尾翼梁腹板一般选用静强度比较高的7×××系列铝合金。采用桁梁式水平安定面中央段的传统运输类飞机，平尾前梁一般选用静强度比较高的7×××系列铝合金材料。平尾根部区域后梁上缘条的内力为交变拉力且最大拉应力和应力幅值较高，容易产生疲劳开裂，一般选用抗疲劳性能较好的2×××系列铝合金。此外，后梁上缘条附近一般还设计有破损-安全缘条。平尾根部区域后梁下缘条的内力主要为压力，一般选用静强度比较高的7×××系列铝合金材料。传统运输类飞机的铝合金翼梁结构元件属于SSI的FCBS。翼梁的静强度失效模式主要为压缩失稳。

（2）固定前缘(Leading Edge)。固定前缘位于主盒段的前面，由蒙皮和蒙皮支撑肋组成,通过蒙皮和支撑肋与主盒段的前梁和肋连接形成闭口薄壁结构。固定前缘增加了平尾主盒段的承载截面面积,将参与传递主盒段升力导致的扭矩。运输类飞机平尾固定前缘容易遭受鸟击等偶然损伤。为了避免鸟击影响飞机安全运行并保护主盒段,固定前缘一般设计成次要结构。固定前缘增大了平尾的升力面积,可以提供部分升力。

固定前缘蒙皮的内力主要为平尾扭矩导致的剪力。固定前缘结构基本作用是形成光滑的气动外形,减小飞行阻力。新一代运输类飞机的平尾固定前缘普遍采用复合材料,蒙皮迎风面需要安装金属防磨板防止蒙皮风蚀磨损。传统运输类飞机的平尾固定前缘材料一般选用铝合金。固定前缘的铝合金蒙皮通常为薄板且曲率一般较大,以软板形式承受垂直于蒙皮表面空气动力。固定前缘典型结构元件如图 4 - 32 所示。

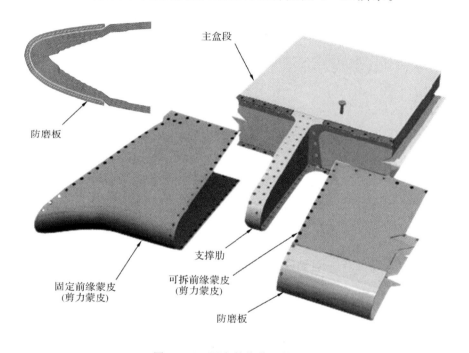

图 4 - 32　固定前缘典型结构元件

（3）固定后缘(Trailing Edge)。固定后缘位于主盒段的后面、升降舵的前面,由蒙皮和蒙皮支撑肋结构组成。固定后缘通过蒙皮和支撑肋与主盒段的后梁连接形成开口薄壁结构。固定后缘的主要作用是为升降舵提供收放空间,以形成光滑的气动外形、减小飞行阻力。固定后缘本质上是整流罩,属于次要结构。为了便于水平安定面后梁后部飞机操纵、液压等系统的检查与维护,固定后缘的蒙皮一般设计为可拆/装检查接近口盖。固定后缘主要承受自身质量力和空气动力。

（4）翼尖(Tips)。翼尖位于平尾主盒段外侧端部,由蒙皮和蒙皮支撑结构组成。翼尖通过蒙皮和支撑肋与水平安定面主盒段外侧端肋连接。翼尖的基本作用是形成光滑的气动外形,减小飞行阻力。翼尖本质上是整流罩,属于次要结构。翼尖主要承受自身质量力和空气动力。

（5）升降舵(Elevator)。升降舵位于平尾的后缘,主要作用是飞机俯仰操纵控制。升降舵属于飞机的主操纵面。当飞机需要俯仰机动时,驾驶员操纵左、右平尾的升降舵同时向上或向下偏转产生飞机俯仰机动力矩。

4.5.2 垂直尾翼

1. 主要功用

垂直尾翼简称垂尾。垂尾由垂直安定面和方向舵组成,主要作用是为飞机提供航向的稳定性和航向机动载荷。其中,垂直安定面包括主盒段、固定前缘、固定后缘、翼尖和背鳍(Fin)。高亚声速运输类飞机的垂尾有较大的后掠角。垂尾后掠角不仅可以降低飞机高亚声速飞行时的飞行阻力,还可以增加飞机的航向稳定性。垂尾的典型结构如图 4-33 所示。

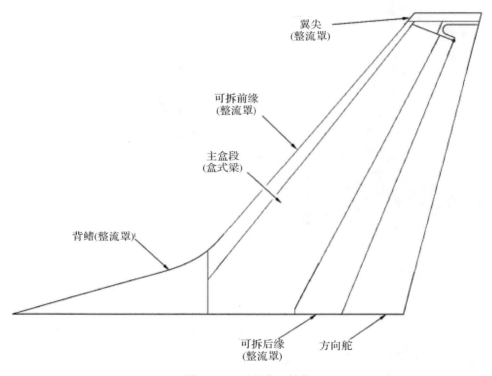

图 4-33　垂尾典型结构

2. 主要外载荷

垂尾的外载荷除了垂尾结构的质量力和垂尾外表面的空气动力外,还包括空气动力产生的飞行阻力、航向机动载荷、横向突风载荷等飞行载荷。

3. 典型结构及结构型式

(1)主盒段(Main Box)。主盒段位于垂直安定面,是垂直安定面的主要组成部分。主盒段是由垂直安定面前梁、后梁和蒙皮组成的盒式梁结构。主盒段前面为固定前缘,后面为固定后缘。方向舵的支撑结构一般与主盒段的加强翼肋直接连接。垂尾载荷通过主盒段加载给机身加强框。

　　垂直安定面主盒段的结构型式属于盒式梁,承受并传递航向机动载荷引起的扭矩。主盒段的结构元件主要包括蒙皮、长桁、翼肋、翼梁。主盒段左、右两侧翼面的蒙皮弧度相同。

　　1)蒙皮(Skin)。蒙皮位于主盒段的外表面。主盒段的空气动力直接作用于蒙皮。蒙皮需要通过自身刚度维持主盒段气动外形以避免飞行阻力增加。空气动力作用在蒙皮之后,通过蒙皮与长桁和翼肋的连接将空气动力加载给长桁和翼肋。其中,蒙皮加载给长桁的空气动力通过长桁与翼肋的连接加载给翼肋。航向机动载荷、飞行阻力等导致的主盒段扭矩和弯矩也需蒙皮承受、传递。主盒段左、右两侧翼面的蒙皮弧度相同,巡航阶段飞机横向空气动力合力为零。传统运输类飞机垂直安定面主盒段蒙皮一般采用铝合金。新一代运输类飞机垂直安定面主盒段蒙皮普遍采用高强度碳纤维复合材料。

　　飞机在正常飞行阶段,主盒段蒙皮的内力除飞行阻力、航向机动载荷导致的剪力外,还包括航向机动载荷导致的拉力。运输类飞机垂尾主盒段蒙皮属于拉伸蒙皮,内力包括交变拉力。传统运输类飞机的主盒段蒙皮材料一般选用抗疲劳性能较好的 $2\times\times\times$ 系列铝合金薄板,属于 SSI 的 FCBS。蒙皮的静强度失效模式主要包括蒙皮剪切失效,蒙皮和长桁组合壁板的压剪联合失效。

　　2)长桁(Stringer)。长桁位于蒙皮的内表面,是垂尾主盒段的展向连续结构元件。新一代运输类飞机的长桁普遍选择高强度碳纤维复合材料,与高强度碳纤维复合材料的蒙皮采用共固化技术黏结。传统运输类飞机的铝合金长桁通过铆钉等紧固件与铝合金蒙皮直接连接。长桁通过角型件与翼肋连接。部分运输类飞机垂尾主盒段采用无长桁的梁式翼型。

　　从结构型式上看,长桁属于杆。长桁为蒙皮提供支撑,承受蒙皮加载的空气动力和轴力。通过与翼肋的角型件连接,长桁将蒙皮加载的空气动力加载给翼肋。长桁还为翼肋提供展向支撑,提高翼肋抗压缩和剪切失效能力。长桁与蒙皮一起承受并传递垂尾航向机动载荷导致的弯矩。

　　在飞机正常飞行阶段,长桁的内力为垂尾航向机动载荷导致的拉力或压力。地面阶段长桁的内力很小。运输类飞机垂尾主盒段长桁的内力属于交变拉力。传统运输类飞机的长桁一般选用抗疲劳性能较好的 $2\times\times\times$ 系列铝合金挤压件,属于 SSI 的 FCBS。长桁的静强度失效模式主要为压缩失效。

　　3)翼肋(Rib)。翼肋位于蒙皮的内表面。翼肋的左、右侧与长桁通过角型件连接,与蒙皮通过承剪件直接连接。翼肋的前部和后部分别与前梁和后梁的腹板加强筋连接。运输类飞机垂尾主盒段的翼肋一般等间距布置。翼肋分为普通翼肋和加强翼肋。加强翼肋用于承受方向舵加载的集中载荷。传统运输类飞机垂直安定面主盒段翼肋一般采用铝合金。新一代运输类飞机垂直安定面主盒段翼肋普遍采用高强度碳纤维复合材料。

　　翼肋属于拉伸平面梁,由缘条、腹板、腹板加强筋以及承剪件组成。承剪件和蒙皮一起可视为翼肋的外缘条。翼肋自身的缘条可被当作破损-安全缘条。翼肋通过承剪件和长桁的角型件分别为蒙皮和长桁提供横向支撑,在提高蒙皮和长桁的承载能力的同时维持了主盒段的截面形状。通过承剪件和长桁的角型件,翼肋承受蒙皮和长桁加载的空气动力。在飞机巡航阶段,垂尾空气动力在飞机横向的合力为零。飞机偏转方向舵后,翼肋的空气动力合力提供航向机动载荷。此时,翼肋将空气动力合力转化为适合主盒段承受的剪力和扭矩并分别加载给蒙皮和翼梁。

翼肋的内力除了飞行阻力、航向机动载荷导致的剪力外,还包括由垂尾左、右侧蒙皮的空气动力导致的翼肋腹板横向交变拉力。传统运输类飞机的垂直安定面主盒段翼肋缘条一般选用静强度较高的 7××× 系列铝合金材料,腹板一般选用抗疲劳性能较好的 2××× 系列铝合金。传统运输类飞机的铝合金翼肋属于 SSI 的 FCBS。翼肋的静强度失效模式主要为腹板的剪切失效以及张力场下的稳定性失效。

4)翼梁(Spar)。翼梁分为前梁和后梁。翼梁通过缘条与蒙皮连接,通过腹板加强筋与翼肋连接。翼梁的主要作用是将翼肋加载的航向机动载荷等载荷加载给机身加强框。除此之外,翼梁还承受飞行阻力导致的垂尾弯矩。传统运输类飞机垂直安定面主盒段翼梁一般采用铝合金。新一代运输类飞机垂直安定面主盒段翼梁普遍采用高强度碳纤维复合材料。

从结构型式上看,翼梁属于拉伸平面梁,由缘条、腹板以及腹板加强筋组成。在飞机正常飞行阶段,垂尾航向机动载荷将导致翼梁腹板承受剪力、翼梁缘条承受拉力或者压力。由于垂尾存在较大的后掠角且机动载荷作用中心位于垂尾刚心的后部靠近后梁一侧,后梁缘条的拉力和压力比前梁缘条大得多。此外,飞行阻力会导致前梁承受拉力、后梁承受压力。航向机动载荷和飞行阻力导致前梁承受大小随时间变化的拉力,后梁承受较高的压力和拉力。传统运输类飞机的垂直安定面主盒段翼梁的腹板和前梁缘条一般选用静强度较高的 7××× 系列铝合金。垂尾根部区域后梁缘条的内力为交变拉力且最大拉应力和应力幅值较高,容易产生疲劳开裂。因此,传统运输类飞机垂直安定面主盒段后梁缘条一般采用抗疲劳性能较好的 2××× 系列铝合金挤压件。此外,后梁缘条附近一般还设计有破损 — 安全缘条。为了减轻重量,破损-安全缘条一般选用静强度较高的 7××× 系列铝合金。运输类飞机的铝合金翼梁属于 SSI 的 FCBS。翼梁的静强度失效模式主要为压缩失稳。

(2)固定前缘(Leading Edge)。固定前缘位于主盒段的前面,由蒙皮和蒙皮支撑肋组成。固定前缘通过蒙皮和支撑肋与主盒段的前梁连接形成闭口薄壁结构。固定前缘增加了垂尾主盒段的承载截面面积,将参与传递主盒段机动载荷和横向突风载荷导致的扭矩。运输类飞机垂尾固定前缘容易遭受鸟击等偶然损伤。为了避免鸟击影响飞机安全运行并保护主盒段,固定前缘一般设计成次要结构。固定前缘结构主要作用是形成光滑的气动外形,减小飞行阻力。固定前缘增大了垂尾升力面积,可以增加飞机的航向稳定性。

固定前缘蒙皮的内力主要为垂直安定面扭矩导致的剪力。新一代运输类飞机垂尾固定前缘普遍采用复合材料。除了甚高频天线等需要保证电磁波穿透性部位,垂尾固定前缘复合材料蒙皮的迎风面需要安装金属防磨板防止蒙皮风蚀磨损。传统运输类飞机垂尾固定前缘材料一般选用铝合金。固定前缘的铝合金蒙皮一般为薄板且曲率较大,以软板形式承受方向垂直于整流罩表面的空气动力。

(3)固定后缘(Trailing Edge)。固定后缘位于主盒段的后面,由蒙皮和蒙皮支撑肋组成。固定后缘通过蒙皮和支撑肋与主盒段的后梁连接形成开口薄壁结构。固定后缘的主要作用是为方向舵提供收放空间,并形成光滑的飞机气动外形、减小飞行阻力。固定后缘本质上是整流罩,属于次要结构。为了便于垂直安定面后梁后部飞机操纵、液压等系统的检查维护,固定后缘的蒙皮一般设计为可拆/装检查接近口盖。固定后缘主要承受自身质量力和空气动力。

(4)翼尖(Tip)。翼尖位于垂尾主盒段外侧顶部,由蒙皮和蒙皮支撑肋组成。翼尖通过蒙皮和支撑肋与垂直安定面主盒段外侧的端肋连接。翼尖本质上是整流罩,属于次要结构。翼尖的基本作用是形成光滑的飞机气动外形,减小飞行阻力。翼尖主要承受自身质量力和空气动力。

(5)方向舵(Rudder)。方向舵位于垂尾的后缘,主要用于飞机航向操纵控制。方向舵属于飞机的主操纵面。当飞机需要航向机动时,驾驶员操纵方向舵向左或向右偏转产生航向机动力矩。

4.6　风挡(ATA56)

4.6.1　主要功用

风挡(Window)主要用于机组人员和旅客飞行观察。运输类飞机的风挡主要包括驾驶舱风挡、客舱旅客风挡、客舱门风挡以及起落架观察风挡,如图 4 - 34 所示。根据风挡所在部位,运输类飞机的风挡分为迎风面风挡和非迎风面风挡。风挡需要承受并传递机身增压载荷,属于 SSI。

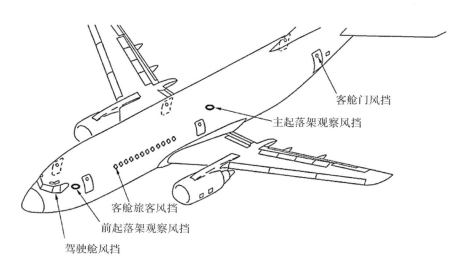

图 4 - 34　运输类飞机典型风挡

运输类飞机驾驶舱风挡采取左、右两侧对称布局,左、右侧一般各有一块可以在地面打开的活动风挡作为紧急情况下驾驶员的应急撤离通道。早期的传统运输类飞机驾驶舱左侧和右侧各有五块风挡,分别为 1～5 号风挡,如图 4 - 35 所示。其中,1 号、2 号、4 号和 5 号风挡位于迎风面,驾驶舱两侧的 3 号风挡位于非迎风面。1 号和 2 号风挡位于驾驶员前部,4号和5号风挡位于驾驶员上部。其中,4号风挡位于驾驶员顶部。绝大部分新一代运输类飞机已经取消了4号和5号风挡,只保留了驾驶员前部的1号和2号风挡以及侧面的3号风挡。

在飞机起飞、着陆阶段,如果出现起落架收放故障警告信息,可以通过起落架观察风挡初步确定起落架是否已经收放到位并锁定。

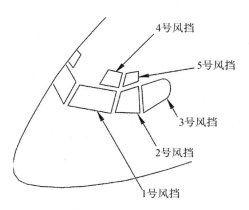

图 4-35　传统运输类飞机驾驶舱风挡

4.6.2　主要外载荷

风挡位于机身增压边界,除了承受自身质量力和空气动力外,还承受机身增压载荷。此外,飞机驾驶舱迎风面区域的风挡还会承受飞行阻力以及鸟击、冰雹等外来物的冲击载荷。

4.6.3　典型结构及结构型式

1. 风挡设计要求

(1)防冰除雾。风挡主要作用使机组人员和旅客能够进行飞行观察。飞行过程中,机身外部气温可达-30℃。为了保证乘客舒适感,客舱和驾驶舱的空气温度为二十几摄氏度、相对湿度为4%～20%。为了防止风挡起雾甚至结冰妨碍飞行观察,风挡需要满足防冰除雾要求。

(2)破损-安全(Fail-safe)。风挡需要承受机身增压载荷。机身增压载荷是交变拉力,可能会导致风挡疲劳开裂。为了避免风挡疲劳开裂失效引起飞机灾难性破坏,运输类飞机风挡一般采用至少两层结构承受增压载荷的破损-安全设计方法。其中,飞机正常飞行时承受增压载荷的结构层称为主承载结构。主承载结构要能够承受风挡的极限载荷。主承载结构失效后再承受增压载荷的风挡结构层称为破损-安全结构。破损-安全结构的使用寿命比主承载结构长,并需要能够承受风挡的限制载荷。运输类飞机风挡的限制载荷至少是巡航高度正常飞行时(70°F[①])风挡增压载荷的1.5倍。

――――――――――

① 1°F(华氏度)=1℃×1.8+32。

（3）抗鸟击。驾驶舱迎风面区域的风挡容易遭受鸟击。根据《运输类飞机适航标准》第 25.631 条"鸟撞损伤"，当飞机与鸟之间的相对速度为设计巡航速度时，风挡遭受质量不超过 3.6 kg 的鸟撞击后不能失效。

（4）耐风蚀磨损。驾驶舱迎风面区域风挡的表面风蚀磨损严重。为了防止风挡表面风蚀磨损妨碍飞行观察，风挡表面应满足耐风蚀磨损要求。

（5）风挡碎片脱落防护。驾驶员顶部的风挡必须能够防止风挡碎片脱落影响驾驶员飞行操纵。

2. 非迎风面风挡

运输类飞机非迎风面区域的风挡包括客舱风挡、客舱门风挡、驾驶舱侧面 3 号风挡以及起落架观察风挡。非迎风面区域的风挡只需要满足防冰除雾和破损-安全要求，不需要满足抗鸟击、耐风蚀磨损等要求。典型客舱风挡构型如图 4-36 所示。

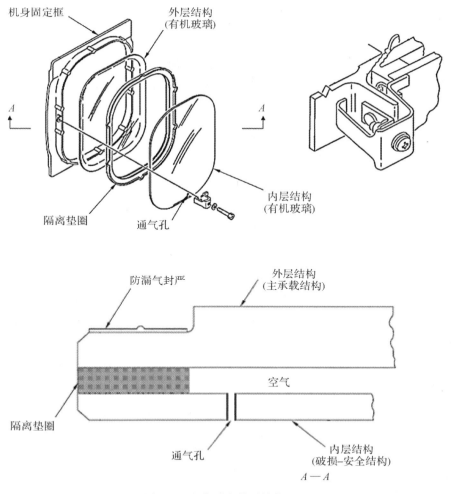

图 4-36　典型客舱风挡构型

图 4-36 所示客舱风挡包括内、外两层承载结构。由于不需要满足耐风蚀磨损要求，

风挡结构材料一般采用相同的有机玻璃材料。为了满足破损-安全结构设计和防冰除雾要求,风挡内、外两层之间边缘采用垫圈隔离,中间为空腔。风挡内层下部边缘一般有一个直径为1 mm左右的通气孔。通气孔保证风挡中间空腔内的空气与机身增压区域连通,不仅可以大大提高风挡的疲劳寿命,还能够满足风挡的防冰除雾要求。风挡外层为主承载结构层,内层为破损-安全结构。正常情况下,内层破损-安全结构不需要承受增压载荷,疲劳寿命高于外层主承载结构。

3. 非驾驶员顶部的迎风面风挡

运输类飞机非驾驶员顶部的迎风面风挡包括图4-35所示的驾驶舱1号、2号和5号风挡。非驾驶员顶部的迎风面风挡除需要满足破损安全和防冰除雾要求外,还需要满足抗鸟击、耐风蚀磨损要求。由于风挡没有位于驾驶员顶部,风挡不必满足防止风挡碎片脱落要求。非驾驶员顶部的迎风面风挡典型构型如图4-37所示。

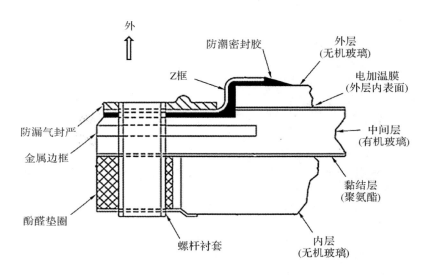

图4-37 非驾驶员顶部的迎风面风挡典型构型

图4-37所示的非驾驶员顶部的迎风面风挡为驾驶舱1号和2号风挡,包括内层、中间层和外层的三层结构。为了承受和传递飞行阻力,风挡三层之间采用聚氨酯材料黏结。聚氨酯黏结材料的弹性较好,能够有效解决风挡电加温时各层不同材料之间变形不一致导致的应变疲劳问题。风挡通过采用刚度不同的无机玻璃和有机玻璃材料满足破损-安全要求。其中,刚度较大的无机玻璃内层作为主承载结构在正常情况下承受增压载荷。刚度较小的有机玻璃中间层作为破损-安全结构在内层主承载结构失效后承受增压载荷。有机玻璃破损-安全中间层在正常情况下承受的增压载荷较小,疲劳寿命比无机玻璃内层主承载结构长。外层采用耐风蚀磨损性能较好的无机玻璃,可以满足风挡的耐风蚀磨损要求。迎风面风挡一般采用电加温防冰除雾系统满足风挡的防冰除雾要求。

(1)内层。内层位于风挡的内表面。为了避免飞机使用、维护过程中擦伤,内层采用硬度较高的无机玻璃材料。由于无机玻璃的刚度较大,内层作为主承载结构在正常情况下承受增压载荷。为了满足风挡的极限载荷承载要求,内层的厚度最厚。

无机玻璃为脆性材料,在增压载荷作用下弹性变形很小。为了避免内层螺杆孔壁压应力过大引起开裂,无机玻璃内层的螺杆孔壁周围一般采用弹性较好的酚醛垫圈进行防护,以增大螺杆衬套与螺杆孔壁的接触面积、降低螺杆孔壁的压应力。

(2)中间层。中间层位于内层和外层之间,一般采用有机玻璃材料。由于有机玻璃比无机玻璃的刚度小,中间层在正常情况下承担的增压载荷较小,使用寿命比无机玻璃内层主承载结构长,因此设计作为破损-安全结构层。有机玻璃的刚度较小、弹性好,可通过延长鸟击、冰雹等撞击风挡作用时间降低冲击载荷,避免内层主承载结构过载破裂失效,使风挡能够满足《运输类飞机适航标准》第 25.631 条"鸟撞损伤"的抗鸟击要求。

有机玻璃中间层的刚度较小,难以直接将增压载荷的方式加载给机身固定框。为了满足增压载荷传递要求,有机玻璃中间层的边缘一般采用嵌入式金属边框以提高中间层刚度。

(3)外层。外层位于风挡的外表面,直接承受并传递风挡的空气动力和飞行阻力。位于飞机迎风面的风挡外表面风蚀磨损问题较为严重。因此,外层采用耐风蚀磨损性能较好的无机玻璃,可以满足风挡的耐风蚀磨损要求,保护不耐风蚀磨损的有机玻璃破损-安全中间层。

风挡的电加温层一般位于外层的内表面。外层和中间层之间的聚氨酯等黏结材料在紫外线长期作用下会老化、弹性降低。电加温导致的无机玻璃外层和有机玻璃中间层变形不一致,可能会引起无机玻璃外层和有机玻璃中间层的黏结面脱胶、分层。为防止面积较大的驾驶舱 1 号和 2 号风挡无机玻璃外层在空气动力等载荷作用下脱落,外层边缘一般采用金属 Z 框辅助固定。有机玻璃属于高分子聚合物材料。为避免潮气直接接触导致有机玻璃中间层塑化引起老化,金属 Z 框与风挡贴合面一般采用防潮密封胶进行贴合面密封。金属 Z 框与风挡的贴合面边缘还需采用防潮密封胶进行填角密封进一步强化密封。

4. 驾驶员顶部的迎风面风挡

运输类飞机驾驶员顶部的迎风面风挡主要是指图 4-35 所示传统运输类飞机的驾驶舱 4 号风挡。驾驶员顶部的迎风面风挡除要满足破损-安全和防冰除雾要求外,还要满足抗鸟击、耐风蚀磨损和防止风挡碎片脱落要求。驾驶员顶部的迎风面风挡典型构型如图 4-38 所示。

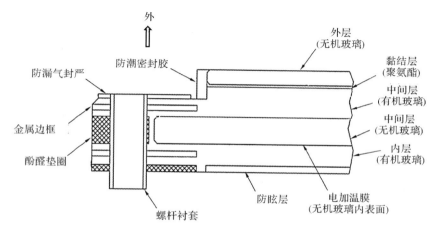

图 4-38　驾驶员顶部的迎风面风挡典型构型

图 4-38 所示驾驶员顶部的迎风面风挡为驾驶舱 4 号风挡,包括四层结构。为了承受和传递飞行阻力,风挡四层之间采用聚氨酯材料黏结。聚氨酯黏结材料的弹性较好,能有效解决风挡电加温时各层不同材料之间变形不一致导致的应变疲劳问题。风挡通过采用刚度不同的无机玻璃和有机玻璃材料,满足风挡破损-安全要求。其中,刚度较大的无机玻璃中间层作为主承载结构,在正常情况下承受增压载荷。刚度较小的有机玻璃层作为破损-安全结构在主承载结构失效后承受增压载荷。有机玻璃破损-安全层在正常情况下承受的增压载荷较小,疲劳寿命比无机玻璃主承载结构层长。驾驶员顶部迎风面风挡与非驾驶员顶部迎风面风挡的主要区别是,将有机玻璃材料的破损-安全中间层分成了两层。其中,一层有机玻璃结构层位于无机玻璃主承载结构的内表面,可以有效防止无机玻璃主承载结构开裂后碎片脱落。另外一层有机玻璃结构层位于无机玻璃主承载结构的外表面,使风挡能够满足《运输类飞机适航标准》第 25.631 条"鸟撞损伤"的抗鸟击要求。外层采用耐风蚀磨损性能较好的无机玻璃可以满足风挡的耐风蚀磨损要求。驾驶员顶部迎风面风挡一般采用电加温防冰除雾系统满足风挡的防冰除雾要求。

(1)无机玻璃外层。位于飞机迎风面的外层外表面风蚀磨损问题较为严重。因此,外层采用耐风蚀磨损性能较好的无机玻璃,可以满足风挡的耐风蚀磨损要求,保护不耐风蚀磨损的有机玻璃破损-安全中间层。外层位于风挡的外表面,直接承受并传递风挡的空气动力以及飞行阻力等外载荷。驾驶舱 4 号风挡的无机玻璃外层面积较小、空气动力等外载荷较小,外层边缘一般不需要采用金属 Z 框固定。

(2)无机玻璃中间层。作为主承载结构,无机玻璃中间层在正常情况下承受增压载荷。无机玻璃中间层要能够满足风挡的极限载荷承载要求,因此厚度较厚。无机玻璃属于脆性材料,在增压载荷作用下弹性变形小。为了避免固定风挡的螺杆孔壁压应力过高引起开裂,无机玻璃内层的螺杆孔壁周围一般采用弹性较好的酚醛垫圈进行防护,以增大螺杆衬套与螺杆孔壁的接触面积、降低螺杆孔壁压应力。风挡的电加温层一般位于无机玻璃中间层的内表面。

(3)有机玻璃中间层和内层。有机玻璃中间层和内层共同作为破损-安全结构。在正常情况下,有机玻璃层承担的增压载荷较小,使用寿命比无机玻璃中间层主承载结构长。由于有机玻璃刚度较小,有机玻璃中间层可以通过延长鸟击、冰雹等外载荷撞击风挡作用时间降低冲击载荷,避免无机玻璃中间层主承载结构过载破裂失效,使风挡满足《运输类飞机适航标准》第 25.631 条"鸟撞损伤"抗鸟击要求。位于无机玻璃中间层主承载结构内表面的有机玻璃内层,可有效防止风挡主承载结构层开裂后碎片脱落影响驾驶员飞行操纵。有机玻璃中间层和内层的刚度较小,难以直接将增压载荷加载给机身固定框。为满足增压载荷传递要求,有机玻璃中间层和内层的边缘一般采用嵌入式金属边框提高刚度。

有机玻璃中间层属于高分子聚合物材料。为避免潮气直接接触导致有机玻璃塑化引起老化,对有机玻璃中间层外表面一般采用防潮密封胶进行密封。

4.6.4　驾驶舱迎风面风挡开裂及防控

运输类飞机在飞行过程中,驾驶舱迎风面风挡开裂是比较常见的结构损伤问题。在飞行过程中驾驶舱风挡开裂后如果驾驶员处置不当,轻则会导致飞机返航,重则可能会引起飞机灾难性破坏。2018 年 5 月 14 日,国内某航空公司一架 A319 飞机飞行过程中,驾驶员前部右侧迎风面风挡的主承载结构和破损-安全结构同时开裂,导致飞机快速泄压。幸好驾驶员处置措施恰当,飞机才得以安全着陆。

统计数据表明:运输类飞机绝大多数驾驶舱风挡开裂位于驾驶员前部迎风面风挡的带电加温无机玻璃外层。但是,驾驶舱迎风面风挡的的有机玻璃破损-安全结构层和无机玻璃主承载结构层也可能出现开裂。

1. 风挡开裂的主要原因

(1)无机玻璃外层开裂。驾驶舱迎风面风挡带电加温膜无机玻璃外层开裂的主要原因是电加温层故障。风挡外层与中间层之间贴合面聚氨酯黏结层在紫外线和交变应变的长期作用下会老化,导致弹性逐渐下降。飞行过程中,风挡外层内表面的电加温层处于通电加热防冰除雾工作状态。由于热膨胀系数不同,电加温会导致无机玻璃外层与有机玻璃的热膨胀量不同,引起外层与中间层之间贴合面边缘分层。分层面积随着飞行循环的增加将逐渐扩大。风挡外表面迎风面边缘的防潮密封胶风蚀磨损后会形成水汽通道,使水汽被吸入风挡边缘分层区域并积聚,进而引起分层区域的电加温系统导电条与电加温膜脱开。风挡电加温系统通电后,分层区域导电条与电加温膜脱开处将产生电弧。电弧区域局部高温会使得风挡产生较大局部变形,可能导致风挡无机玻璃外层破裂。风挡无机玻璃外层破裂后又会引起风挡外层内表面的电加温膜破裂,从而产生新的电弧导致裂纹进一步扩展,直到风挡无机玻璃外层在较短时间内整片开裂。典型风挡外层的分层和电弧如图 4-39 所示。此外,鸟击、冰雹等冲击损伤也会直接导致风挡无机玻璃外层开裂。风挡外层冰雹撞击开裂如图 4-40 所示。

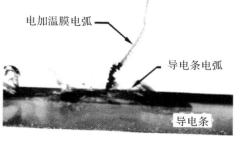

图 4-39　风挡外层典型分层和电弧

(2)有机玻璃破损-安全层开裂。运输类飞机巡航高度的紫外线非常强烈。高分子材料的有机玻璃在强烈的紫外线长期作用下会逐渐老化,导致弹性逐渐降低、刚度逐渐增加,使承担的增压载荷逐渐升高。另外,无机玻璃热膨胀系数与有机玻璃不同,电加温将导致有机玻璃层表面产生较高的交变应变。在交变增压载荷和电加温交变应变共同作用下,有机玻璃层表面会出现疲劳裂纹。有机玻璃层表面的疲劳裂纹也称为"银纹"。由此可见,有机玻璃破损-安全结构层开裂主要原因是紫外线长期作用下的老化,以及交变增压载荷和电加温交变应变共同作用下的疲劳。有机玻璃破损-安全结构层边缘区域螺杆孔和金属边框边缘等应力较高部位最容易产生开裂。

图 4-40　风挡外层冰雹撞击开裂

　　(3)无机玻璃主承载层开裂。正常情况下,绝大部分增压载荷由无机玻璃主承载结构层承受。出现无机玻璃主承载结构开裂主要原因是交变增压载荷导致的疲劳开裂。对于带电加温膜的无机玻璃主承载结构,贴合面边缘分层以及潮气积聚引起的电弧也会导致无机玻璃主承载层开裂。

　　2.风挡空中开裂处理措施

　　(1)无机玻璃外层开裂的处理措施。无机玻璃外层的主要作用是保护有机玻璃中间层,避免有机玻璃风蚀磨损或擦伤。正常情况下,风挡增压载荷由主承载结构层承受。主承载结构失效后,风挡增压载荷由破损-安全结构层承受。无机玻璃外层不需要传递增压载荷。因此,无机玻璃外层开裂后不用降低客舱高度飞行。降低客舱高度即减小机身内外的压差。但是,无机玻璃外层开裂会妨碍驾驶员飞行观察。带电加温层的无机玻璃外层开裂还会导致风挡丧失防冰除雾功能。因此,飞机到达目的地后下一次飞行前,需要更换无机玻璃外层开裂的风挡。

　　(2)破损-安全结构层开裂的处理措施。正常情况下,风挡的增压载荷由主承载结构层承受,破损-安全结构层不需要承受增压载荷。主承载结构层可以满足风挡的极限载荷承载要求。因此,破损-安全结构层开裂后可以不降低客舱高度继续飞行。但是,破损-安全结构层需要在主承载结构层失效后承受增压载荷。破损-安全结构层失效后风挡不满足破损-安全设计和抗鸟击要求,会影响飞机安全运行。飞机到达目的地后至下一次飞行前,需要更换破损-安全结构层开裂的风挡。

（3）主承载结构层开裂的处理措施。主承载结构层在正常情况下承受增压载荷。主承载结构层用以满足风挡的极限载荷承载要求。主承载结构失效后，风挡的增压载荷由破损-安全结构层承受。破损-安全结构层只能承受风挡的限制载荷。主承载结构层开裂后风挡不满足《运输类飞机适航标准》第 25.305 条"强度和变形"的极限载荷承载要求，会影响飞机安全运行。因此，主承载结构层开裂后需要降低客舱高度飞行。例如，新一代波音 737 飞机《飞行手册》规定：如果驾驶员前部迎风面带电加温的 1 号和 2 号风挡的主承载结构层开裂，客舱高度需要从 7.8 psi 左右降低至 5 psi。飞机到达目的地后下一次飞行前，需要更换主承载结构层开裂的风挡。

3. 风挡空中开裂判断方法

（1）无机玻璃外层电弧开裂。绝大多数运输类飞机驾驶舱风挡开裂是带电加温无机玻璃外层的电弧开裂。风挡无机玻璃外层与有机玻璃中间层贴合面边缘分层以及潮气侵入积聚是无机玻璃外层电弧开裂的主要原因。无机玻璃外层电弧开裂具有以下典型特征（见图 4-41）：

1）电弧。无机玻璃外层电弧开裂时，驾驶员可以观察到明显的电弧。

2）开裂起始点部位电弧开裂特征明显。无机玻璃外层电弧开裂起始点部位一般存在明显的焦黄色电弧烧蚀痕迹。风挡开裂起始烧蚀点一般位于风挡边缘分层区域，分层区域一般有明显的积水痕迹。

3）无机玻璃为脆性材料，外层电弧开裂裂纹呈现不均匀开裂特征。开裂区域的裂纹数量很少且裂纹很长，碎片大小、形状差别很大。

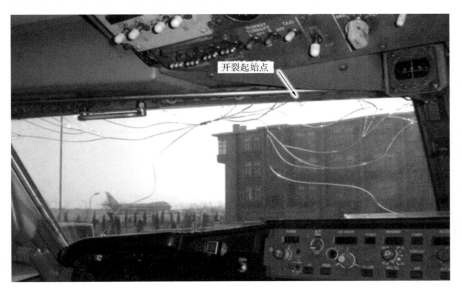

图 4-41 典型无机玻璃外层电弧开裂

（2）无机玻璃主承载结构开裂。如果无机玻璃主承载层位于风挡内表面，可以在驾驶舱通过手指甲刮擦风挡表面，迅速、准确判断无机玻璃主承载层是否开裂。引发无机玻璃主承载层开裂的主要原因是交变增压载荷作用下的疲劳开裂。无机玻璃主承载层疲劳开裂一般是整片均匀开裂，碎片大小、形状不一定相同。无机玻璃碎片比有机玻璃碎片大得多。带电加温层的无机玻璃主承载层电弧开裂时还可以观察到明显的电弧,开裂起始点一般位于潮气积聚明显的风挡边缘分层区域且存在明显的焦黄色电弧烧蚀痕迹。典型无机玻璃主承载结构开裂如图4-42所示。

图4-42 典型无机玻璃主承载结构开裂

(3)有机玻璃层开裂。有机玻璃破损-安全结构层开裂的主要原因是紫外线长期作用下的老化,以及交变增压载荷和电加温交变应变共同作用下的疲劳。有机玻璃层老化疲劳开裂一般为整片同时均匀开裂。有机玻璃层开裂特征与钢化玻璃类似,碎片很小且大小、形状基本相同。典型有机玻璃破损-安全结构老化疲劳开裂如图4-43所示。

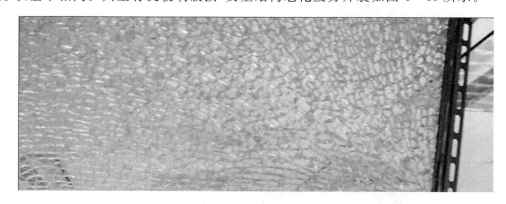

图4-43 典型有机玻璃结构老化疲劳开裂

4. 风挡开裂预防和控制

(1)无机玻璃外层电弧开裂。运输类飞机绝大多数驾驶舱风挡的开裂是带电加温膜的无机玻璃外层电弧开裂。风挡外层贴合面边缘分层和防潮密封胶风蚀磨损是无机玻璃外层电弧开裂的主要原因。驾驶舱风挡无机玻璃外层电弧开裂的主要预防和控制措施包括:

1)及时检查、发现并修复风挡外表面边缘风蚀磨损超出允许标准的填角防潮密封胶。

2)检查、发现并更换风挡贴合面边缘分层尺寸超出 ADL 的风挡。

(2)有机玻璃层老化疲劳开裂。紫外线长期作用下的老化以及电加温交变应变和增压载荷作用下的疲劳是驾驶舱风挡有机玻璃破损-安全结构层开裂的主要原因。有机玻璃的疲劳裂纹起始于表面,典型特征是表面出现"银纹",如图 4-44 所示。有机玻璃疲劳裂纹从目视可检到引起开裂具有较长的扩展周期。有机玻璃破损-安全结构层开裂失效的主要预防和控制措施是及时检查、发现并更换有机玻璃层"银纹"超出允许标准的风挡。有机玻璃破损-安全结构层的金属边框和螺杆孔边缘等高应力部位一般最先出现开裂,如图 4-45 所示。因此,金属边框和螺杆孔边缘是重点检查部位。

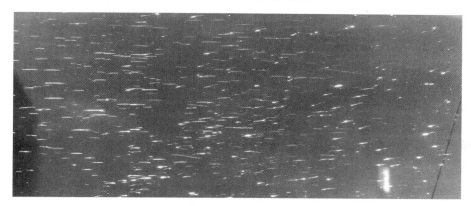

图 4-44 典型有机玻璃层表面"银纹"

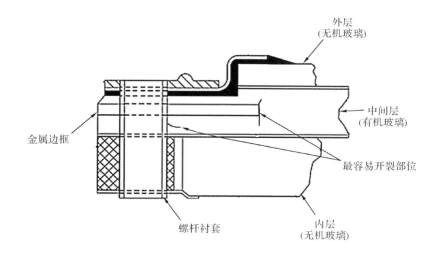

图 4-45 有机玻璃层最容易开裂部位

(3)无机玻璃主承载层电弧开裂。运输类飞机驾驶舱风挡带电加温膜的无机玻璃主承载层也可能出现电弧开裂。风挡边缘分层以及潮气侵入积聚是带电加温膜的无机玻璃主承载层电弧开裂的主要原因。无机玻璃主承载层电弧开裂的主要预防和控制措施是及时检查、发现并更换风挡贴合面边缘分层尺寸超出 ADL 的风挡。

第5章　飞机结构损伤及检查方法

5.1　偶 然 损 伤

偶然因素导致的结构损伤称为偶然损伤(Accidental Damage)。一方面,偶然损伤具有很强的随机性,所有结构部位均有可能遭受偶然损伤。另一方面,飞机结构偶然损伤具有较强的分布规律。不同飞机区域及部位偶然损伤的原因不同。偶然损伤一般突然发生,事先没有任何征兆,可能会直接导致结构失效甚至引起飞机灾难性破坏。

运输类飞机结构大部分偶然损伤发生在外场运营期间。飞机从投入运营的第一个航班开始直到退出运营前的最后一个航班为止,均可能遭受到偶然损伤。大部分偶然损伤仅导致飞机外表面的蒙皮或者整流罩结构受损,少数情况下会损伤到长桁、框等飞机内部结构。偶然损伤是导致运输类飞机外场非计划停场抢修的主要结构损伤类型。由于结构损伤的修理周期一般较长,外场结构损伤抢修往往导致航班延误甚至取消,严重干扰飞机用户机队正常运营并造成巨大经济损失。

5.1.1　偶然损伤的原因

1. 环境因素

(1)鸟击。鸟击是飞机运营过程中最常见的偶然损伤原因。表5-1为2005—2014年的10年期间中国民航鸟击统计数据。飞机与飞鸟之间的相对速度较高,鸟撞击飞机时的冲击载荷很高,会导致直接撞击区域的飞机外表面蒙皮或整流罩结构严重受损,同时也可能会损伤撞击区域的内部结构。鸟击区域一般存在血迹、羽毛等鸟击典型特征,如图5-1所示。

鸟击具有较强的分布规律。统计数据显示,运输类飞机的雷达罩、驾驶舱迎风面风挡、机身前部、发动机进气道前缘、机翼前缘以及水平安定面前缘等部位容易遭受鸟击。其中,低平尾构型的运输类飞机水平安定面前缘鸟击概率最大,占比超过飞机鸟击总次数的60%。此外,机翼后缘襟翼等部位也可能遭受鸟击。某型运输类飞机鸟击在飞机上的区域分布规律如图5-2所示。

表5-1　2005—2014年中国民航鸟击数据

年份	鸟击次数		万架次率		鸟击事故征候占飞机总事故征候的百分比
	总次数	事故征候次数	总次率	事故征候率	
2005	180	39	0.589	0.128	33.60%
2006	217	45	0.622	0.129	38.14%

续　表

年份	鸟击次数		万架次率		鸟击事故征候占飞机总事故征候的百分比
	总次数	事故征候次数	总次率	事故征候率	
2007	326	50	0.827	0.127	46.02%
2008	432	46	1.022	0.109	39.30%
2009	733	72	1.514	0.149	45.30%
2010	971	109	1.756	0.197	45.90%
2011	1538	127	2.572	0.212	58.30%
2012	2603	144	3.942	0.218	50.70%
2013	3124	160	4.270	0.219	57.97%
2014	3375	187	4.254	0.236	59.74%

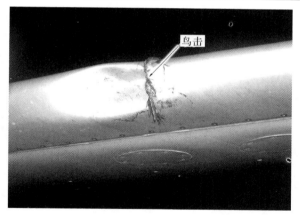

图 5-1　典型鸟击

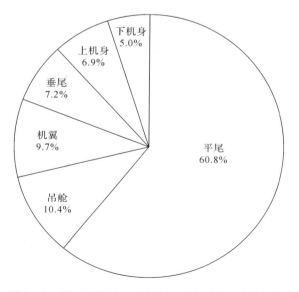

图 5-2　某运输类飞机鸟击在飞机上的区域分布规律

(2)雷击。云层积聚的电荷通过飞机外表面某些部位进入和离开飞机时,会导致飞机结构过热烧蚀。这种由云层电荷导致的飞机结构过热烧蚀损伤称为雷击。飞机结构雷击损伤至少包括电荷进入和离开飞机的两处烧蚀点。除了飞机结构烧蚀之外,雷击损伤区域结构表面的漆层一般也会因为过热而发生明显的颜色改变。

运输类飞机结构雷击损伤具有较强的分布规律。根据不同部位雷击损伤的敏感性,运输类飞机结构分为1区、2区和3区。其中,1区为雷击损伤高度敏感区,是雷击电荷最可能进入和离开飞机的区域。2区为雷击损伤中度敏感区,是雷击电荷扫掠区域。3区是雷击不敏感区,一般不存在雷击损伤。运输类飞机雷击损伤分布规律如图5-3所示。根据雷击损伤原因,运输类飞机结构雷击分为闪电雷击和静电雷击两种。

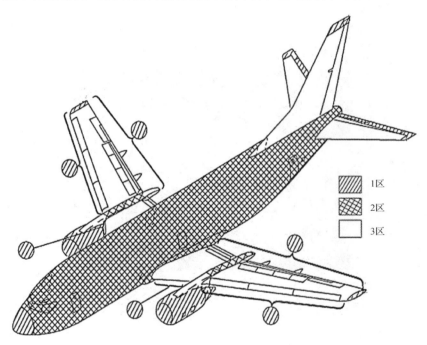

图5-3 运输类飞机雷击损伤分布规律

1)闪电雷击。云层与云层之间、云层与地面之间或者云层内部不同区域积聚的正负电荷电压达到一定程度后,空气将被电离、击穿产生闪电放电。闪电导致的飞机结构损伤称为闪电雷击损伤。闪电雷击的电流平均达到20 000A甚至更大,电压高达数十万伏,功率达200亿千瓦。闪电雷击电荷进入处的结构温度可达上万摄氏度,会导致飞机结构严重受损。除此之外,闪电雷击电荷在飞机蒙皮中传递时产生的强电磁场可能引起飞机内部电线产生强感应电流,严重干扰机载电子/电气设备甚至使其失效。因此,闪电雷击可能会引起飞机灾难性破坏。运输类飞机可在机载气象雷达等帮助下绕开雷暴区域避免闪电雷击,飞行过程中很少遭遇闪电雷击。典型闪电雷击损伤特征如图5-4所示。

2)静电雷击。飞机进入带电积雨云团时,云团的静电荷可以通过飞机前缘某些点进入飞机,然后向飞机后部传递并通过放电方式离开飞机。飞机在带电云团内飞行期间,雷击电荷扫掠飞机蒙皮外表面时,也可能通过蒙皮外表面毛刺等不光滑部位进入飞机。静电荷进入或离开飞机处的面积很小、电流强度较高,会导致电荷进入或离开蒙皮处局部位置高温。局部高温将导致外表面蒙皮出现烧蚀、退火等热损伤。这种静电荷进出飞机导致的结构热损伤称为静电雷击损伤。静电荷在飞机蒙皮传递过程中产生的电磁场也可能引起飞机内部导线瞬时感应电流干扰电子/电气设备。静电雷击导致的大部分结构损伤或者系统故障比较轻微,一般不会直接引起飞机灾难性破坏。运输类飞机 90% 以上的结构雷击损伤产生原因为静电雷击。典型静电雷击损伤特征如图 5-5 所示。

图 5-4　闪电雷击损伤特征

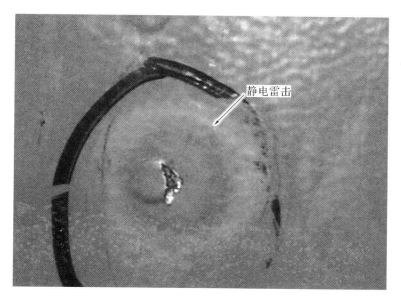

图 5-5　静电雷击损伤特征

2. 人为因素

运输类飞机结构偶然损伤的人为因素主要包括:工作梯撞机、车辆撞机、轮胎皮脱落甚至爆胎,飞行操纵失误导致的擦尾、重着陆,腐蚀性货物渗漏以及飞机维修方法不当、工具使用不当导致的维修差错等。

5.1.2 偶然损伤的主要型式

1. 刮伤(Nick/Gouge)

刮擦引起结构表面材料局部缺损形成的轴宽较宽的沟槽状损伤称为刮伤。刮伤区域的短轴宽度称为轴宽。刮伤位于结构表面,轴宽不小于 0.25 in。根据轴长与轴宽的比值,刮伤分为豁口(Nick)和凿伤(Gouge)。其中,豁口的轴长与轴宽的比值不大于 4,凿伤的轴长与轴宽的比值大于 4,如图 5 - 6 所示。刮伤属于结构表面损伤。结构表面损伤的损伤程度一般用长、宽和最深点的深度定义,如图 5 - 7 所示。典型结构表面刮伤如图 5 - 8 所示。

● 表面损伤;

● 轴宽:不小于0.25in。其中:
Nick:轴长/轴宽≤4;
Gouge:轴长/轴宽>4

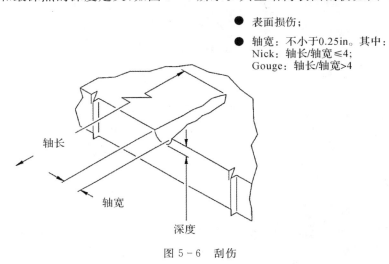

图 5 - 6　刮伤

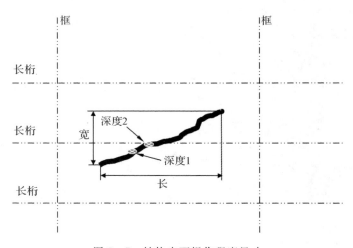

图 5 - 7　结构表面损伤程度尺寸

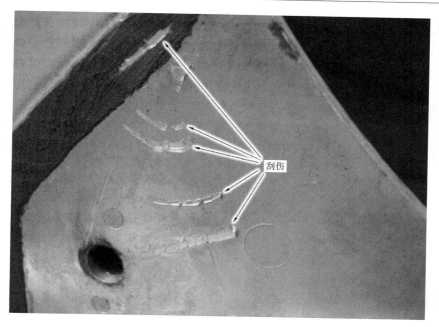

图 5-8　典型结构表面刮伤

　　结构表面刮伤的主要原因是拆除飞机构件时使用的工具不正确。例如,采用合金钢铲刀或者螺丝刀等金属工具铲除密封胶或者撬拆构件时,容易导致铝合金等结构表面刮伤。刮伤一般根据损伤位置和损伤程度的评估结果确定损伤处理方法。大部分刮伤位于飞机蒙皮表面。由于蒙皮一般比较薄,刮伤往往会超出蒙皮 ADL 而需要补强修理。

　　2. 擦伤(Scratch)

　　刮擦引起结构表面材料局部缺损形成的轴宽较窄且深度较浅的线性损伤称为擦伤。擦伤的宽度为0.006～0.25 in 且宽度不小于深度,如图 5-9 所示。擦伤属于结构表面损伤,损伤程度用长度、宽度和最深点的深度定义,如图 5-7 所示。

● 表面损伤;

● 轴宽: 0.006~0.25in;

● 轴宽不小于深度

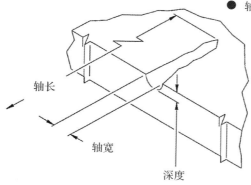

图 5-9　擦伤

擦伤主要原因是工作梯等表面粗糙的物体刮擦结构表面。一般根据损伤位置和损伤程度的评估结果确定擦伤损伤处理方法。由于擦伤的深度较浅且宽度大于深度,大部分不会超出结构 ADL,外场情况下可以保留到合适的时机再进行修理。擦伤修理时,一般先褪掉结构表面的漆层后再抛光、打磨,清除损伤并采用高频涡流检查确认无开裂后,再根据损伤程度评定合适的修理方法。

3. 结构表面划伤(Scribe Line)

裁纸刀等锋利的刀具划伤结构表面后引起结构表面材料局部缺损形成的轴宽很窄的线性损伤称为划伤。划伤的深度一般不超过 0.006 in 且宽度小于深度,如图 5-10 所示。划伤的损伤程度用长度、宽度和最深点的深度定义,如图 5-7 所示。典型结构表面擦伤和刮伤对比如图 5-11 所示。

● 表面损伤;
● 轴宽小于0.006in,轴宽小于深度;
● 严重应力集中,容易产生疲劳裂纹

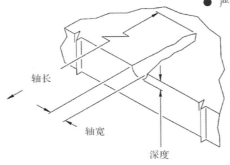

图 5-10　划伤

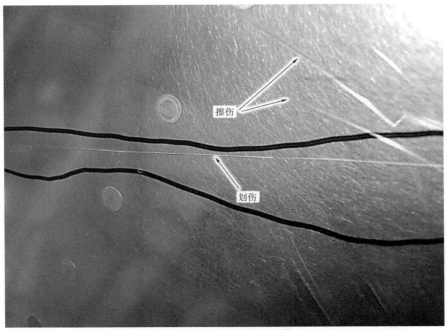

图 5-11　结构表面擦伤和划伤对比

　　划伤一般是采用裁纸刀等锋利的刀具清除密封胶时在结构表面形成的损伤。划伤的应力集中系数很高,容易导致疲劳裂纹。划伤的损伤处理方法较为复杂,一般需要根据划伤形成的时间采取不同的维修措施。如果划伤形成后即被检查发现,可以按照擦伤处理。如果不清楚划伤发生时间或划伤时间已久,一般先打磨清除后再评定损伤处理方法:如果划伤深度已经超出结构 ADL,需要切除划伤区域补强修理。如果深度没有超出 ADL,可以针对划伤部位制定结构补充检查要求,持续监控、及时检查发现划伤区域可能出现的疲劳裂纹。

　　4.凹坑(Dent)

　　结构表面局部区域冲击载荷导致的应力超过材料屈服强度后引起的凹陷塑性变形称为凹坑。凹坑的损伤程度用长、宽、深以及最深点的轴宽定义,如图 5 - 12 所示。飞机结构典型凹坑如图 5 - 13 所示。

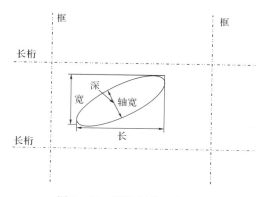

图 5 - 12　凹坑损伤程度尺寸

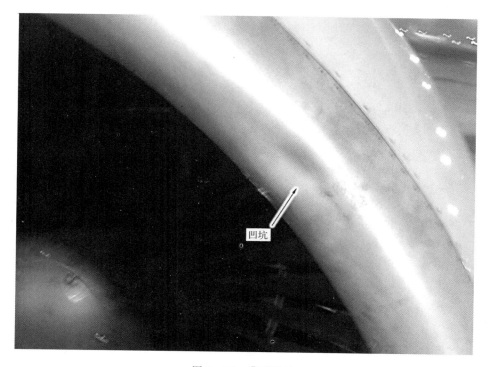

图 5 - 13　典型凹坑

凹坑一般位于蒙皮表面,可以承受和传递空气动力和增压载荷等分布载荷以及结构的极限载荷。一般根据损伤位置和损伤程度的评估结果确定凹坑损伤处理方法。凹坑区域存在塑性变形,不能够参与结构使用载荷的传递。凹坑部位还存在应力集中,可能导致结构过早出现疲劳开裂。如果凹坑不超出结构 ADL,可以采取整形方式恢复气动外形、减小飞行阻力。如果凹坑超出 ADL,一般需要切除损伤区域后补强修理。

5. 弯折(Crease/Crippling)

结构表面冲击载荷导致的应力超过材料极限强度引起的非穿透性裂纹称为弯折。弯折分为结构局部弯折和总体弯折。位于结构局部区域的弯折称为局部弯折(Crease)。结构整个承载截面的弯折称为总体弯折(Crippling)。

结构弯折一般为局部弯折。局部弯折的损伤程度用长度和宽度定义,如图 5-14 所示。局部弯折绝大部分发生在蒙皮凹坑区域的内部结构边缘部位,如图 5-15 所示。这是由于内部结构阻碍蒙皮向内变形,导致内部结构边缘处的蒙皮承受较大弯矩。在局部弯折区域,结构表面已经开裂,需要切除弯折区域补强修理。总体弯折一般需要更换结构。

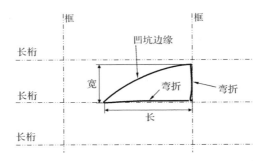

图 5-14　局部弯折损伤程度尺寸

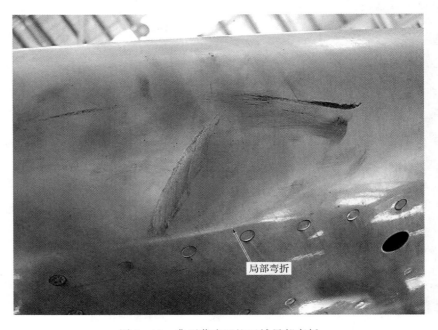

图 5-15　典型蒙皮凹坑区域局部弯折

6. 静强度开裂(Crack)

结构表面冲击载荷导致的应力超过材料极限强度引起的穿透性裂纹称为静强度开裂。飞机结构开裂损伤型式包括静强度开裂、应力腐蚀开裂(Stress Corrosion Crack,SCC)和疲劳开裂。静强度开裂通常伴有凹坑等其他偶然损伤型式,一般可以根据损伤痕迹判断出偶然损伤的原因。应力腐蚀开裂和疲劳开裂的结构表面只存在裂纹。应力腐蚀开裂是持续拉应力和电化学腐蚀共同作用下的开裂。运输类飞机结构表面喷涂缓蚀剂是预防和控制应力腐蚀开裂的有效方法。一般情况下,应力腐蚀开裂区域的结构表面缓蚀剂已经失效。通常采用 10 倍放大镜可以在应力腐蚀裂纹的尖端区域发现腐蚀物。疲劳开裂是交变拉应力长期作用下的结构开裂。疲劳开裂区域只有一条裂纹,一般情况下结构表面缓蚀剂层完好。静强度开裂、应力腐蚀开裂和疲劳开裂的损伤程度均用长度和宽度定义,如图 5-16 所示。

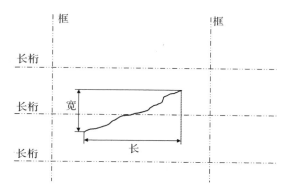

图 5-16　结构开裂的损伤程度尺寸

运输类飞机结构的静强度开裂、应力腐蚀开裂和疲劳开裂的损伤处理方法不同。静强度开裂一般只需通过补强修理恢复结构损失的承载能力,不需要对机队其他飞机采取维修措施。疲劳开裂通常由设计缺陷导致,整个机队均可能出现。发现结构疲劳开裂后,首先,需要查看厂家是否有相应的服务通告(SB)等持续适航指导性文件提供维修措施。然后,检查机队是否已经根据厂家的持续适航指导性文件下发相应的工程指令(EO)等工卡执行检查、改装等维修要求。最后,根据结构疲劳开裂评估结果采取相应的维修措施。应力腐蚀是飞机结构设计缺陷和腐蚀环境共同作用下的开裂。在运输类飞机三种结构开裂形式中,应力腐蚀开裂速度最快,后果也最严重。应力腐蚀一般没有 SB 等厂家持续适航指导性文件提供维修措施,需要飞机用户根据《腐蚀预防和控制方案》(CPCP)评估结构的腐蚀预防和控制方法是否合适。如果结构腐蚀预防和控制方法存在缺陷,需要改进结构腐蚀预防和控制方法。

7. 孔(Hole)

结构表面冲击载荷导致的应力超过材料极限强度后引起的局部区域断裂、缺损称为孔。孔的损伤程度用长度和宽度或者直径定义,如图 5-17 所示。金属结构孔与复合材料孔的损伤特征可能不同。金属结构的孔一般为穿透性孔。复合材料结构的孔可以是穿透性(Hole)的,也可以是半穿透性(Puncture)的。典型穿透性孔如图 5-18 所示。

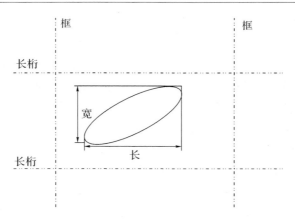

图 5 - 17　孔的损伤程度尺寸

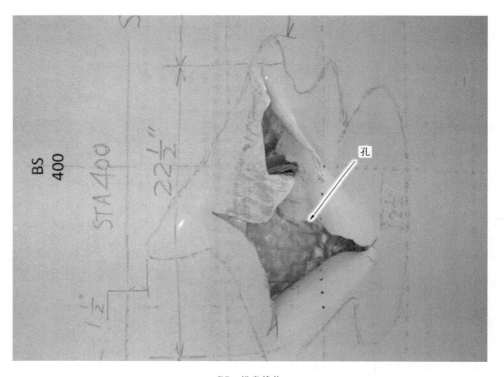

BS—机身战位
图 5 - 18　典型穿透性孔

孔一般是由鸟击等冲击载荷引起的。在孔满足边距和间距的前提下,对直径不超过 3/16 in 的小孔可以采用铆钉进行堵孔简单修理。否则,孔一般需要补强修理。

8. 失稳(Wrinkle / Buckle)

运输类飞机结构一般为塑性材料。结构在压缩载荷 F_c 作用下首先会产生轴向压缩弹性变形并引起承载截面的压应力 σ_c。当压缩载荷 F_c 较小时,结构承载截面的压应力 σ_c 相同。随着压缩载荷 F_c 逐渐升高,当结构承载截面的压应力 σ_c 超过结构的压缩失稳临界应力后,结构会突然出现垂直于轴线方向的变形。结构在压缩载荷作用下突然出现垂直于轴线方向变形的现象称为压缩失稳。结构的压缩失稳临界应力主要取决于结构的材料压缩弹性模量 E、承载截面厚度 t 或者面积 A、长度 l 以及支撑系数 f 等。其中,结构承载截面从结构边缘到根部圆角区域的支撑系数 f 逐渐增加。结构承载截面边缘的支撑最弱,支撑系数 f 最低,压缩失稳临界应力最低,最先压缩失稳。结构边缘局部压缩失稳区域的承载能力不再增加。随着结构压缩载荷 F_c 进一步升高,结构承载截面边缘到中央区域的压应力 σ_c 将依次达到压缩失稳临界应力,直到出现总体压缩失稳。结构出现总体压缩失稳后,结构承受的压缩载荷不能再上升。压缩失稳分为局部压缩失稳和总体压缩失稳两种,如图 2－16 所示。

　　如果结构的压缩失稳临界应力小于结构材料的压缩屈服强度 F_{cy},结构的压缩失稳属于压缩弹性失稳,外载荷撤销后结构能够恢复原来形状。如果结构的压缩失稳临界应力等于结构材料的压缩屈服强度 F_{cy},结构的压缩失稳属于压缩屈曲失稳,外载荷撤销后结构不能恢复原来形状。结构压应力达到结构压缩失稳临界应力后出现的压缩屈曲失稳称为屈曲,如图 5－19 所示。局部屈曲失稳可以采用补强修理,总体屈曲失稳一般需要更换结构。

　　9. 热损伤(Heat Damage)

　　雷击、失火或者飞机电弧等高温导致的结构材料退火或者烧蚀称为热损伤。热损伤的损伤程度用损伤区域的长度和宽度或者直径定义。对金属结构热损伤区域的长度和宽度或者直径一般通过涡流检测,将疑似热损伤区域金属结构的电阻值与金属材料的标准电阻值进行对比、确定。复合材料结构与金属结构的热损伤型式不同。复合材料结构的热损伤型式除了结构材料烧蚀之外,往往还伴有脱胶(Disbond)或者分层(Delamilating)。复合材料结构热损伤区域的长度和宽度或者直径一般通过敲击法或者超声扫描确定。

图 5－19　典型结构屈曲

10. 分层（Delaminating）

运输类飞机复合材料层压板结构一般为碳纤维或者玻璃纤维增强树脂基结构。增强纤维是复合材料层压板的主要承载部分。树脂基体主要作用是黏结、支撑增强纤维并在纤维之间传递载荷，同时维持结构形状。

层压板的层间连接强度主要取决于增强纤维与树脂基体界面的黏结强度，层间连接强度较低。复合材料属于脆性材料，缓冲和吸收冲击载荷能量的能力较低，抗垂直于结构表面的冲击载荷能力较差。在垂直于结构表面的冲击载荷作用下，层压板铺层之间增强纤维与树脂基体黏结界面容易脱离。复合材料层压板增强纤维与树脂基体黏结界面脱离称为分层。复合材料结构分层如图 5-20 所示。分层区域的损伤程度用长度、宽度或者直径以及损伤的铺层数量定义。层压板结构的紧固件孔边缘容易发生分层。

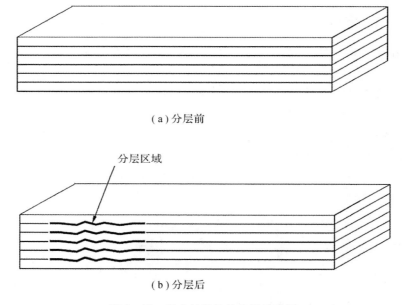

（a）分层前

分层区域

（b）分层后

图 5-20 复合材料结构分层示意图

11. 脱胶（Disbond）

运输类飞机复合材料结构除了层压板之外，还包括层压板与层压板之间通过树脂胶膜黏结的结构以及夹芯板。夹芯板由结构两侧表面的层压板与中间的芯材组成。层压板与芯材之间采用树脂胶膜黏结固化、连接，芯材为层压板提供支撑。

层压板与层压板、层压板与芯材之间的连接强度主要取决于黏结界面的树脂胶膜黏结强度，连接强度较低。复合材料层压板与层压板之间及夹芯板的层压板与芯板之间固化后的黏结树脂都属于脆性材料，缓冲和吸收冲击载荷能量的能力较低，抗垂直于结构表面的冲击载荷能力较差。在垂直于结构表面的冲击载荷作用下，层压板与层压板、层压板与芯材之间的胶膜黏结界面容易脱离。结构表面冲击载荷导致层压板与层压板、层压板与芯材之间胶膜黏结面脱离的现象称为脱胶。脱胶区域的损伤程度采用长度和宽度或直径进行定义。复合材料结构分层和脱胶的区别如图 5-21 所示。

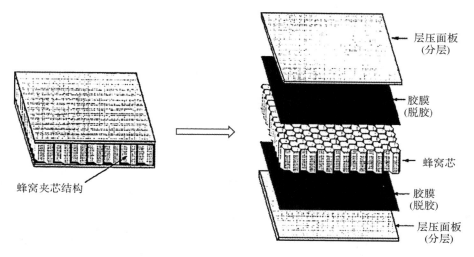

图 5-21　复合材料结构分层和脱胶的区别

12. 结构边缘损伤(Edge Damage)

结构边缘在偶然损伤冲击载荷作用下产生的损伤称为结构边缘损伤。金属结构的边缘损伤型式与复合材料不同。金属结构边缘损伤型式一般为塑性变形或开裂。复合材料结构边缘损伤型式一般为脱胶或分层。结构边缘损伤的损伤程度用长度和宽度定义,如图 5-22 所示。对于厚度较厚的结构,如果结构边缘损伤只位于距离结构表面一定深度范围,还需确定边缘损伤的深度或复合材料结构铺层的分层数。典型金属结构边缘损伤如图 5-23 所示。

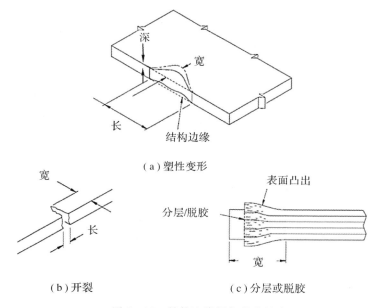

图 5-22　结构边缘损伤程度尺寸

边缘损伤

图 5 - 23 典型金属结构边缘损伤

5.2 金属结构腐蚀

5.2.1 腐蚀原因

电位不同的物质存在电通路并接触电解液之后,电位较低的物质作为阳极失去电子变成离子溶解在电解液中的损伤型式称为电化学腐蚀。对于运输类飞机结构,一般将电化学腐蚀简称为"腐蚀"。腐蚀是运输类飞机金属结构最常见的损伤型式。电位差、电通路和电解液是金属结构腐蚀的充分必要条件。飞机结构腐蚀原理如图 5 - 24 所示。

金属结构是否产生腐蚀,取决于是否同时具备电位差、电通路和电解液三个充分必要条件——只要同时满足电位差、电通路和电解液三个条件,金属结构一定会发生腐蚀;如果缺少电位差、电通路和电解液三个条件中任何一个条件,金属结构腐蚀就不会发生。

1. 电位差

电位是金属结构材料的一种属性。不同导电材料或者同种材料不同热处理状态的电位均不相同。为了满足耐腐蚀、抗疲劳、重量轻等结构设计要求,运输类飞机结构需要根据载荷种类、使用环境等选择不同的结构材料。因此,运输类飞机结构无法避免电位不同材料的相互接触。例如,紧固件与结构之间就很难避免电位差。

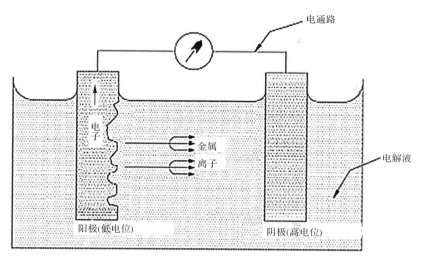

图 5-24　飞机结构腐蚀原理

飞机连接部位贴合面缝隙容易滞纳电解液。缝隙中电解液的氧气容易被消耗且难以补充,导致贴合面缝隙中的氧气浓度比结构非连接部位自由表面的氧气浓度低。氧气浓度不同也会导致电位差。其中,氧气浓度高的区域电位高,氧气浓度低的部位电位低。

飞机金属结构内部不同微观组织之间也存在电位差。飞机结构常用的铝合金等金属材料内部各组织之间一般存在电位差。例如:在 53 g/L 的 NaCl 和 3 g/L 的 H_2O_2 溶液中,7150-T77X 铝合金晶界 η 析出相电位为-1.05 V,基体晶粒边缘贫溶质区(PFZ)电位为-0.85 V,基体电位为-0.75 V。大量结构腐蚀表明:运输类飞机金属结构内部不同微观组织的电位差是金属结构腐蚀电位差的主要来源。7150-T77X 铝合金晶界区域微观组织如图 5-25 所示。

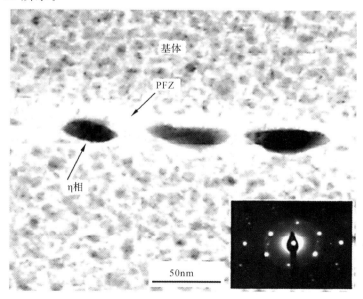

图 5-25　7150-T77X 铝合金晶界区域微观组织

阳极与阴极之间电位差越大,飞机结构腐蚀的形成和扩展速度越快。对运输类飞机结构进行腐蚀防控,需要通过材料选择、表面保护、防腐蚀密封等腐蚀防控方法,尽量避免或者减小飞机金属结构的腐蚀电位差。

2. 电通路

《运输类飞机适航标准》第25.581条规定运输类飞机结构必须满足闪电防护的要求。为了满足防雷击和防静电要求,运输类飞机结构之间必须形成电通路。运输类飞机结构之间形成电通路的方法主要包括裸露的金属结构表面直接接触形成电通路、通过紧固件连接形成电通路、通过专用接地线连接形成电通路三种方式。金属材料内部电位不同组织相互接触也会直接提供腐蚀电通路。因此,飞机金属结构无法避免腐蚀所需要的电通路。

对运输类飞机结构进行腐蚀防控,首先通过选择合适的材料种类或者热处理状态,尽量避免飞机金属结构材料内部晶界形成连续的电通路。然后通过合适的表面保护、防腐蚀密封等腐蚀防控方法,避免不同电位的飞机金属结构直接接触形成电通路。

3. 电解液

为了满足旅客和机组乘坐飞机的舒适度要求,运输类飞机一般通过发动机引擎对机身内部增压保持合适的温度和相对湿度。在巡航高度下,运输类飞机外部的气温为$-40℃$左右,机身内部温度约为$25℃$。巨大的温差将会导致飞机机身金属蒙皮内表面普遍存在冷凝水。冷凝水提供了飞机结构腐蚀所需电解液。此外,凝露、雨水以及货舱、厨房、厕所等区域的渗漏液、清洗维护飞机等过程也会带来引起飞机结构腐蚀的电解液。

由于电位差和电通路不可避免,飞机金属结构材料一旦直接接触电解液将不可避免地导致结构腐蚀。对运输类飞机结构进行腐蚀防控,需要通过表面保护、防腐蚀密封、通风排水以及喷涂缓蚀剂等腐蚀防控方法,避免飞机金属结构材料直接接触电解液。

5.2.2 腐蚀种类

根据飞机结构腐蚀部位不同,金属结构腐蚀分为贴合面腐蚀和非贴合面腐蚀。位于结构与其他结构或者构件连接部位贴合面区域的腐蚀称为贴合面腐蚀。位于结构连接部位之外的结构腐蚀称为非贴合面腐蚀。

飞机结构腐蚀的位置和扩展通道主要取决于结构腐蚀的电位差来源。根据腐蚀电位差主要来源和腐蚀扩展通道,金属结构常见腐蚀种类主要包括均匀腐蚀(Uniform Corrosion)、点蚀(Pitting Corrosion)、剥蚀(Exfoliation Corrosion,EFC)、丝状腐蚀(Filiform Corrosion)、微生物腐蚀(Microbial Corrosion)、缝隙腐蚀(Faying Surface Corrosion)、电偶腐蚀(Galvanic Corrosion)、微动腐蚀(Fretting Corrosion)以及应力腐蚀(Stress Corrosion Crack,SCC)。其中,缝隙腐蚀、电偶腐蚀和微动腐蚀属于金属结构连接部位的贴合面腐蚀。结构连接部位之外非贴合面区域腐蚀种类包括均匀腐蚀、点蚀、剥蚀、应力腐蚀、丝状腐蚀和微生物腐蚀。不同腐蚀种类的预防和控制方法不同,腐蚀检查方法、清除方法和修理思路也不同。运输类飞机外场可能发现的腐蚀种类主要包括丝状腐蚀、缝隙腐蚀和微生物腐蚀。

1. 均匀腐蚀（Uniform Corrosion）

均匀腐蚀的腐蚀电位差主要来源于飞机结构表面不同材料组织之间的电位差。均匀腐蚀的位置和扩展通道位于结构表面，腐蚀面积一般较大，但是腐蚀深度较浅且深度基本相同。均匀腐蚀进一步发展会转变为剥蚀、应力腐蚀等后果更加严重的腐蚀种类。铝合金结构均匀腐蚀一般是由丝状腐蚀发展而来的。典型飞机铝合金结构均匀腐蚀如图 5 - 26 所示。

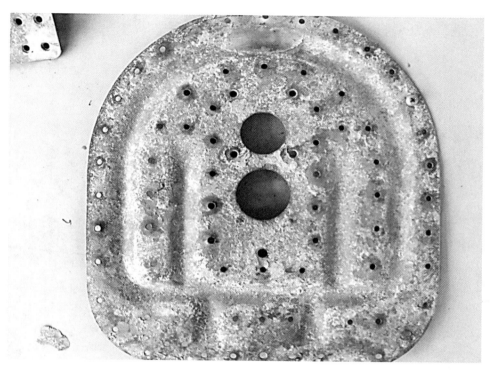

图 5 - 26　典型飞机结构均匀腐蚀

均匀腐蚀的预防和控制关键是结构材料的选择和表面保护。在飞机维修过程中发现均匀腐蚀后，一般先清除结构表面的漆层，然后根据腐蚀程度选择合适的打磨方法清除腐蚀，进而评估腐蚀程度是否为允许损伤。如果腐蚀程度属于允许损伤，打磨过渡并恢复结构表面腐蚀防护层。如果腐蚀程度超出 ADL，切除腐蚀损伤区域后补强修理，或者直接更换结构件。

2. 点蚀（Pitting Corrosion）

点蚀的腐蚀电位差主要来源于结构材料表面和晶界不同组织之间的电位差。飞机结构点蚀形貌为蚀点或者蚀坑，一般起始于表面的局部缺陷点。铝合金结构点蚀扩展通道一般垂直于结构表面并沿晶界扩展。点蚀原理如图 5 - 27 所示。飞机结构表面蚀点或者蚀坑产生的应力集中可能会引起疲劳开裂。点蚀进一步扩展会转变为剥蚀、应力腐蚀等更加严重的腐蚀种类。典型飞机结构点蚀如图 5 - 28 所示。

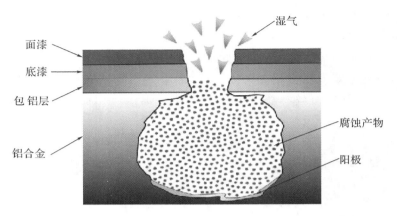

图 5-27 点蚀原理

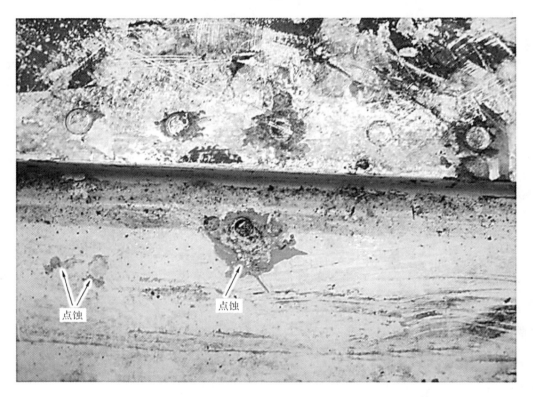

图 5-28 典型飞机结构点蚀

　　结构的材料种类、热处理状态、表面冷加工位错等缺陷以及表面粗糙度、电解液中含氯离子量等是运输类飞机结构点蚀形成和扩展的主要影响因素。点蚀的预防和控制关键是结构材料的选择和表面保护。

　　在飞机维修过程中发现点蚀后，一般先清除结构表面的漆层，然后采用铣刀等工具局部清除腐蚀，进而根据腐蚀程度评估是否为允许损伤。如果腐蚀程度属于允许损伤，打磨过渡并恢复结构表面腐蚀防护层。如果腐蚀程度超出 ADL，需要切除腐蚀区域后补强修理。

3. 剥蚀(EFC)(Exfoliation Corrosion)

剥蚀的腐蚀电位差主要来源于飞机结构材料晶界不同组织之间的电位差。剥蚀一般沿结构材料的晶界扩展,腐蚀产物呈片状层层剥离,故又称为分层腐蚀。剥蚀的扩展速度较快,是铝合金结构普遍存在的严重腐蚀种类。剥蚀一般存在于承受压力的结构。晶界腐蚀通道连续、晶粒呈扁平状是剥蚀产生的必要条件。结构材料晶粒的纵向 L 和短横向 ST 尺寸比值越大,铝合金剥蚀的形成和扩展速度越快。剥蚀原理如图 5-29 所示。剥蚀进一步扩展可能会转变为更为严重的应力腐蚀。典型飞机结构剥蚀如图 5-30 所示。

结构的材料种类、结构加工方式以及压应力等是飞机结构剥蚀形成和扩展的主要影响因素。剥蚀的预防和控制关键是结构材料选择、热处理状态和加工工艺。在飞机维修过程中发现剥蚀后,一般直接切除结构腐蚀区域后补强修理。

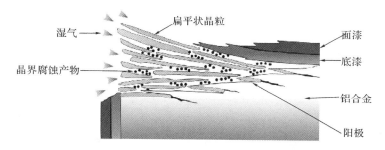

图 5-29　剥蚀原理

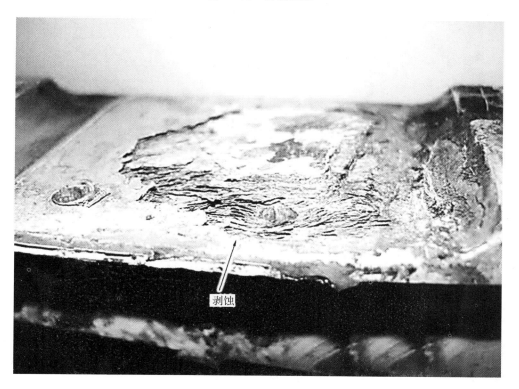

图 5-30　典型飞机结构剥蚀

4. 丝状腐蚀（Filiform Corrosion ）

丝状腐蚀的腐蚀电位差主要来源是腐蚀通道端部的贫氧区与腐蚀通道外部富氧区之间的氧浓差。其中,腐蚀通道端部的贫氧区电位低,作为阳极被腐蚀。丝状腐蚀的扩展通道位于结构表面漆层与金属材料之间,或者铝合金表面包铝层与铝合金之间。丝状腐蚀的外观呈蜘蛛网状或者条纹状。丝状腐蚀原理如图 5 - 31 所示。典型飞机结构丝状腐蚀如图 5 - 32 所示。

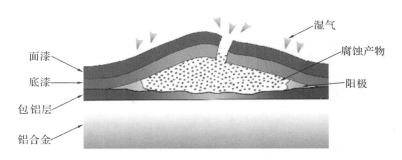

图 5 - 31　丝状腐蚀原理

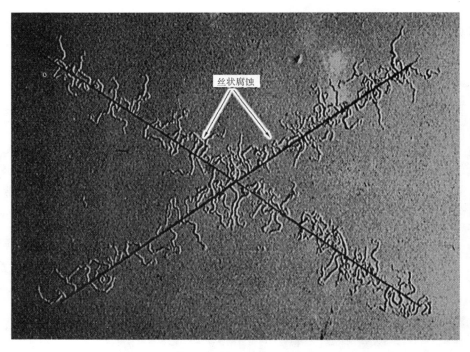

图 5 - 32　典型丝状腐蚀

丝状腐蚀主要存在于飞机蒙皮外表面,一般起始于蒙皮紧固件头部及边缘等漆层破损区域。丝状腐蚀是一种轻微的腐蚀形态,一般不会影响飞机安全运行。外场不用处理丝状腐蚀,一般可保留到飞机大修期间再修理。丝状腐蚀进一步扩展会转变为均匀腐蚀、点蚀、剥蚀以及应力腐蚀等更加严重的腐蚀种类。在飞机大修期间,首先清除丝状腐蚀区域结构表面漆层,然后采取喷砂或者抛光打磨的方法清除丝状腐蚀。

结构的表面漆层种类、结构材料种类以及使用环境的温度和相对湿度等是丝状腐蚀形成和扩展的主要影响因素。结构所在环境的温度和相对湿度越高,丝状腐蚀的形成和扩展速度越快。丝状腐蚀的预防和控制关键是结构表面底漆和面漆的抗丝状腐蚀能力。

5. 微生物腐蚀(Microbial Corrosion)

微生物生活在油箱底部的水中,从燃油中摄取生存需要的有机物。微生物会破坏油箱内部结构表面漆层,导致电解液直接接触金属结构引起腐蚀。微生物及其排泄物为酸性,会进一步加快金属结构腐蚀速度。微生物腐蚀的腐蚀形态一般为点蚀。微生物腐蚀原理如图 5 - 33 所示。微生物腐蚀引起的点蚀一般位于机翼下翼面蒙皮的内表面。点蚀产生的应力集中可能导致机翼下蒙皮疲劳开裂。典型飞机油箱底部蒙皮表面微生物腐蚀如图 5 - 34 所示。

图 5 - 33　微生物腐蚀原理

图 5 - 34　典型飞机油箱底部蒙皮表面微生物腐蚀

燃油一旦被微生物污染,微生物就可能随着燃油进入飞机油箱。燃油中水分密度比燃油大,会沉淀在飞机油箱底部。微生物在温度合适条件下繁殖速度很快,较短时间内就能够在油箱底部繁殖形成大片黄褐色、苔状微生物群。微生物最佳生存和繁殖温度范围为 25~35℃。为了预防和控制油箱微生物腐蚀,油箱内部燃油接触区域的结构表面需要喷涂油箱专用杀菌底漆抑制微生物。飞机使用过程中需要定期对油箱放沉淀并对油箱沉淀进行微生物检测。一旦发现飞机油箱存在微生物,应尽早进入油箱检查并彻底清除微生物,然后进行油箱杀菌处理。油箱内部属于易燃易爆区域,进入飞机油箱内部时需要严格遵守油箱内部维修防爆要求相关规定。

6. 缝隙腐蚀(Faying Surface Corrosion)

缝隙腐蚀产生于结构连接部位的贴合面并沿结构贴合面扩展。缝隙腐蚀的腐蚀电位差主要来源于结构连接部位贴合面腐蚀通道内部与外部的氧浓差以及结构材料组织电位差。结构连接部位贴合面腐蚀通道内的贫氧区电位低,作为阳极被腐蚀。缝隙腐蚀的腐蚀形态一般表现为均匀腐蚀、点蚀或者剥蚀。缝隙腐蚀原理如图 5-35 所示。

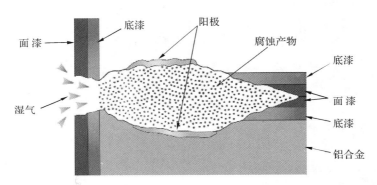

图 5-35 缝隙腐蚀原理

缝隙腐蚀位于结构连接部位贴合面,腐蚀初始阶段难以被及时检查发现。缝隙腐蚀发展到一定程度转变为剥蚀等严重腐蚀后,腐蚀通道内积聚的腐蚀产物挤压结构表面,会导致飞机蒙皮等结构出现鼓包、紧固件拉断等腐蚀损伤迹象。运输类飞机绝大部分缝隙腐蚀是通过检查蒙皮外表面鼓包、紧固件拉断等腐蚀迹象发现的。因此,外场也可能会检查、发现缝隙腐蚀。由于飞机结构连接部位非常多,缝隙腐蚀是飞机最普遍的腐蚀种类且难以及时检查发现,对飞行安全的威胁很大。1981 年 8 月 22 日,台湾某航空公司一架 B737-200 客机机身货舱底部蒙皮与长桁贴合面大面积缝隙腐蚀,最终导致飞机机身在增压载荷作用下空中解体。典型飞机结构缝隙腐蚀如图 5-36 所示。

结构连接部位贴合面缝隙腐蚀形成和扩展的主要影响因素包括缝隙宽度、结构材料种类以及电解液中是否含有腐蚀敏感元素等。如果结构连接部位贴合面的缝隙宽度超过 0.01 in,一般不会产生缝隙腐蚀。缝隙腐蚀的预防和控制关键是结构连接部位的防腐蚀密封等细节设计。结构连接部位贴合面区域采用贴合面密封是预防和控制缝隙腐蚀的有效措施。

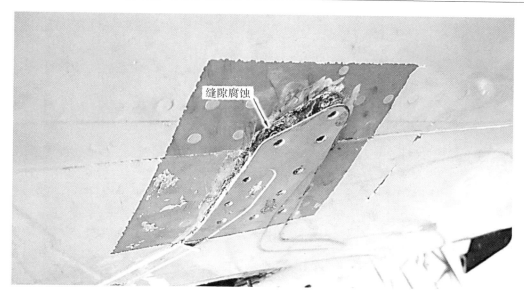

图 5 - 36　典型飞机结构缝隙腐蚀

对于采用永久性紧固件连接的结构,一旦发现缝隙腐蚀迹象,一般先通过中频涡流或者低频涡流检查确定腐蚀的位置和范围,然后直接切除腐蚀区域补强修理。

7. 电偶腐蚀(Galvanic Corrosion)

电偶腐蚀产生于电位不同的结构连接部位贴合面,并沿结构连接部位的贴合面扩展。电偶腐蚀初始阶段的电位差主要来源于结构连接部位不同材料之间的电位差。随着腐蚀通道的形成,电偶腐蚀的电位差除不同结构材料之间的电位差外,还包括腐蚀通道内、外氧浓差导致的电位差以及结构材料组织之间的电位差。因此,电偶腐蚀的扩展阶段往往同时包含了缝隙腐蚀。电偶腐蚀的腐蚀形态一般表现为均匀腐蚀、点蚀或者剥蚀。电偶腐蚀原理如 5 - 37 所示。运输类飞机高载荷铝合金接头与青铜衬套贴合面部位容易发生电偶腐蚀,如图 5 - 38 所示。

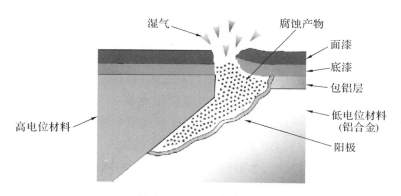

图 5 - 37　电偶腐蚀原理

电偶腐蚀

图 5-38　高载荷铝合金接头铜衬套孔壁电偶腐蚀

　　电偶腐蚀的预防和控制关键是结构连接部位的材料选择、表面保护以及防腐蚀密封。合理选择相互接触的结构材料种类可以减小结构之间的电位差。表面保护以及防腐蚀密封可以隔离电位不同的结构,避免形成电偶。对电偶腐蚀的修理,一般需要先分解结构后褪漆,再根据腐蚀程度和腐蚀位置确定修理思路。

　　8. 微动腐蚀(Fretting Corrosion)

　　微动腐蚀是结构连接部位贴合面相对微动磨损和电化学腐蚀共同作用的腐蚀形态。微动腐蚀原理如图 5-39 所示。结构连接部位的相对微动磨损会破坏结构表面漆层等腐蚀防护层,导致电解液直接接触金属材料产生电化学腐蚀。结构连接部位相对微动导致结构贴合面不断与外表面交换电解液,降低了贴合面内外电解液的氧浓差腐蚀电位差。微动腐蚀的腐蚀电位差除了不同结构材料之间的电位差外,还包括结构材料组织之间的电位差。微动腐蚀的腐蚀形态一般表征为点蚀。结构刚度不足或者间隙配合等连接方式是结构连接部位微动的主要原因。图 5-40 所示微动腐蚀位于某机型客舱地板梁上缘条。传统运输类飞机客舱地板一般通过 U 形不锈钢调节螺帽固定在客舱地板梁上缘条。在客舱内部旅客等纵向惯性力作用下,U 形不锈钢调节螺帽与客舱地板梁上缘条的相对微动容易导致微动腐蚀。对微动腐蚀的修理,一般需要先分解结构,再根据腐蚀程度和腐蚀位置确定修理思路。

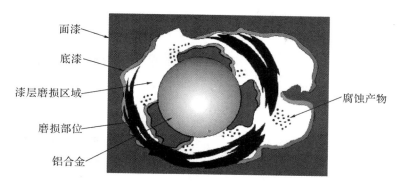

图 5-39　微动腐蚀原理

图 5-40　某飞机客舱地板梁上缘条微动腐蚀

　　提高结构刚度和改进结构连接方式避免结构连接部位存在微动是微动腐蚀预防和控制的主要方法。例如：避免采用拉铆钉固定整流罩的托板螺帽。对难以避免微动磨损的结构表面，可以采用防磨漆、镀硬铬等表面防护或者直接选择耐磨结构材料。例如：为了避免高集中载荷铝合金接头的紧固件孔壁磨损，紧固件孔壁一般采用耐磨性能极好的铍青铜或铝青铜作为衬套。

　　9. 应力腐蚀（SCC）

　　应力腐蚀是持续拉应力和电化学腐蚀共同作用下的腐蚀开裂。应力腐蚀的结构表面腐蚀产物较少，但是裂纹在持续拉应力作用下扩展速度很快。因此，应力腐蚀往往难以被及时检查发现，对飞行安全的危害极大。应力腐蚀开裂的断口一般呈脆性断裂特征。应力腐蚀原理如图 5-41 所示。典型飞机结构应力腐蚀开裂如图 5-42 所示。

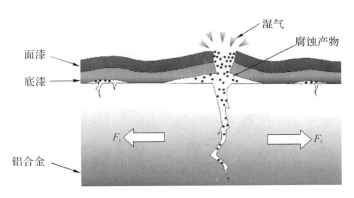

图 5-41　应力腐蚀原理

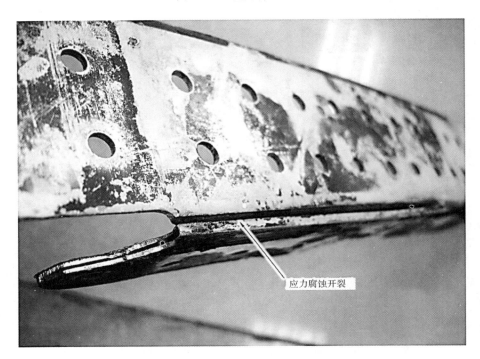

图 5-42　典型飞机结构应力腐蚀开裂

　　飞机结构的材料种类和热处理状态、持续拉应力以及电解液中是否含有结构材料应力腐蚀敏感元素是应力腐蚀形成和扩展的主要影响因素。结构材料具有应力腐蚀敏感性和超过结构材料应力腐蚀门槛值的持续拉应力是应力腐蚀的必要条件。使用载荷、制造或装配应力等均可以提供飞机结构应力腐蚀所需的持续拉应力。

　　飞机结构应力腐蚀的预防和控制措施关键是合理的材料选择和应力控制。应力控制主要通过细节设计、改进制造和装配工艺等方法避免存在较大持续拉应力。在飞机维修过程中发现应力腐蚀后，一般直接切除结构腐蚀区域后补强修理或者换件修理。由于应力腐蚀主要原因为设计缺陷，一般要对机队相同结构部位进行应力腐蚀普查并改进结构腐蚀预防和控制方法。

5.2.3　金属结构材料耐腐蚀特性

1. 铝合金

铝合金是传统运输类飞机最常用的结构材料。铝合金抗均匀腐蚀性能较好,但是抗其他腐蚀类型的能力较差,容易产生点蚀、剥蚀和应力腐蚀。合金成分和热处理状态是影响铝合金抗腐蚀性能的主要因素。铝合金结构腐蚀是传统运输类飞机最常见损伤型式,腐蚀产物为灰白色。

2024 铝合金板和挤压件是常用的铝合金结构补强修理材料。2024 铝合金在不同时效状态下的抗腐蚀性能不同。其中,T3X 和 T4X 自然时效状态具有较好的抗疲劳性能和断裂韧度,但对点蚀、剥蚀和应力腐蚀都比较敏感。T6X 人工时效状态具有高强度及良好的抗点蚀和剥蚀性能,但对应力腐蚀很敏感。T8X 人工时效状态具有高强度和良好的抗点蚀、剥蚀和应力腐蚀性能。

7075 铝合金板和挤压件也是常用的铝合金结构补强修理材料。不同时效状态下的 7075 铝合金抗腐蚀性能不同。其中,T6 单级人工时效状态的强度最高,但断裂韧性较差且韧性随温度降低而降低。T6 单级人工时效状态的抗点蚀性能良好,但抗剥蚀和应力腐蚀性能很差。T73 双级人工时效状态强度比 T6 时效态低得多,但是抗剥蚀和应力腐蚀性能很好,抗点蚀性能良好。T76 双级人工时效状态强度较高,抗点蚀、剥蚀和应力腐蚀性能良好。

2. 高强度合金钢

起落架、操纵面滑轨等单传力路径高集中载荷结构一般选择高强度合金钢。高强度合金钢的抗腐蚀性能差,容易产生均匀腐蚀、点蚀、剥蚀和应力腐蚀。合金钢的腐蚀产物为红色“铁锈”(Fe_2O_3)或者片状黑色腐蚀氧化物(Fe_3O_4)。合金钢在腐蚀或者电镀过程中会产生氢原子。氢原子容易进入高强度合金钢结构材料内部积聚并导致氢脆。合金钢强度越高越容易产生氢脆。强度超过 220KSI 高强度合金钢即使轻微腐蚀也可能导致氢脆。

3. 耐蚀钢

耐蚀钢可以在大气中自钝化,耐蚀性很好。一般情况下耐蚀钢难以腐蚀,但是在海洋性盐雾环境下,它可能会出现黑色点蚀和缝隙腐蚀。运输类飞机结构常用的耐蚀钢材料包括15-5PH、17-7PH 等 PH 系列的时效硬化不锈钢,以及 301 等 3×× 系列的奥氏体不锈钢。时效硬化不锈钢强度较高,但耐蚀性比奥氏体不锈钢差,尤其对应力腐蚀敏感。奥氏体不锈钢强度比时效硬化不锈钢强度低,但耐蚀性很好,且对应力腐蚀不敏感。

4. 钛合金

在自然环境条件下,钛合金表面极易形成稳定性很好且能“自愈”的氧化膜,耐蚀性非常好。钛合金在一般情况下不会产生腐蚀,但是在极少数特殊环境下表面也可能存在白色或黑色腐蚀氧化物。钛合金表面存在擦伤等应力集中源后,具有一定应力腐蚀敏感性。如果钛合金接触美国波音公司 BMS 3-11 等热阻燃型液压油,会导致氢脆并产生点蚀。此外,钛合金容易产生镉脆,应禁止镀镉飞机构件与钛合金结构接触。

5. 铜合金

运输类飞机采用的铜合金结构材料包括铝青铜和铍青铜,主要用作高集中载荷连接部位螺杆孔的衬套。铝青铜表面能形成由铝和氧化物构成的自愈型致密保护膜,具有很好的抗蚀性。在大气、海水、碳酸及大多数有机酸中,铝青铜的耐腐蚀性能都比较好。但是,铝青铜有应力腐蚀倾向。为了避免应力腐蚀开裂,铝青铜衬套可采用低温去应力退火,或选用含 0.35% 锡的铝青铜。铍青铜在大气、淡水、海水中的耐腐蚀性能都非常好。与铝青铜相比,铍青铜的强度较高、耐腐蚀性能更好,但是耐磨性能稍差。因此,铝青铜一般用作中等强度衬套,铍青铜一般用作高强度衬套。

5.3 复合材料结构老化

5.3.1 老化原因

复合材料结构老化的主要特点是树脂基体玻璃化转变温度降低,导致复合材料结构发生刚度升高、韧性降低、压缩强度和剪切强度降低等性能退化现象。复合材料结构的玻璃化转变温度降低也称为"塑化"。复合材料结构的拉伸强度基本不受老化的影响。湿和热是导致复合材料结构老化的主要原因。

复合材料的增强纤维和树脂都可能吸湿。其中,树脂基体以及增强纤维与树脂基体界面处最容易吸湿。在复合材料结构制造过程中,复合材料中的空气、树脂以及溶剂产生的挥发性气体,会导致树脂基体以及增强纤维与树脂基体界面存在孔隙等微观缺陷。水分进入复合材料结构后,将在树脂基体以及增强纤维与树脂基体界面处孔隙等微观缺陷中积聚。水分子属于低分子物质。复合材料结构孔隙中的水分不仅会导致高分子聚合物材料树脂基体的氢键断裂,还会导致树脂基体以及增强纤维与树脂基体界面处发生氧化、水解和热降解等反应,使树脂基体的玻璃化转变温度降低。树脂基体吸湿后导致孔隙增多,加快水分的渗透、扩散和积聚。复合材料结构的环境温度越高,吸湿速率越快。

复合材料结构内部不可避免地存在孔隙。复合材料结构孔隙对应的体积称为自由体积。复合材料结构的刚度、韧性等性能取决于树脂基体的自由体积。树脂基体的自由体积越大,复合材料结构的刚度越低、韧性越好。在结构制造过程中,复合材料经过高温、高压固化后,树脂基体中构成自由体积的孔隙尺寸高于最终平衡状态自由体积的孔隙尺寸。复合材料结构制造过程中降温阶段的冷却速率越快,树脂基体的自由体积越大。随着飞机使用时间的逐渐增加,树脂基体的自由体积将逐渐减小,直到最终达到平衡状态的自由体积,复合材料结构的刚度也将越来越高、韧性越来越差。复合材料结构的环境温度越高,树脂基体的自由体积减小速率越快,复合材料结构老化速率越快。

紫外线会导致复合材料中高分子聚合物材料树脂基体的氢键断裂,从而加速复合材料结构的老化。如果复合材料结构表面漆层脱落,紫外线就会加快树脂基体的老化速率。

5.3.2 老化损伤型式

1. 树脂基体开裂

树脂基体在吸收的水分作用下发生塑化后,树脂基体会出现银纹和开裂的临界应力降低。复合材料结构中树脂基体的吸湿速率和吸湿饱和率都远高于增强纤维,树脂基体吸湿后的体积膨胀量远高于增强纤维。由于树脂基体吸湿后的体积膨胀量受到增强纤维限制,复合材料结构吸湿后会产生较大的内应力。当复合材料结构的内应力达到树脂基体银纹临界应力时,将引起树脂基体出现俗称"银纹"的微裂纹。当复合材料结构的内应力达到树脂基体开裂临界应力时,将引起树脂基体出现开裂。复合材料结构的树脂基体出现银纹或者开裂后,将导致主要通过树脂基体控制的复合材料结构压缩强度和剪切强度降低。

树脂基体出现银纹或开裂后,会大大加快水分的渗透、扩散和积聚,导致树脂基体的吸湿速率和吸湿饱和率升高,进一步增加复合材料结构的内应力,加剧树脂基体银纹和开裂的形成和扩展。

2. 分层和脱胶

增强纤维与树脂基体界面最容易吸湿。增强纤维与树脂基体界面的水分会引起树脂基体表面塑化并降低增强纤维与树脂基体的连接强度。复合材料结构中树脂基体的吸湿速率和吸湿饱和率都远高于增强纤维,树脂基体吸湿后的体积膨胀量远高于增强纤维,会导致增强纤维与树脂基体界面处存在较大内应力。增强纤维与树脂基体的热膨胀系数不同,热膨胀量也不同。增强纤维与树脂基体的热膨胀量差,进一步增加增强纤维与树脂基体界面的内应力。增强纤维与树脂基体界面的内应力达到树脂基体开裂临界应力时,增强纤维与树脂基体界面处将会分层或者脱胶。

增强纤维与树脂基体界面处分层或脱胶后,会大幅加快分层或脱胶区域的吸湿速率,水分含量会大幅提高。运输类飞机巡航高度的外部环境温度可以达到−30℃。飞机外表面复合材料蒙皮或整流罩的增强纤维与树脂基体界面处积聚的水分会结成冰。水结冰后的体积膨胀又会加剧增强纤维与树脂基体界面处的分层或脱胶。在蒙皮或整流罩分层或脱胶后,如果增强纤维与树脂基体界面处的连接强度不能够满足垂直于结构外表面的空气动力承载要求,复合材料结构会被空气动力直接撕裂、扯碎。图 5-43 为某飞机前缘缝翼复合材料蒙皮老化引起的脱胶撕裂。

图 5-43　某飞机前缘缝翼复合材料蒙皮脱胶撕裂

5.4 疲劳开裂

5.4.1 金属结构疲劳开裂

1. 疲劳开裂原因

金属结构在交变拉应力作用下的开裂损伤称为疲劳开裂。交变拉应力的最大拉应力 σ_{max} 超过金属结构材料疲劳强度 σ_N 是疲劳开裂的必要条件。

运输类飞机金属结构一般为塑性材料,疲劳开裂过程分为疲劳源形成阶段、疲劳裂纹扩展阶段和快速断裂阶段。疲劳裂纹的扩展阶段如图 5-44 所示。金属结构表面一般存在位错等应力集中缺陷。这些缺陷会导致拉伸结构应力集中位置的应力超过材料屈服强度。在拉力作用下,结构表面拉应力超过材料屈服强度处的材料将沿与拉应力约成 45°角的最大剪应力剪切面方向产生滑移。在交变拉应力重复作用下,结构表面滑移带反复挤出或者凹陷的局部塑性变形部位就会形成微裂纹疲劳源。如果结构表面存在擦伤等应力集中缺陷,在应力集中部位更容易生成疲劳源。

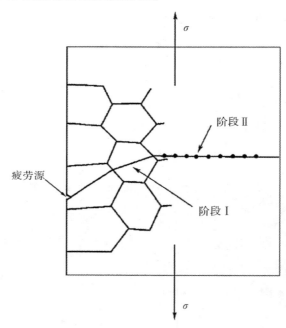

图 5-44 疲劳裂纹扩展阶段

疲劳源形成之后,疲劳裂纹进入扩展阶段。金属结构的疲劳裂纹的扩展阶段分为阶段 I 和阶段 II。阶段 I 为疲劳裂纹扩展初始阶段,扩展方向与拉应力约成 45°角。疲劳裂纹经过较短的阶段 I 后,进入扩展方向与拉应力方向垂直的稳定扩展阶段 II。随着裂纹逐渐扩展,裂纹长度将慢慢增加直至可检长度并最终达到临界裂纹长度。疲劳裂纹小于可检长度之前的阶段称为疲劳裂纹潜伏期。疲劳裂纹的可检长度取决于检查方法。不同检查方法对应的疲劳裂纹潜伏期不同。疲劳裂纹从可检长度到临界长度的扩展周期称为疲劳裂纹扩展期。

　　疲劳裂纹扩展到达到临界长度后,结构剩余承载截面的承载能力不能满足结构承载要求。在外载荷作用下,结构将进入快速静强度断裂阶段。疲劳裂纹达到临界长度后的快速扩展也称为失稳扩展。

　　结构疲劳裂纹的扩展与裂纹尖端的应力集中密切相关。结构疲劳裂纹的扩展仅发生在交变拉伸载荷的拉伸阶段。当拉应力达到结构材料的疲劳强度σ_N后,裂纹尖端应力集中导致的拉应力超过材料拉伸屈服强度后产生屈服塑性变形,裂纹尖端将沿与拉应力方向约成 45°角的最大剪应力剪切面向前滑移,从而产生一个加载周期的裂纹扩展长度。拉伸阶段裂纹扩展同时会引起裂纹尖端钝化,应力集中程度降低后使得裂纹停止扩展。

　　当拉应力低于结构材料的疲劳强度 σ_N 后,裂纹尖端区域在周围材料或者结构使用载荷的压力作用下,裂纹尖端沿与压应力方向约成 45°角的最大剪应力剪切面向裂纹内侧滑移。由于应变硬化和滑移面表面氧化膜钝化,压缩阶段的滑移面与拉伸阶段的滑移面不同,导致裂纹尖端重新锐化、应力集中大大增加,为下一次加载循环的裂纹扩展提供条件。至此,一个加载循环导致的疲劳裂纹扩展结束并将进入下一个加载循环的扩展阶段。结构典型加载循环疲劳裂纹扩展过程如图 5 - 45 所示。

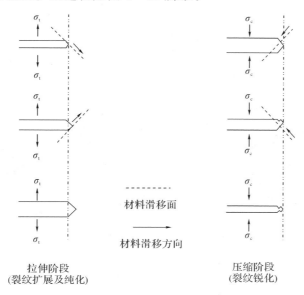

图 5 - 45　典型加载循环疲劳裂纹扩展过程

　　2. 疲劳开裂特征

　　(1)结构表面宏观特征。运输类飞机的飞行起落数量越多,结构的疲劳损伤位置越多、疲劳损伤程度越严重。结构疲劳开裂是危及老龄飞机飞行安全的主要因素之一。飞行起落超过 75% 设计目标飞行起落(DSG)的老龄飞机结构疲劳开裂比较普遍。

　　运输类飞机结构出现疲劳裂纹后,一般需要对机队其他飞机相同结构部位进行检查。结构表面疲劳开裂宏观特征是目视区分疲劳开裂与偶然损伤静强度开裂和应力腐蚀开裂的主要依据。疲劳开裂结构表面具有以下典型特征:

1)飞机结构表面疲劳裂纹的扩展方向与拉伸载荷方向垂直。

2)与偶然损伤导致的静强度开裂相比,结构疲劳开裂区域一般没有凹坑、弯折等偶然损伤特征。

3)与应力腐蚀开裂相比,疲劳开裂的裂纹尖端区域结构表面没有腐蚀产物。如果开裂区域结构表面缓蚀剂仍保持完好,一般不会是应力腐蚀开裂。

传统运输类飞机机身蒙皮和增压框腹板等增压边界结构普遍采用铝合金。铝合金增压边界结构直接承受交变增压载荷,容易产生疲劳开裂。外场及时检查发现机身蒙皮疲劳开裂,对于确保老龄运输类飞机飞行安全至关重要。机身增压边界蒙皮疲劳开裂区域的蒙皮外表面往往具有以下疲劳损伤特征。典型运输类飞机机身增压边界蒙皮疲劳开裂如图 5-46 所示。

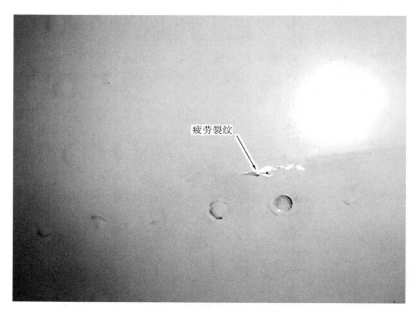

疲劳裂纹

图 5-46 运输类飞机机身蒙皮疲劳开裂典型特征

1)飞行过程中蒙皮开裂处会漏气。开裂附近区域的机组或旅客会听到漏气引起的噪声。

2)蒙皮漏气会将机身内表面冷凝水混合其他污物吹出来。时间较长后会在蒙皮外表面开裂处留下黑色线状痕迹。开裂部位后方还会形成明显的黑色彗星状气流尾迹。

3)蒙皮开裂处的漆层一般会破裂。

4)疲劳开裂一般先沿长桁下部蒙皮止裂带边缘纵向扩展。

结构疲劳开裂损伤的检查工作往往安排在运输类飞机大修期间执行。然而,在运输类飞机进入机库大修前,一般会清洗其外表面,机身增压边界疲劳开裂处蒙皮外表面黑色尾迹等漏气痕迹会被清洗掉。因此,在大修期间反而比在外场飞机运营期间更难检查发现机身增压边界蒙皮的疲劳开裂,即在运输类飞机外场运营期间,更容易发现机身增压边界蒙皮的疲劳开裂。

　　可能会导致损伤容限设计结构无法满足损伤容限设计要求的疲劳裂纹称为广布疲劳开裂(Widespread Fatigue Damage,WFD)。其中,可能会导致裂纹缓慢扩展设计结构无法满足裂纹缓慢扩展设计要求的广布疲劳开裂称为多结构部位开裂(Milt-sites Damage,MSD)。典型机身蒙皮结构 MSD 如图 5-47 所示。MSD 每一条疲劳裂纹可能都比较短,但是一旦扩展连接起来很可能会超过临界长度,导致结构疲劳裂纹失稳扩展断裂失效。由于结构型式和载荷相似,机身增压边界蒙皮相邻紧固件孔处往往同时存在 MSD。机身增压边界蒙皮 MSD 很难被及时检查发现,是危及老龄运输类飞机飞行安全的主要结构损伤型式。

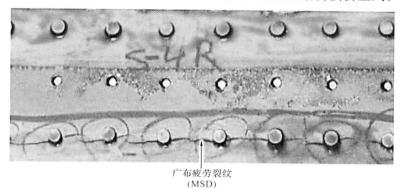

图 5-47　典型机身蒙皮广布疲劳开裂(MSD)

　　能够导致破损-安全止裂设计结构无法满足破损-安全止裂设计要求,或者破陨-安全传力设计结构无法满足破损-安全传力设计要求的广布疲劳开裂称为多结构元件开裂(Milt-elements Damage,MED)。MED 会破坏结构破损-安全传力路线,从而影响飞机安全运行。图 5-48 所示为 MED 位于某机型的机身顶部 S-14 长桁部位。该 MED 同时位于机身长桁槽型件和框承剪件。

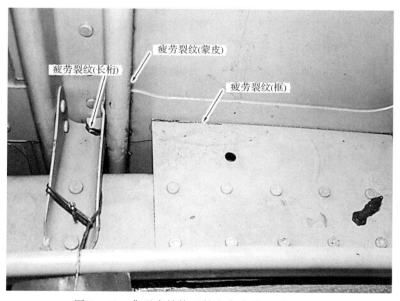

图 5-48　典型多结构元件广布疲劳开裂(MED)

广布疲劳开裂是一种严重危及老龄飞机安全的疲劳损伤,会导致损伤容限设计结构不满足损伤容限要求。如果广布疲劳开裂导致结构承载能力降低至限制载荷承载要求之前未能被及时检查发现,就可能引起飞机灾难性破坏。1988 年 4 月 28 日,美国"阿罗哈航空公司"一架老龄波音 737 - 200 客机在太平洋上空飞行时,前机身上部蒙皮搭接缝区域出现广布疲劳开裂,导致前机身上部蒙皮、长桁和框组成的蒙皮壁板撕裂丢失。2011 年 4 月 1 日,美国西南航空公司一架波音 737 飞机飞行途中,机身中央段顶部蒙皮大面积撕裂。导致该事故的直接原因同样是机身蒙皮搭接缝区域出现了广布疲劳开裂。

(2)疲劳断口微观特征。与疲劳裂纹扩展阶段对应,结构疲劳开裂的断口一般包含疲劳源区、稳定扩展区和快速断裂区三个区域,如图 5 - 49 所示。其中,疲劳源区在断口中面积最小,一般起始于结构表面缺陷处。疲劳源区呈半圆形或半椭圆形,表面平坦、光亮。

结构疲劳开裂断口大部分区域为表面相对平坦、光滑的稳定扩展区。采用 10 倍放大镜可以在稳定扩展区发现疲劳条带。通过扫描电子显微镜(SEM)可以在稳定扩展区找到疲劳条纹。疲劳条纹是结构疲劳开裂稳定扩展区的典型特征,可以作为结构疲劳开裂的判断依据。每条疲劳条纹对应宽度为一次加载循环的疲劳裂纹扩展长度。典型疲劳条纹如图5-50 所示。

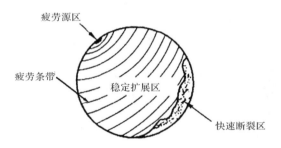

图 5 - 49　典型疲劳开裂断口区域

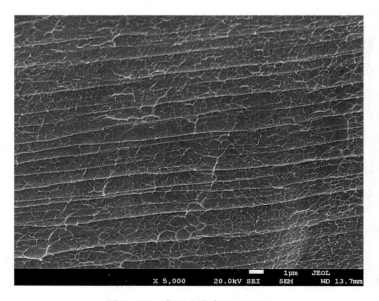

图 5 - 50　典型疲劳条纹(SEM)

快速断裂区对应于疲劳裂纹的快速扩展阶段。疲劳裂纹达到临界长度后,结构剩余承载截面不能满足结构承受外载荷的要求,会导致结构剩余截面在短时间内出现静强度断裂。快速断裂区的断口表面发暗且粗糙、不平坦。

5.4.2 复合材料结构疲劳开裂

1. 疲劳开裂原因

复合材料结构在交变载荷作用下产生的开裂称为疲劳开裂。交变拉应力和交变压应力都可以导致复合材料结构疲劳开裂。复合材料结构的树脂基体属于脆性材料,强度低且对疲劳损伤敏感。增强纤维的强度高,对疲劳损伤不敏感。因此,复合材料结构的疲劳损伤初始阶段都发生于层间树脂基体,损伤型式为层间树脂基体开裂。复合材料结构疲劳损伤扩展阶段的扩展通道主要取决于树脂基体与增强纤维界面的连接强度。如果树脂基体与增强纤维界面的连接强度不够高,层间树脂基体的裂纹扩展到界面后会沿界面方向扩展,导致树脂基体与增强纤维界面脱胶、分层。增强纤维表面一般存在初始缺陷。树脂基体与增强纤维界面脱胶、分层区域的增强纤维表面缺陷处在交变载荷作用下可能会发生疲劳断裂。如果树脂基体与增强纤维界面的连接强度较高,增强纤维疲劳断裂后裂纹将扩展进入相邻层间树脂基体,直到整个承载截面疲劳断裂。

2. 疲劳失效特征

复合材料结构疲劳失效特征与金属结构的线状裂纹失效不同。复合材料结构疲劳失效往往是较大面积的区域性损伤。复合材料结构疲劳损伤区域的损伤型式主要包括树脂基体开裂、增强纤维与树脂基体界面脱胶、分层以及增强纤维断裂等四种。复合材料结构疲劳损伤区域的损伤型式主要取决于树脂基体与增强纤维界面的连接强度。复合材料结构分层或脱胶后的刚度降低,在压缩载荷作用下容易压缩失稳。

复合材料结构疲劳失效断口形态主要取决于树脂基体与增强纤维界面的连接强度。树脂基体与增强纤维界面连接强度较高的复合材料结构疲劳失效断口较为平整。树脂基体与增强纤维界面连接强度不够高的复合材料结构疲劳失效断口形状不规则,断口往往存在脱胶后被拔出的增强纤维。

复合材料结构疲劳开裂区域一般存在多种损伤型式。各种损伤型式的相互耦合以及高强度增强纤维的约束,使复合材料结构具有良好的断裂韧性。因此,复合材料结构疲劳损伤的临界尺寸一般比金属结构大得多。

5.5 结构损伤检查要求和方法

5.5.1 结构损伤检查要求

在运输类飞机使用过程中,结构不可避免地存在偶然损伤、腐蚀和疲劳损伤。结构损伤会导致结构承载能力下降。限制载荷是飞机使用寿命期间内结构能承受的最大载荷。如果结构损伤导致结构承载能力下降到限制载荷以下,结构在限制载荷作用下将断裂失效。重要结构(PSE)断裂失效可能会引起飞机灾难性破坏。《运输类飞机适航标准》第

25.571条"结构的损伤容限和疲劳评定"规定:飞机型号合格证申请人必须根据飞机结构设计方法,预测飞机服役期间结构损伤部位、损伤型式并评定结构损伤检查要求,以避免服役期间结构损伤引起飞机灾难性破坏。"灾难性破坏"指飞机使用过程中重要结构(PSE)出现断裂失效。因此,运输类飞机的结构损伤必须在结构承载能力下降到限制载荷水平之前被及时检查发现。结构限制载荷承载能力对应的损伤尺寸称为结构损伤临界尺寸。

运输类飞机结构损伤扩展规律及检查要求如图5-51所示。腐蚀和疲劳损伤与飞机使用时间密切相关。如果飞机不存在腐蚀和疲劳损伤初始缺陷,图5-51中横坐标的飞机使用时间从0开始到达a点时,结构开始出现腐蚀或者疲劳损伤。随着飞机使用时间增加,腐蚀和疲劳损伤越来越严重,损伤尺寸越来越大,结构承载能力越来越低。当飞机使用时间达到g点时,结构承载能力下降到限制载荷水平,结构损伤尺寸达到临界尺寸。飞机结构从投入使用的时间0点起到g点之间间隔称为结构寿命。

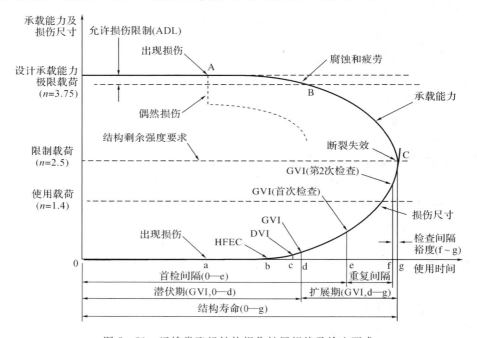

图5-51　运输类飞机结构损伤扩展规律及检查要求

运输类飞机结构损伤检查方法分为一般目视检查(GVI)、详细目视检查(DVI)和特殊详细检查(SDI)。为了避免结构损伤漏检引起飞机灾难性破坏,运输类飞机结构寿命期间内至少要有两次检查发现结构损伤的机会。不同检查方法的结构损伤最小可检尺寸不同。结构出现损伤最小可检尺寸之前的飞机使用时间称为结构损伤潜伏期。结构损伤最小可检尺寸到结构损伤临界尺寸的飞机使用时间称为结构损伤扩展期。在结构损伤扩展期内应至少安排两次结构损伤检查。为了便于飞机用户根据飞机检修计划灵活安排结构损伤检查时间、评定结构损伤检查间隔,还需要预留一定的结构损伤检查间隔裕度(f—g)。运输类飞机结构损伤检查间隔裕度一般为结构损伤重复检查间隔的10%。结构损伤的重复检查间隔等于损伤扩展期减掉检查间隔裕度后除以2。首次检查间隔等于结构损伤潜伏期加上重复检查间隔。

运输类飞机结构损伤检查方法中,特殊详细检查发现损伤的能力最强,能够检查发现的最小损伤尺寸最小,结构损伤潜伏期最短(0—b),损伤扩展期最长(b—g)。一般目视检查发现损伤的能力最差,能够检查发现的最小损伤尺寸最大,结构损伤潜伏期最长(0—d),损伤扩展期最短(d—g)。详细目视检查发现损伤的能力比一般目视检查好,但是比特殊详细检查差,结构损伤潜伏期(0—c)和损伤扩展期(c—g)介于一般目视检查和特殊详细检查之间。图 5-51 所示的运输类飞机结构损伤扩展规律及检查要求中,如果结构损伤检查方法采用一般目视检查,结构损伤首次检查间隔为 0—e,重复检查间隔为 e~f,检查间隔裕度为结构损伤重复检查间隔的 10%。飞机投入使用后的使用时间到达 e 点前后 10% 重复检查间隔期间,应安排首次一般目视检查。如果首次检查在 e 点后执行,计算下次重复检查时间起点为飞机型号合格证持有人提供的 MPD、MRBR 等结构损伤检查大纲中结构损伤首次检查要求时间,不是飞机用户实际完成结构损伤检查日期。如果首次检查在 e 点前执行,计算下次重复检查时间起点为飞机用户实际结构损伤检查日期。以后重复检查提前或延时执行,规则与此相同。

偶然损伤可能会超出 ADL,直接导致结构承载能力下降到极限载荷承载能力之下。此外,偶然损伤会导致结构表面漆层破损并引起应力集中等结构缺陷。因此,容易遭受偶然损伤的结构首次检查间隔一般等于重复检查间隔。

5.5.2　结构损伤检查方法

1. 目视检查(Visual Inspection)

通过肉眼观察发现结构损伤的方法称为目视检查。目视检查一般需要使用手电筒、反光镜、10 倍放大镜等简单辅助工具,如图 5-52 所示。目视检查具有简便、灵活、效率高、成本低等优点,是飞机结构损伤最常用的检查方法。大部分运输类飞机结构例行检查工卡的检查方法为目视检查。但是,目视检查具有以下缺点。

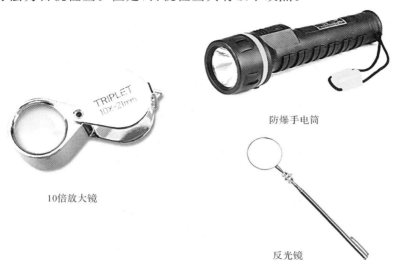

防爆手电筒

10倍放大镜

反光镜

图 5-52　目视检查辅助工具

(1)只能发现无遮挡部位的结构表面损伤,无法发现结构内部损伤。

(2)难以发现结构表面轻微损伤。

目视检查分为一般目视检查和详细目视检查两种。其中,一般目视检查效率比详细目视检查高,但是损伤发现能力比详细目视检查低。在运输类飞机结构损伤检查评定过程中,优先考虑采用一般目视检查。当一般目视检查无法满足结构损伤检查要求时,才会考虑采用详细目视检查或者特殊详细检查。详细目视检查可以替代一般目视检查,但一般目视检查不能替代详细目视检查。一般目视检查与详细目视检查的检查要求对比见表5-2。

表5-2 一般目视检查与详细目视检查要求对比

检查要求	一般目视检查	详细目视检查
检查对象	(1)飞机区域检查。 (2)剥蚀、均匀腐蚀、丝状腐蚀、微生物腐蚀。 (3)偶然损伤	(1)特定结构细节。 (2)点蚀、磨蚀、缝隙腐蚀、电偶腐蚀,应力腐蚀。 (3)疲劳裂纹
最大检查距离	检查者手能触及范围	检查者眼睛距离检查对象0.5 m
辅助检查工具	(1)反光镜。 (2)手电筒	(1)反光镜。 (2)手电筒。 (3)10倍放大镜
光照条件	普通光源,例如自然光、机库照明灯、手电筒等	以满足检查人员要求为准
接近要求	视情打开检查口盖	(1)清洁表面。 (2)视情拆除永久性连接构件

2. 特殊详细检测(Special Detailed Inspection,SDI)

特殊详细检测方法见表5-3。

表5-3 特殊详细检测方法

方　法	用　途	检查要求	优　点
敲击法	复合材料结构的分层或者脱胶	(1)损伤位置距结构表面最好不要超过三层铺层纤维。 (2)仅用于损伤初步判断。需要超声波进一步确认损伤位置及区域	(1)简单、直接。 (2)效率高

续　表

方　法	用　途	检查要求	优　点
超声波	(1)测量金属结构厚度。 (2)金属结构连接部位贴合面的腐蚀。 (3)复合材料结构的分层或者脱胶	(1)清除结构表面漆层和缓蚀剂。 (2)清除结构表面腐蚀等损伤。 (3)结构表面粗糙度 Ra 不能超过 $250~\mu in$。	(1)可检查结构表面和贴合面的缺陷。 (2)对细微缺陷敏感。 (3)结构表面准备要求少。 (4)成本较低。 (5)仅需要单面接近
涡流	(1)高频涡流(HFEC):非铁磁性金属结构的表面裂纹。 (2)中频涡流(MFEC)或低频涡流(LFEC):非铁磁性金属结构连接部位贴合面区域的裂纹或者腐蚀。 (3)热处理状态以及热损伤检测	(1)需清洁结构表面。 (2)检查紧固件孔壁时,需要拆除紧固件	(1)成本低。 (2)不需要褪漆。 (3)不需要分解结构
渗透	结构表面裂纹等缺陷	(1)需要褪漆并彻底清洁结构表面。 (2)检查前,尽量不要打磨结构表面	(1)效率高。 (2)成本低
红外热成像检测	(1)复合材料蜂窝夹芯结构的积水。 (2)复合材料结构的分层或者脱胶	待检测部位必须与周围其他部位存在温差	(1)灵敏度高。 (2)成本低。 (3)结果显示直观
X 射线	(1)裂纹等缺陷。 (2)复合材料蜂窝夹芯结构的积水。 (3)金属结构连接部位贴合面的腐蚀	检查前需清场,无关人员不得进入检测区域	(1)可以同时检查结构表面和内部缺陷。 (2)可以检查构件被遮挡部分。 (3)提供永久性检查记录。 (3)表面准备要求少

　　运输类飞机结构常用的特殊详细检测方法包括敲击法(Tap Inspection)、超声波(Ultrasonic Inspection)、涡流(Eddy Current)、渗透(Dye Penetrant)、红外热成像检测(Infrared Thermography)和 X 射线 (X-ray Inspection)。特殊详细检测一般用于目视检查无法发现结构损伤的结构部位,或者作为详细目视检查的替代检查方法。超声波、涡流、红外热成像检测及 X 射线检测等特殊详细检测方法,能够发现目视检查无法发现的结构内部或连接部位贴合面区域的结构损伤。与目视检查相比,特殊详细检测能够发现尺寸更小的结构损伤,检查结果可信度和可靠度更高。但是,大部分特殊详细检测方法的效率相

对较低,检查成本比较高。因此,只有当目视检查难以及时发现结构损伤时才会考虑特殊详细检测。

运输类飞机型号合格证持有人一般会给飞机用户提供《无损检测手册》。特殊详细检测需要遵循《无损检测手册》的检查要求。特殊详细检测一般需要特殊检测技术和检查设备,可能需要分解构件并彻底清洁构件表面。解读超声波、涡流、红外热成像检测及 X 射线检测的结果必须由授权的无损检测专业人员完成。无损检测专业人员需要具备飞机结构损伤检测基本技能,必须完成特殊详细检测方法相应理论和实际操作培训并通过考核授权。无损检测人员还应熟悉结构损伤类型的典型特征以及飞机结构种类,清楚不同特殊详细检测方法的检查能力范围及局限性。

特殊详细检测前的准备工作包括拆除检测部位的检查口盖、构件、设备或者内装饰构件等,以便接近检查区域。油箱区域的特殊详细检测需要油箱放油并彻底通风。X 射线检测除了需要清洁检查区域,有时还需要去除结构表面的漆层、密封胶等保护层。X 射线检测期间必须防止无关人员进入检查区域,以避免辐射对人体造成伤害。漆层的清除方法主要包括采用褪漆水褪漆和抛光打磨除漆两种方法。褪漆水会损坏复合材料结构,不允许采用褪漆水褪除复合材料结构表面漆层。采用褪漆水褪除结构表面漆层前,应先判断结构是否为复合材料结构。

特殊详细检查方法的用途及优点见表 5-3。结构损伤检测选择哪种特殊详细检查方法,主要根据以下几方面因素评定:

(1)结构可能存在的损伤种类。

(2)待检测部位的接近性。

(3)结构的材料种类。

第6章 飞机结构损伤清除

6.1 金属结构偶然损伤清除

6.1.1 偶然损伤清除要求

超过 ADL 的偶然损伤一般需要补强修理。通过补强件恢复结构损失承载能力的结构损伤修理方法称为补强修理。补强修理之前需要彻底清除偶然损伤。没有超出 ADL 的结构边缘损伤以及结构表面的刮伤、擦伤、划伤等偶然损伤会引起应力集中,会导致疲劳裂纹。因此,结构边缘损伤和结构表面的刮伤、擦伤、划伤等偶然损伤也应尽早彻底清除。清除偶然损伤一般按照以下步骤进行:

(1)飞机接地并视情断开电源。清除偶然损伤过程中不仅会用到易燃的清洁剂等化工产品,还会用到水等导电液体。如果结构损伤清除区域存在电气设备,需要断开包括电池在内的飞机电源。

(2)清洁表面。采用合适的清洁剂彻底清除偶然损伤区域结构表面污垢。大部分飞机清洁剂为溶剂型清洁剂。溶剂型清洁剂易燃且对人体有一定的刺激性。清洁过程中不仅要注意防火安全,还要注意个人防护。不要让溶剂接触人体皮肤,也不能吸入溶剂的挥发气体。

(3)褪漆。采用合适方法清除偶然损伤区域结构表面的漆层。清除结构表面漆层主要目的是便于评估偶然损伤程度,以便更准确地选择合适的损伤清除方法。漆层的清除方法主要包括采用褪漆水褪漆和抛光打磨除漆。采用褪漆水褪除结构表面漆层前,应先判断结构是金属结构还是复合材料结构。褪漆水会导致复合材料结构受损。因此,不允许对复合材料结构表面漆层采用褪漆水褪漆。

(4)清除损伤。选择合适的方法清除偶然损伤。偶然损伤清除方法包括手工打磨、动力打磨和直接切除。结构损伤一定要彻底清除,避免残留损伤的应力集中引起疲劳裂纹。如果采用打磨方法清除结构表面损伤,去除的结构材料应尽量少,以彻底清除损伤、确定损伤清除区域最深点位置及其深度为准。结构表面损伤打磨清除后,一般采用 10 倍放大镜检查确认损伤已经被彻底清除。

如果偶然损伤程度已经明显超出 ADL,一般直接切除偶然损伤区域后进行补强修理。结构损伤切除区域边缘必须进行归零处理(Zero Time)。归零处理目的是彻底清除损伤切除区域边缘可能残留的裂纹,避免裂纹引起的应力集中降低损伤修理区域的疲劳寿命。损伤切除区域边缘的归零处理按照以下步骤进行：

(1)采用高频涡流检查方法检测偶然损伤切除区域边缘，确认损伤切除区域边缘没有裂纹信号。如果发现裂纹信号，先用铣刀等工具铣切残留裂纹信号区域边缘。然后重新采用高频涡流检测，直到确认没有发现裂纹信号为止。

(2)采用铣刀等工具沿结构损伤切除区域边缘，再切除至少 0.04 in 宽度的结构材料。这是因为高频涡流只能检测发现长度不小于 0.030 in 的裂纹。为了彻底清除结构切除区域边缘可能残留的无法检出裂纹，需要沿结构损伤切除区域边缘再切除至少 0.04 in 宽度的结构材料。

6.1.2 偶然损伤清除方法

1. 手工打磨

手工打磨清除损伤指采用锉刀或者砂纸等工具手工清除损伤。手工打磨使用的砂纸一般为氧化铝砂纸。对钛合金和合金钢结构可以使用碳化硅砂纸。以下结构损伤一般采用手工打磨清除：

(1)偶然损伤程度轻微。动力打磨难以精确控制切削量，容易去除过多的结构材料，甚至导致不必要的补强修理。

(2)偶然损伤位于燃油箱内部等易燃易爆区域。油箱内部充满易燃、易爆的燃油挥发气体。气动或者电动打磨工具工作过程中产生的火花容易引爆油箱内燃油挥发气体。因此，在油箱内部等易燃易爆环境，严禁采用电动或者气动工具打磨。

(3)偶然损伤位于强度超过 220KSI 的超高强度合金钢结构。强度超过 220KSI 的超高强度合金钢采用动力打磨，会导致打磨区域的热量来不及散失、打磨区域表面局部过热产生脆性马氏体和微裂纹，进而引起疲劳开裂，如图 6-1 所示。襟翼滑架等超高强度合金钢结构一般只能采用砂纸手工打磨清除表面损伤，如图 6-2 所示。

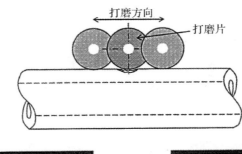

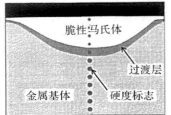 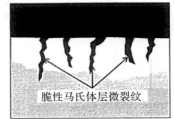

图 6-1 高强度合金钢动力打磨导致微裂纹

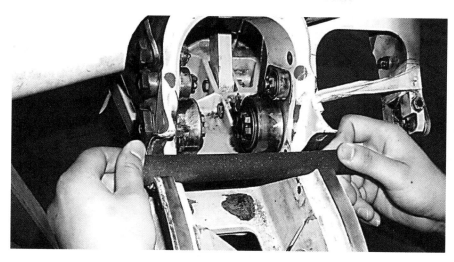

图 6-2 典型超高强度合金钢手工打磨

2. 动力打磨

如果偶然损伤程度比较严重,但是可能没有超出 ADL,一般采用动力打磨清除结构损伤。动力打磨是结构表面偶然损伤最常用的清除方法。与手工打磨相比,动力打磨清除偶然损伤的效率高得多。动力打磨工具除了气动或者电动打磨器,还包括打磨片、打磨轮、金属刷或者铣刀等,如图 6-3 和图 6-4 所示。由于动力打磨的材料切削速度较快,需要根据偶然损伤程度选择合适的打磨片,并通过控制打磨器的转速等措施严格控制材料切削量,避免材料过度切削导致不必要的补强修理。此外,动力打磨时会产生大量金属粉尘。为了避免金属粉尘溅入眼睛或者吸入肺部,动力打磨时应佩戴护目镜和面罩。在燃油箱内部等易燃易爆环境下,不允许采用动力打磨。

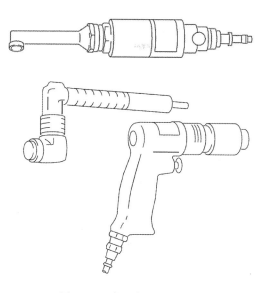

图 6-3 常用气动打磨器

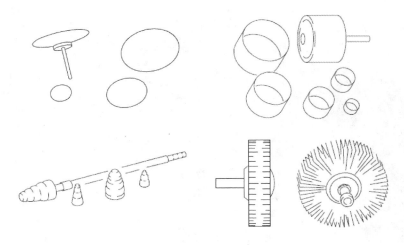

图6-4 打磨片、打磨轮、金属刷和铣刀

不同结构材料动力打磨注意事项如下：

(1)强度超过220KSI的超高强度合金钢不允许动力打磨。否则,动力打磨区域可能会产生脆性马氏体和微裂纹。

(2)铝合金和镁合金结构不允许使用碳钢或合金钢材料的金属刷动力打磨。否则,将导致高电位的碳钢或者合金钢微粒嵌入低电位的铝合金和镁合金结构表面引起电偶腐蚀。

(3)钛合金和镁合金动力打磨容易产生易燃易爆的粉尘,需要保持打磨区域通风良好,避免粉尘积聚。

(4)钛合金一般建议采用湿打磨。动力打磨过程中对钛合金表面施加的压力不要太大,打磨点驻留时间不要太长,打磨器的转速也不要太快。否则,会引起钛合金结构表面局部过热导致结构报废,如果钛合金结构表面打磨区域颜色异常,表明可能存在过热损伤。

3.切除损伤区域

如果偶然损伤程度已经明显超出ADL,一般直接切除偶然损伤区域后进行补强修理。损伤切除一般按照以下步骤进行:

(1)采用标记笔画出需要切除的结构损伤区域边缘。损伤切除区域应尽量小。如果偶然损伤位于机身蒙皮且损伤长度不超过1 in,切除区域的形状可以为圆形。其他偶然损伤一般采用矩形切除。矩形切除区域的边应该与载荷方向平行或者垂直。

(2)沿结构待切除区域边缘标记线的损伤区域侧,用钻枪钻掉结构待切除区域。

(3)采用铣刀或者锉刀沿结构标记线边缘清除多余材料并修锉平齐。

(4)对结构切除区域的边缘进行归零处理。

(5)采用氧化铝砂纸对结构切除区域边缘进行抛光和倒角去毛刺。

4.损伤清除方法选择依据

偶然损伤清除方法取决于结构损伤位置、结构材料、损伤程度以及损伤型式等因素:

(1)偶然损伤是否位于燃油箱内部等易燃易爆区域。如果偶然损伤位于燃油箱内部等易燃易爆区域,只能采用手工打磨清除损伤。

(2)偶然损伤的结构材料是否为强度超过 220KSI 的高强度合金钢。如果偶然损伤的结构材料是强度超过 220KSI 的高强度合金钢,只能采用手工打磨清除损伤。

(3)偶然损伤程度。轻微损伤一般采用手动打磨或者抛光动力打磨。如果偶然损伤程度比较严重,但是可能不超出 ADL,一般采用动力打磨。如果偶然损伤程度已经明显超出 ADL,一般直接切除损伤区域。

(4)偶然损伤型式。偶然损伤型式的清除方法和修理思路见表 6-1。

表 6-1　偶然损伤型式的清除方法和修理思路

偶然损伤型式	偶然损伤处理方法
边缘损伤	打磨清除,然后根据损伤程度评估修理方法。如果超出 ADL,一般补强修理
刮伤	打磨清除,然后根据损伤程度评估修理方法。如果超出 ADL,一般切除损伤区域后补强修理
擦伤	打磨清除,然后根据损伤程度评估修理方法。如果超出 ADL,一般切除损伤区域后补强修理
划伤	打磨清除,然后根据损伤程度和损伤时间评定修理方法。如果没有超出 ADL 且不知道损伤时间,可以在飞机使用寿命内补充检查打磨修理区域以便及时发现可能出现的疲劳裂纹;如果超出 ADL,切除损伤区域补强修理
凹坑	如果没有超出 ADL,视情整形;如果超出 ADL,切除损伤区域补强修理
弯折	切除损伤区域后补强修理
开裂	如果没有超出 ADL,采用钻孔方式清除损伤并采用铆钉堵孔修理;如果超出 ADL,切除损伤区域后补强修理
孔	如果没有超出 ADL,采用铆钉堵孔修理;如果超出 ADL,切除损伤区域后补强修理
失稳	如果没有超出 ADL,不用处理;如果超出 ADL,一般切除损伤区域后补强修理或者换件
热损伤	如果没有超出 ADL,不用处理;如果超出 ADL,一般切除损伤区域后补强修理

6.2　金属结构腐蚀清除

6.2.1　腐蚀清除要求

飞机结构腐蚀必须被彻底清除。否则,即使恢复结构表面的腐蚀防护层,结构表面腐蚀防护层下部的残余腐蚀仍将继续扩展并很快破坏结构表面的腐蚀防护层,导致腐蚀继续扩展。结构腐蚀一般按照以下步骤清除:

（1）飞机接地并视情断开电源。结构腐蚀修理过程中不仅会用到易燃的清洁剂等化工产品，还会用到水等导电液体。如果结构腐蚀清除区域存在电气设备，需要断开包括电池在内的飞机电源。

（2）采用合适的清洁剂彻底清除腐蚀区域结构表面污垢。大部分飞机清洁剂为溶剂型清洁剂。溶剂型清洁剂易燃且对人体有一定的刺激性。清洁结构表面过程中不仅要注意防火安全，还要注意个人防护。尽量不要让溶剂接触人体皮肤，也不要吸入溶剂的挥发气体。

（3）采用合适方法清除腐蚀区域结构表面的漆层。清除结构表面漆层目的是便于评估腐蚀程度，以便更准确地选择合适的腐蚀清除方法。金属结构表面漆层的清除方法主要包括采用褪漆水褪漆和抛光打磨除漆。

（4）拆除腐蚀区域的紧固件。结构腐蚀会延伸至紧固件头部下面或紧固件孔壁。不拆除紧固件很难发现并彻底清除紧固件孔处腐蚀。一般，紧固件的材料与结构材料不同。如果不拆除紧固件直接打磨清除腐蚀，打磨产生的紧固件金属微粒容易嵌入结构表面导致电偶腐蚀。紧固件区域典型腐蚀如图 6-5 所示。

（5）根据结构材料和腐蚀程度等，选择合适方法清除腐蚀。腐蚀的清除方法包括机械除腐和化学除腐。其中，机械除腐包括手工打磨、动力打磨、直接切除腐蚀区域和喷砂除腐。化学除腐包括酸性除腐剂除腐和碱性除腐剂除腐。对结构腐蚀优先采用机械除腐。采用打磨方法清除结构表面腐蚀时去除的结构材料应尽量少，以彻底清除腐蚀、能够确定腐蚀清除区域最深点位置及其深度为准。结构表面腐蚀打磨清除后，应采用 10 倍放大镜检查确认腐蚀已经被彻底清除。由于打磨产生的金属微粒可能会覆盖结构表面的蚀坑、裂纹，应尽量避免采用渗透检查确认腐蚀是否被彻底清除。

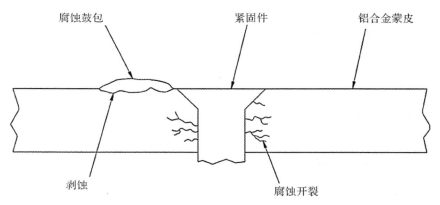

图 6-5　紧固件区域典型腐蚀

如果腐蚀程度已经明显超出 ADL，一般直接切除腐蚀区域后进行补强修理。腐蚀切除区域边缘必须进行归零处理（Zero Time）。归零处理目的是彻底清除损伤切除区域边缘可能残留的腐蚀开裂或者腐蚀，避免腐蚀继续扩展或者残余腐蚀应力集中降低损伤修理区域的疲劳寿命。损伤切除区域边缘的归零处理按照以下步骤进行：

（1）采用高频涡流检查方法检测腐蚀切除区域边缘，确认损伤切除区域边缘没有裂纹信号。如果发现裂纹信号，采用铣刀等工具铣切残留裂纹信号区域边缘。然后重新采用高频涡流检测,直到确认没有发现裂纹信号为止。

(2)采用铣刀等工具沿结构损伤切除区域边缘再切除至少 0.04 in 宽度的结构材料。这是因为高频涡流只能检测发现长度不小于 0.030 in 的裂纹。为了彻底清除结构切除区域边缘可能残留的无法检出裂纹等损伤,需要沿结构损伤切除区域边缘再切除至少 0.04 in 宽度的结构材料。

6.2.2　腐蚀清除方法

1. 机械除腐

(1)手工打磨。手工打磨指采用锉刀或者砂纸等工具手工清除结构表面腐蚀。手工打磨使用的砂纸一般为氧化铝砂纸。合金钢可以使用碳化硅砂纸。手工打磨适用以下腐蚀情况:

1)腐蚀深度不超过 0.001 in 的轻微腐蚀。采用动力打磨比较难以精确控制切削量,容易去除过多的结构材料导致不必要的补强修理。

2)燃油箱内部微生物腐蚀。油箱内部充满燃油挥发气体。气动或电动打磨工具产生的火花容易引爆燃油挥发气体。因此,油箱内部等易燃易爆环境严禁采用动力打磨。

3)腐蚀位于强度超过 220KSI 的超高强度合金钢结构。强度超过 220KSI 的超高强度合金钢采用动力打磨会导致打磨区域的热量来不及散失,局部过热会产生脆性马氏体并产生微裂纹,进而引起疲劳开裂。

(2)动力打磨。如果腐蚀深度超过 0.001 in 但是可能没有超出 ADL,一般采用动力打磨清除。动力打磨是结构腐蚀最常用的清除方法,比手工打磨清除腐蚀的效率高得多。动力打磨工具除了气动或者电动打磨器,还包括打磨片、打磨轮、金属刷或者铣刀等。由于动力打磨的材料切削速度较快,需要根据腐蚀程度选择合适的打磨片并通过控制打磨器的转速等措施严格控制材料切削量,避免材料过度切削导致不必要的补强修理。此外,动力打磨时会产生大量金属粉尘。为了避免金属粉尘溅入眼睛或者吸入肺部,应佩戴护目镜和面罩。

对燃油箱内部等易燃易爆环境以及强度超过 220KSI 的超高强度合金钢不允许采用动力打磨。对铝合金和镁合金结构不允许使用碳钢或合金钢材料的金属刷打磨。否则,高电位的碳钢或者合金钢微粒嵌入低电位的铝合金和镁合金结构表面会引起电偶腐蚀。钛合金和镁合金动力打磨过程中容易产生易燃、易爆的粉尘,应保持打磨区域通风良好防止粉尘积聚。

(3)切除腐蚀区域。如果腐蚀程度已经明显超出 ADL,一般直接切除腐蚀区域后进行补强修理。切除腐蚀区域一般按照以下步骤进行:

1)采用标记笔画出需要切除的结构腐蚀区域边缘。腐蚀切除区域尺寸应尽量小。腐蚀切除区域的形状一般为矩形。矩形切除区域的边应该与载荷方向平行或者垂直。

2)沿结构待切除区域边缘标记线的腐蚀区域侧用钻枪钻掉需要切除的结构区域材料。

3)采用铣刀或者锉刀沿结构标记线边缘清除多余材料并修锉平齐。

4)采用高频涡流检测腐蚀切除区域边缘,确认损伤切除区域边缘没有裂纹信号。如果发现裂纹信号,采用铣刀等工具铣切残留裂纹信号区域的边缘。然后,重新采用高频涡流检测,直到确认没有发现裂纹信号为止。

5)采用铣刀等工具沿结构损伤切除区域边缘再切除至少 0.04 in 宽度的结构材料。

6)采用氧化铝砂纸对结构切除区域边缘进行抛光和倒角去毛刺。

(4)喷砂除腐。丝状腐蚀是蒙皮外表面常见的轻微腐蚀种类。如果结构腐蚀种类为丝状腐蚀,尽量采取喷砂清除腐蚀。喷砂通过夹在气流中的细小玻璃丸为磨料撞击结构表面清除腐蚀。喷砂除腐具有去除的结构材料少、除腐效率高等优点。喷砂只能用于清除丝状腐蚀,不能用于清除其他腐蚀种类。为了避免玻璃丸溅入眼睛,必须佩戴护目镜。喷砂时会产生大量粉尘,应在通风的环境中进行。为了避免吸入粉尘,喷砂除腐时必须佩戴防护面罩。

喷砂除腐包括箱体喷砂和便携式喷砂。箱体喷砂用于专门的喷砂车间。箱体喷砂除腐效果好,但是需要将腐蚀结构从飞机上拆下来离位除腐。如果不能将腐蚀结构从飞机上拆下来,可采用便携式喷砂机在位除腐。典型便携式喷砂机如图 6-6 所示。便携式喷砂的除腐效果如图 6-7 所示。

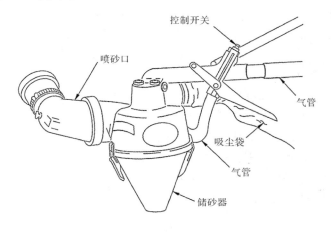

图 6-6 典型便携式喷砂机

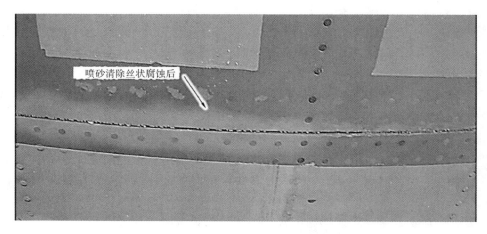

图 6-7 便携式喷砂除腐效果

2. 化学除腐

如果结构腐蚀部位难以采用机械除腐,在可以控制化学除腐剂的流动且能用水充分清洗掉除腐剂的前提下,可根据结构材料种类选择合适的酸性或者碱性化学除腐剂清除腐蚀。由于除腐剂会引起结构腐蚀,绝不允许其残留在结构表面尤其滞留在结构连接部位贴合面。应尽量将结构从飞机上拆下进行离位化学除腐。

3. 腐蚀清除方法选择依据

腐蚀的清除方法包括机械除腐和化学除腐。其中,机械除腐包括手工打磨、动力打磨、切除腐蚀区域和喷砂除腐。化学除腐包括酸性除腐剂除腐和碱性除腐剂除腐。腐蚀清除优先采用机械除腐。具体选择哪种腐蚀清除方法,取决于以下因素:

(1)腐蚀材料。不同结构材料腐蚀的清除方法不同。例如,如果结构材料是强度不小于 220KSI 高强度合金钢,只能采用手工打磨清除腐蚀。

2)腐蚀是否位于燃油箱内部等易燃、易爆区域。如果腐蚀部位属于燃油箱内部等易燃、易爆区域,只能采用手工打磨清除腐蚀。例如,油箱内结构表面的微生物腐蚀只能采用手工打磨清除。

(3)腐蚀位置。如果结构腐蚀部位难以采用机械除腐,可以考虑采用化学除腐。

(4)腐蚀种类和腐蚀程度。如果腐蚀没有超出 ADL,一般采用动力打磨清除。如果腐蚀程度明显已经超出 ADL,一般直接切除腐蚀区域后进行补强修理。

6.2.3　铝合金腐蚀清除方法

运输类飞机大部分腐蚀位于铝合金结构。铝合金结构腐蚀的清除方法包括机械除腐和化学除腐。机械除腐包括手工打磨、动力打磨、切除腐蚀区域和喷砂除腐。铝合金化学除腐只能使用磷酸除腐液。铝合金结构腐蚀的清除方法主要取决于腐蚀程度、腐蚀种类以及腐蚀部位的接近性。铝合金腐蚀应优先选用机械除腐方法清除。只有当铝合金结构腐蚀部位难以采用机械除腐时,才可以考虑采用化学除腐。铝合金结构腐蚀清除后,需要先采用 10 倍放大镜检查确认腐蚀被彻底清除,再抛光清除至少 0.002 in 结构材料。

1. 不同腐蚀程度的清除方法

(1)轻微腐蚀。深度不超过 0.001 in 的腐蚀称为轻微腐蚀。铝合金结构轻微腐蚀一般采用砂纸手工打磨、抛光动力打磨或者最低限度的化学方法清除。

(2)中度腐蚀。深度为 0.001～0.010 in 的腐蚀称为中度腐蚀。铝合金结构中度腐蚀可能会存在轻微的鼓包或者分层剥落现象。中度腐蚀一般先采用切削量较大的打磨片进行动力打磨清除大部分腐蚀,然后进行抛光动力打磨清除剩余腐蚀。

(3)严重腐蚀。深度超过 0.010 in 的腐蚀称为严重腐蚀。铝合金结构严重腐蚀一般会存在明显的鼓包或者分层剥落现象。如果腐蚀没有超出 ADL,一般采用动力打磨清除。严重腐蚀一般先采用切削量较大的打磨片进行动力打磨清除大部分腐蚀,然后进行抛光动力打磨清除剩余腐蚀。如果腐蚀程度已经明显超出 ADL,可直接切除腐蚀区域后进行补强修理。

2. 不同腐蚀种类的清除方法

铝合金飞机结构常见腐蚀种类包括均匀腐蚀、点蚀、剥蚀、丝状腐蚀、微生物腐蚀、缝隙腐蚀、电偶腐蚀、微动腐蚀以及应力腐蚀。其中,结构连接部位之外的非贴合面区域腐蚀种类包括均匀腐蚀、点蚀、剥蚀、应力腐蚀、丝状腐蚀和微生物腐蚀。缝隙腐蚀、电偶腐蚀和微动腐蚀属于结构连接部位贴合面腐蚀。缝隙腐蚀和电偶腐蚀的腐蚀种类一般表征为均匀腐蚀、点蚀或者剥蚀。微动腐蚀的腐蚀种类表征一般为点蚀。铝合金结构腐蚀清除方法见表 6-2。

表 6-2　铝合金结构腐蚀清除方法

腐蚀种类	腐蚀清除方法
油箱微生物腐蚀	手工打磨
丝状腐蚀	喷砂或抛光动力打磨
均匀腐蚀	动力打磨
点蚀	如果腐蚀深度可能没有超出 ADL,采用动力打磨;如果腐蚀深度明显超出 ADL,直接切除腐蚀区域
剥蚀	直接切除腐蚀区域
应力腐蚀	直接切除腐蚀区域
缝隙腐蚀	根据腐蚀种类(均匀腐蚀、点蚀或者剥蚀)采取相应的腐蚀清除方法
电偶腐蚀	根据腐蚀种类(均匀腐蚀、点蚀或者剥蚀)采取相应的腐蚀清除方法
微动腐蚀	如果腐蚀深度可能没有超出 ADL,采用动力打磨;如果腐蚀深度明显超出 ADL,直接切除腐蚀区域

3. 化学除腐

如果铝合金结构的腐蚀部位难以采用机械除腐且可以避免化学除腐剂残留在铝合金结构表面,可以采用化学除腐。铝合金结构只能使用磷酸除腐液进行化学除腐。调配磷酸除腐液时只能把磷酸加到水中,不要将水往磷酸里加。把磷酸加到水中会导致溶液剧烈沸腾、飞溅,可能会引起人员烫伤。使用磷酸除腐液时需穿防护服、戴防护口罩和耐酸手套。如果磷酸除腐液不慎溅到皮肤或眼睛,应立即用清水冲洗并尽快就医。环境温度超过 100℉(38℃)或低于 40℉(4.5℃)时,不得采用化学除腐。磷酸除腐液会导致铝合金结构腐蚀。因此,严禁磷酸除腐液残留在铝合金结构表面。铝合金结构同一腐蚀位置最多允许采用两次化学除腐。铝合金结构的化学除腐一般按照以下步骤进行:

(1)采用喷枪喷涂或者海绵、毛刷刷涂等方法,将磷酸除腐液涂覆在铝合金结构腐蚀区域表面。

(2)根据环境温度和结构腐蚀程度,保持磷酸除腐液在铝合金结构表面浸泡 5~30 min。环境温度越低,或者腐蚀越严重,浸泡时间越长。浸泡期间应采用耐酸短毛刷不断搅动除腐液,避免磷酸除腐液在表面干燥。否则,磷酸除腐液会在铝合金结构表面形成腐蚀条纹。

(3)用清水冲洗或者用干净的湿纯棉抹布将结构表面的磷酸除腐液彻底清洁干净。

清洁结构表面期间,抹布需要经常用清水冲洗保持干净。

(4)结构表面的除腐液清洗干净之后,用干净的干纯棉抹布擦干结构表面。然后,采用 10 倍放大镜检查确认腐蚀已被彻底清除。

6.2.4　合金钢腐蚀清除方法

合金钢的抗腐蚀性能差,容易产生红色"铁锈"(Fe_2O_3)或者片状黑色腐蚀氧化物(Fe_3O_4)。合金钢腐蚀清除方法包括机械除腐和化学除腐。机械除腐包括手工打磨和动力打磨。合金钢结构腐蚀清除方法的选择主要取决于合金钢结构的材料强度和腐蚀部位的接近性。合金钢优先选用机械除腐方法清除腐蚀。只有当结构腐蚀部位难以采用机械除腐且可以避免化学除腐剂残留在合金钢结构表面时,才可考虑采用化学除腐。合金钢结构的腐蚀清除后,对结构表面应立即进行腐蚀防护处理。否则,合金钢结构表面会很快再次出现腐蚀。

1. 机械除腐

对强度 220 KSI 以下的中/低强度合金钢结构,首先采用耐蚀钢丝刷或者 40~70 PSI 压力范围喷砂方法清除结构表面大部分腐蚀产物。然后采用手工打磨或者低速动力打磨方法清除剩余腐蚀。

对强度 220 KSI 及以上的超高强度合金钢结构,首先采用 40~70 PSI 压力范围喷砂方法清除结构表面大部分腐蚀产物。然后,采用手工打磨清除剩余腐蚀。对强度 220 KSI 及以上的超高强度钢不能采用动力打磨,否则会使表面过热产生带微裂纹的脆性马氏体。

2. 化学除腐

如果合金钢结构腐蚀部位难以采用机械除腐,在能避免化学除腐剂残留在结构表面的前提下,可采用化学除腐。合金钢结构应尽可能拆下进行化学除腐。强度 220 KSI 以下的中/低强度合金钢结构可采用磷酸除腐液或氢氧化钠碱性除腐液。磷酸除腐液用于清除红色"铁锈"(Fe_2O_3)或者片状黑色腐蚀氧化物(Fe_3O_4)。氢氧化钠碱性除腐液只能用于清除红色"铁锈"(Fe_2O_3)。磷酸基除腐剂除腐过程中产生的氢原子可能会导致强度 220 KSI 及以上的超高强度合金钢出现氢脆问题。因此,强度 220 KSI 及以上的超高强度合金钢只能使用氢氧化钠碱性除腐液清除腐蚀。

调配磷酸除腐液时只能把磷酸加到水中,不要将水往磷酸里加。把磷酸加到水中会导致溶液剧烈沸腾、飞溅,容易引起人员烫伤。使用磷酸除腐液时需穿防护服、戴防护口罩和耐酸手套。氢氧化钠为强碱,接触人体会引起皮肤烧伤。使用氢氧化钠碱性除腐液时应戴上橡胶手套、围裙和护目镜,工作区域必须保持通风良好。

6.2.5　耐蚀钢腐蚀清除方法

在海洋性盐雾腐蚀环境下,耐蚀钢可能会出现黑色点蚀和缝隙腐蚀。耐蚀钢腐蚀的清除方法包括机械除腐和化学除腐。耐蚀钢的机械除腐包括手工打磨和动力打磨。耐蚀钢结构腐蚀清除方法的选择主要取决于结构厚度和腐蚀部位的接近性。优先选用机械除腐方法清除耐蚀钢腐蚀。只有当结构腐蚀部位难以采用机械除腐且可以避免化学除腐剂残留在结构表面时,才可以考虑采用化学除腐。耐蚀钢重度腐蚀可先采用化学除腐清除大部分腐蚀,然后采用机械方法清除残余腐蚀。耐蚀钢结构应尽可能拆下离位化学除腐。

对于耐蚀钢的机械除腐,首先采用耐蚀钢丝刷或者 40～70 PSI 压力范围喷砂方法清除大部分腐蚀产物。然后采用手工打磨或者动力打磨除腐清除剩余腐蚀。厚度小于 0.063 in 的耐蚀钢结构和管壁禁止采用喷砂和动力打磨除腐。

对于耐蚀钢的化学除腐,可以采用磷酸除腐液或者氢氧化钠碱性除腐液。调配磷酸除腐液时只能把磷酸加到水中,不要将水往磷酸里加。把磷酸加到水中会导致溶液剧烈沸腾、飞溅,容易引起人员烫伤。使用磷酸除腐液时需穿防护服、戴防护口罩和耐酸手套。氢氧化钠为强碱,接触人体会引起皮肤烧伤。使用氢氧化钠碱性除腐液时应戴上橡胶手套、围裙和护目镜,工作区域必须保持通风良好。

6.2.6 钛合金腐蚀清除方法

钛合金在极少数特殊环境下可能出现白色或黑色腐蚀氧化物。钛合金接触酸性除腐剂易氢脆。因此,钛合金禁止采用化学除腐。钛合金腐蚀一般采用氧化铝或者碳化硅砂纸手工打磨清除,或者采用铝基抛光膏手工打磨清除。

钛合金动力打磨过程中容易产生易燃易爆的粉尘。因此,钛合金尽量避免动力打磨。如果钛合金确实需要动力打磨,一般采用湿打磨并保持打磨区域通风良好。在钛合金动力打磨过程中给结构表面施加的压力不要太大,打磨点驻留时间不要太长,打磨器的转速也不要太快。否则,容易引起钛合金结构表面局部过热导致结构报废。如果钛合金结构表面打磨区域颜色异常,表明可能出现过热损伤。

6.3　金属结构疲劳裂纹清除

对疲劳裂纹,一般直接切除结构疲劳开裂区域后补强修理。切除疲劳开裂区域时,必须通过归零处理确保彻底清除疲劳裂纹。否则,疲劳裂纹尖端的严重应力集中会导致疲劳裂纹继续扩展。切除疲劳开裂区域一般按照以下步骤进行:

(1)飞机接地并视情断开电源。清除疲劳裂纹过程中不仅会用到易燃的清洁剂等化工品,还会用到水等导电液体。如果结构修理区域存在电气设备,需要断开包括电池在内的飞机电源。

(2)采用合适的清洁剂彻底清除疲劳开裂区域结构表面污垢。大部分飞机清洁剂为溶剂型清洁剂。溶剂型清洁剂易燃且对人体有一定刺激性。在清洁结构表面过程中,不仅需要注意防火安全,还要注意个人防护。不要让溶剂接触人体皮肤,也不能吸入溶剂的挥发气体。

(3)采用合适的方法清除疲劳开裂区域结构表面漆层。清除结构表面漆层目的是便于评估裂纹长度。金属结构表面漆层的清除方法主要包括采用褪漆水褪漆和抛光打磨除漆。

(4)采用详细目视、渗透或者高频涡流检测等方法确定裂纹的起点和终点位置。

(5)采用标记笔画出需要切除的疲劳开裂区域边缘。在保证彻底清除疲劳裂纹的基础上,切除区域尺寸应尽量小。疲劳裂纹切除区域一般为矩形。矩形切除区域的边应该与载荷方向平行或者垂直。

（6）沿结构待切除区域边缘标记线的疲劳开裂区域侧，用钻枪钻掉结构待切除区域材料。

（7）采用铣刀或者锉刀沿结构待切除区域边缘标记线清除多余材料并修锉平齐。

（8）采用高频涡流检查方法检测疲劳裂纹切除区域边缘，确认切除区域边缘没有裂纹信号。如果发现裂纹信号，采用铣刀等工具铣切残留裂纹信号区域边缘。然后重新采用高频涡流检测，直到确认没有发现裂纹信号为止。

（9）采用铣刀等工具沿结构损伤切除区域边缘再切除 0.04 in 宽度的结构材料。

（10）采用氧化铝砂纸对结构切除区域边缘进行抛光和倒角去毛刺。

6.4　复合材料结构损伤清除

复合材料结构损伤型式主要为分层、脱胶以及芯材损伤。在清除复合材料结构损伤之前，应先确认结构损伤范围并清除结构表面漆层。褪漆水会损坏复合材料结构的树脂基体。因此，复合材料结构一般采用抛光打磨方式清除结构表面漆层。打磨前应先用隔离胶带隔离损伤清除区域，避免损伤清除区域周围结构受损。

复合材料结构表面损伤一般采用打磨器或专用打磨工具打磨清除。复合材料结构打磨时，会产生大量对人体有害的粉尘。因此，应尽量将复合材料结构从飞机上拆下来，送到有除尘、通风设备的打磨车间进行离位打磨清除损伤。如果复合材料结构必须在位打磨清除损伤，打磨期间应使用便携式吸尘器清除产生的粉尘。打磨清除复合材料结构损伤时，必须穿上防护服并戴上合适的面罩和护目镜，避免接触或吸入复合材料粉尘。

复合材料层压板一般采用铺层修理恢复结构损失的承载能力。层压板结构损伤打磨清除区域的形状一般为圆形或椭圆形。层压板结构损伤打磨清除方法分为锥度打磨和台阶打磨两种方式，如图 6-8 所示。优先选用锥度打磨清除损伤。飞机气动外形关键区域的层压板结构损伤，只允许采用锥度打磨清除。

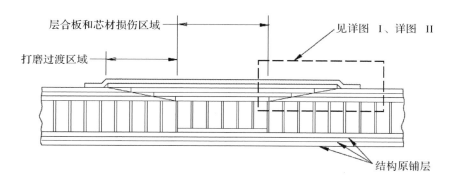

图 6-8　复合材料损伤清除方法

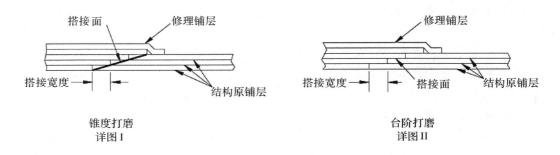

续图 6-8　复合材料损伤清除方法

对复合材料结构修理铺层与结构原铺层的黏结面按照一定斜率要求进行斜坡平滑过渡的打磨方法称为锥度打磨。当层压板结构的铺层数量少于 6 层时,锥度打磨的斜率一般为 50∶1。当层压板结构的铺层数量不少于 6 层时,锥度打磨的斜率一般为 30∶1。除了高温区域 350°F 固化结构之外,预浸料修理铺层与结构原铺层的搭接宽度一般不小于 0.5 in。高温区域 350°F 固化结构以及湿铺层修理与结构原铺层的搭接宽度一般不小于 1.0 in。锥度打磨结束后,应能清楚识别结构原铺层的边缘及铺层数量。

对复合材料结构修理铺层与结构原铺层的黏结面,按照一定搭接宽度要求逐层台阶过渡的打磨方法称为台阶打磨。除了高温区域 350°F 固化结构之外,预浸料修理铺层与结构原铺层的搭接宽度一般不小于 0.5 in。高温区域 350°F 固化结构以及湿铺层修理与结构原铺层搭接宽度一般不小于 1.0 in。

第7章 飞机结构损伤信息收集和报告

7.1 飞机结构损伤信息收集要求

在飞机运营期间,偶然损伤、腐蚀以及疲劳损伤不可避免。结构损伤信息是评估、确定结构损伤处理方法的主要依据。需要收集的结构损伤信息包括飞机信息、结构损伤型式、结构损伤位置以及结构损伤程度。结构损伤信息是否准确、完整,不仅直接影响结构损伤处理周期,更直接关系到结构损伤处理是否影响飞机安全运行。外场结构损伤的飞机一般远离飞机维修基地。飞机维修基地负责结构损伤处理的结构工程师只能根据外场飞机维修人员收集、报告的结构损伤信息确定结构损伤处理方法。因此,全面、准确地收集飞机结构损伤信息对外场飞机结构损伤处理尤其重要。飞机结构损伤信息的收集要求如下:

(1)在外场飞机运营期间,能够根据结构损伤信息评估、确定外场结构损伤快速处理方法。《大型飞机公共航空运输承运人运行合格审定规则》第 121.379 条"飞机放行"要求飞机放行时应"没有已知的飞机不适航的任何状况;至目前所完成的维修工作为止,飞机处于安全运行的状态"。如果外场飞机结构损伤不会引起飞机灾难性破坏,结构损伤不影响运输类飞机放行。因此,应能够根据收集的结构损伤信息评估、确定结构损伤是否会引起飞机灾难性破坏。如果结构损伤可能会引起飞机灾难性破坏,应能够根据结构损伤信息确定合适的外场结构损伤抢修方案。

(2)在内场飞机定检期间,能够依据结构损伤信息评估确定结构损伤永久修理方法。《大型飞机公共航空运输承运人运行合格审定规则》第 121.363 条"适航性责任"要求"对于影响安全运行的有关缺陷和损伤进行处理并达到批准的标准"。结构允许损伤不影响飞机安全运行。内场飞机定检期间,如果结构损伤没有超出 ADL,可以进行简单修理;如果结构损伤超出 ADL,需要通过补强修理恢复结构损失的承载能力。应能够根据收集的结构损伤信息评估、确定结构损伤是否超出 ADL。如果结构损伤超出 ADL,应能够根据收集的结构损伤信息评估、确定合适的补强修理方案。

(3)能够根据结构损伤信息完善《飞机结构维修方案》。《大型飞机公共航空运输承运人运行合格审定规则》第 121.363 条"适航性责任"要求"依据《飞机可靠性方案》分析并保持《飞机维修方案》的有效性"。结构损伤规律是机队结构可靠性分析、改进《飞机结构维修方案》的依据。应能够根据收集的结构损伤信息评估、确定结构损伤规律。

(4)满足飞机维修记录要求。《大型飞机公共航空运输承运人运行合格审定规则》第

121.380 条"维修记录"要求"结构损伤及其维修的记录能够表明飞机满足第 121.379 条飞机放行条件"。

7.2 飞机信息

飞机运营期间的外场结构损伤一般会导致飞机外表面蒙皮受损。为了便于外场结构损伤信息收集及报告,外场结构损伤一般将飞机信息用容易擦掉的非油性标记笔标注在蒙皮损伤区域右下角,便于照相记录、报告。根据《大型飞机公共航空运输承运人运行合格审定规则》第 121.380 条"维修记录",结构损伤处理需要收集的飞机信息包括:

(1)机型和飞机号。机型和飞机号是飞机维修记录和结构损伤处理需要的基本信息。不同飞机同一位置的结构材料种类、厚度等信息不一定相同。机型和飞机号信息是确定损伤结构的材料种类、厚度等信息的依据。损伤结构的材料种类和厚度是评定结构损伤是否为允许损伤以及结构损伤补强修理方案的依据。

(2)维修级别。维修级别不仅是飞机维修记录需要的信息,也是结构工程师判断结构损伤处理紧急程度的依据。

(3)发现损伤日期。检查发现损伤日期是飞机维修记录需要的信息,也是评定飞机结构修理补充检查要求的依据。发现损伤日期一般按照年、月、日数字格式记录,数字中间不用标点符号。例如,20180818 代表结构损伤发生在 2018 年 8 月 18 日。

7.3 结构损伤型式

不同结构损伤型式的清除方法不一定相同,ADL 和维修思路也不一定相同。根据损伤形成原因,飞机结构损伤分为偶然损伤、腐蚀/老化和疲劳开裂。发现结构损伤后,必须根据结构损伤典型特征判断并记录损伤原因和具体的结构损伤型式。如果结构损伤发生在飞机外场运营期间,一般将结构损伤原因和损伤型式标注在蒙皮损伤区域右下角,便于照相记录、报告。

大部分偶然损伤发生在飞机外场运营期间。运输类飞机结构偶然损伤的损伤型式主要包括刮伤(Nick/Gouge)、擦伤(Scratch)、划伤(Scribe Line)、凹坑(Dent)、弯折(Crippling)、静强度开裂(Crack)、孔(Hole / Puncture)、屈曲(Buckle/Wrinkle)、结构边缘损伤(Edge Damage)、热损伤(Heat Damage)以及复合材料结构的分层(Delimilating)和脱胶(Disbond)。对偶然损伤不仅要确定、记录具体的损伤型式,还需要根据结构损伤痕迹判断并记录损伤原因。偶然损伤不仅会导致飞机外表面蒙皮受损,还可能导致内部结构同时受损。为了缩短结构损伤处理周期,需要根据蒙皮损伤区域是否存在紧固件等情况,确认蒙皮损伤区域内部结构是否存在损伤。如果未能及时发现内部结构损伤,修理过程中可能需要重新确定修理方法乃至要重新进行结构修理,会大幅延长结构损伤修理周期。典型蒙皮和内部结构同时损伤如图 7-1 所示。

腐蚀预防和控制是运输类飞机结构维修的主要工作内容之一。不同腐蚀种类的腐蚀形成原因及腐蚀预防和控制方法不同,修理思路也不一定相同。必须根据腐蚀特征确定具体腐蚀种类。运输类飞机结构腐蚀种类主要包括均匀腐蚀（Uniform Corrosion）、点蚀（Pitting Corrosion）、剥蚀（Exfoliation Corrosion，EFC）、丝状腐蚀（Filiform Corrosion）、微生物腐蚀（Microbial Corrosion）、缝隙腐蚀（Faying Surface Corrosion）、电偶腐蚀（Galvanic Corrosion）、微动腐蚀（Fretting Corrosion）和应力腐蚀（Stress Corrosion Crack，SCC）。

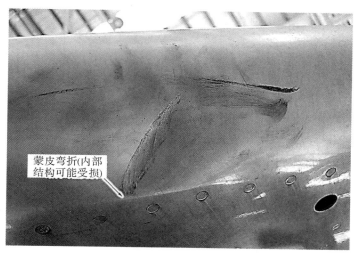

蒙皮弯折(内部结构可能受损)

图 7-1　典型蒙皮和内部结构同时损伤

　　疲劳损伤是影响运输类飞机飞行安全的主要结构损伤型式。大部分运输类飞机结构疲劳损伤原因为结构设计缺陷。飞机型号合格证持有人一般通过服务通告（Service Bulltin,SB）为飞机用户提供检查、修理或者改装等疲劳损伤维修方法。机队疲劳损伤信息是飞机用户评估并选择执行 SB 中疲劳损伤维修方法的主要依据。因此,必须判断结构裂纹是否为设计缺陷引起的疲劳开裂。

7.4　结构损伤位置

　　飞机结构损伤的准确位置不仅是飞机维修需要的信息,也是确认结构厚度等结构信息、ADL、补强修理方案以及机队损伤预防和控制方法的主要依据。飞机结构损伤位置信息的主要作用如下：

　　(1)确认结构信息。不同结构位置的结构材料、厚度等结构信息不一定相同。结构材料和厚度不仅是评定结构损伤是否为允许损伤的主要依据,也是确定结构损伤补强修理方案的主要依据。

　　(2)ADL 评定。不同结构位置的 ADL 不一定相同。结构损伤的准确位置是确定ADL 的主要依据。

　　(3)补强修理方案评定。结构损伤切除区域边缘的位置以及紧固件排列方式是结构补强修理方案的主要内容。不同结构损伤位置的内力种类和大小可能不同,紧固件数量等补强修理要求也不一定相同。结构损伤位置决定损伤切除区域边缘位置以及紧固件排列方式。

(4)机队损伤预防和控制。不同结构位置的结构环境可能不同,结构损伤原因不一定相同。飞机用户机队结构可靠性管理的主要方法是根据结构损伤位置等信息,统计分析机队结构损伤规律和损伤原因,在此基础上确定机队结构损伤预防和控制方案。

对飞机内部长桁、框等结构,容易根据站位(STA)、左/右的剖线(BL)、上/下的水线(WL)等飞机结构定位基准确定损伤位置。但是,由于飞机外表面蒙皮的面积一般较大且缺少定位基准,损伤位置比较难以确定。大多数外场飞机结构损伤位于蒙皮外表面。飞机蒙皮损伤的准确位置对于缩短外场结构抢修周期、降低经济损失非常重要。因此,下面重点介绍飞机蒙皮损伤位置的确定方法。

7.4.1 损伤总体位置信息

能够清楚描述结构损伤所在飞机部位的信息称为结构损伤总体位置信息,例如(ATA57)左机翼后缘内侧主襟翼的下蒙皮和前梁下缘条。记录结构损伤及其维修方法的工作单称为结构非例行工作单(Non-routine Card,NRC)。结构 NRC 是结构损伤的主要维修记录。在结构 NRC 的"损伤描述"栏需要填写结构损伤总体位置信息。应采用标记笔将外场结构损伤总体位置信息标注在飞机外表面蒙皮损伤区域右下角,便于照相记录、报告。飞机结构损伤总体位置信息包括:

(1)损伤所在的 ATA 章节,例如左机翼(ATA57)。

(2)损伤所在的结构部件及子部件名称,例如左机翼后缘内侧主襟翼。

(3)损伤的结构元件名称及损伤部位,例如下蒙皮和前梁下缘条。

7.4.2 损伤详细位置信息

1. 确定总体定位基准

损伤部位周围飞机外表面上清晰可见的特征位置,均可作为外场蒙皮损伤的总体定位基准。典型机身蒙皮总体定位基准如图 7-2 所示。总体定位基准主要用于确定局部定位基准的位置。蒙皮总体定位基准包括:

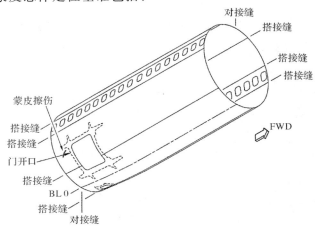

图 7-2 典型机身蒙皮损伤总体定位基准

（1）门、窗以及各种飞机检查口盖等飞机外表面蒙皮开口。

（2）蒙皮对接缝和搭接缝。

2．确定局部定位基准

蒙皮损伤的局部定位基准一般指损伤区域最近的框、肋、长桁等蒙皮内部支撑结构。局部定位基准是测量结构损伤位置尺寸的基准。在外场飞机结构损伤抢修时应尽可能避免进入飞机内部，因而只能通过蒙皮外表面的长桁、框、肋等内部结构紧固件头部判断长桁、框、肋等内部结构的准确位置。确定蒙皮损伤局部定位基准之后，需采用易清除的标记笔用"＋"符号标记局部定位基准的紧固件头部中心位置。局部定位基准的紧固件标记范围应至少超出结构损伤补强修理区域 2 排紧固件。标记局部定位基准的紧固件头部中心位置的主要目的如下：

（1）确定局部定位基准的结构轴线位置，以此作为测量结构损伤位置尺寸的基准。

（2）确定机身金属蒙皮的止裂带区域。除了机身底部等区域之外，为了满足金属蒙皮的破损-安全止裂设计要求，机身长桁和框底部的蒙皮内表面有金属黏结或者整体化学铣切的止裂带（Tear Strap）。因此，长桁和框紧固件区域的机身蒙皮厚度比较厚。机身蒙皮内表面止裂带区域的宽度至少为结构轴线两侧各 15 mm，如图 7 - 3 所示。

（3）为补强修理的紧固件排列方法提供基准。

现在介绍确定机身长桁位置和机身框位置的方法：

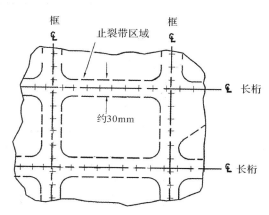

图 7 - 3　机身蒙皮止裂带区域

（1）机身长桁位置确定方法。机身长桁为蒙皮内部纵向连续支撑结构，通过铆钉等永久性紧固件与机身蒙皮直接连接。在机身蒙皮外表面可看到长桁与蒙皮连接的紧固件头部。因此，长桁往往用作机身蒙皮损伤的环向局部定位基准。机身长桁与蒙皮连接的紧固件头部具有以下典型特征：

1）每行紧固件头部在蒙皮外表面纵向连续。

2）相邻长桁两行紧固件头部间距基本相等。例如，运输类飞机大部分铝合金机身相邻长桁之间的两行紧固件间距约为 10 in。

（2）机身框位置确定方法。机身框为蒙皮的内部环向连续支撑结构，通过承剪件与蒙皮连接。在机身蒙皮外表面可以看到机身框承剪件与蒙皮连接的紧固件头部。因此，框往往用作金属和复合材料机身蒙皮损伤的纵向局部定位基准。机身框与蒙皮连接的紧固件头部具有以下典型特征：

1）除机身顶部区域之外，紧固件头部在蒙皮外表面环向连续。金属机身顶部区域的框与蒙皮可能不直接连接。复合材料机身长桁与蒙皮可能没有紧固件连接。可以通过机身环向相邻框承剪件与蒙皮连接紧固件的最外颗紧固件连线中间位置确定长桁轴线位置。

2）相邻框两行紧固件头部间距基本相等。例如，运输类飞机大部分铝合金机身相邻框之间的两行紧固件间距约为 20 in。

3. 确定蒙皮局部定位基准与总体定位基准的相对位置

蒙皮搭接缝、对接缝等总体定位基准内表面一般有长桁、框、肋等支撑结构。因此,可以通过搭接缝、对接缝等蒙皮总体定位基准与长桁、框、肋等蒙皮局部定位基准的相对位置确定离蒙皮损伤区域最近的长桁、框、肋等局部定位基准的位置。例如,图 7-2 所示的蒙皮擦伤区域长桁为客舱窗开口下部第 1 条蒙皮搭接缝下部的第 6 条长桁。距蒙皮擦伤区域前、后边缘最近的框,分别为后货舱门后部蒙皮对接缝前面的第 1 条框和第 2 条框。确定蒙皮局部定位基准与总体定位基准的相对位置之后,需要将蒙皮局部定位基准与总体定位基准的相对位置标注在蒙皮局部定位基准处,如图 7-4 所示。

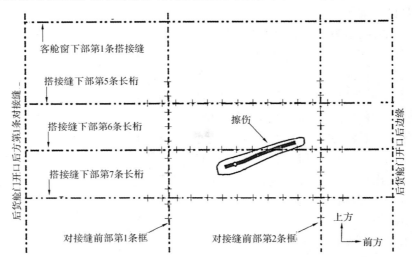

图 7-4　蒙皮局部定位基准与总体定位基准相对位置表示方法

4. 测量损伤位置尺寸

损伤位置尺寸指结构损伤区域特征位置到最近局部定位基准的距离。结构损伤区域特征位置包括损伤区域最深点和损伤区域边缘。结构损伤位置尺寸包括以下几方面:

(1)损伤区域最深点到最近局部定位基准的距离。

(2)损伤区域边缘到最近局部定位基准的距离。

结构损伤位置尺寸一般采用直尺或者游标卡尺测量,测量结果要求精确到 0.01 in(1 mm)。结构损伤位置尺寸测量结果一般直接标注在损伤区域相应位置。不同结构损伤型式需要测量的损伤位置尺寸不同。

(1)结构表面损伤。结构表面损伤包括腐蚀、刮伤、擦伤以及划伤。测量结构表面损伤位置尺寸之前需要先清除结构损伤。清除结构表面损伤时去除的结构材料应尽量少。如果采用打磨方法清除结构表面损伤,应以能够确定最深点位置及其深度为准。典型结构表面损伤位置尺寸如图 7-5 所示。结构表面损伤的位置尺寸包括以下几方面:

1)损伤区域最深点到最近局部定位基准的距离。如果机身蒙皮表面损伤区域包括最近的局部定位基准的止裂带区域和非止裂带区域,测量蒙皮表面损伤最深点尺寸时应分别测量止裂带区域和非止裂带区域两个最深点。

2）损伤区域边缘到最近局部定位基准的距离。如果止裂带区域的深度小于非止裂带区域深度，只记录非止裂带区域最深点到最近局部定位基准的距离。如果非止裂带区域的深度小于止裂带区域的深度，需要分别记录非止裂带区域和止裂带区域两个最深点到最近局部定位基准的距离。

（2）凹坑。典型蒙皮凹坑的位置尺寸如图 7-6 所示。凹坑的损伤位置尺寸包括：

1）凹坑区域最深点到最近局部定位基准的距离。

2）凹坑区域边缘到最近局部定位基准的距离。

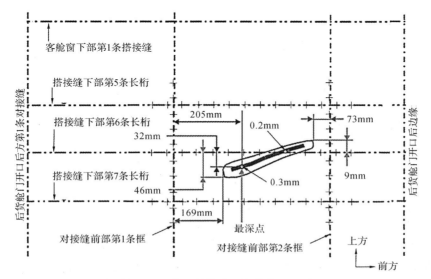

图 7-5　典型结构表面损伤位置尺寸

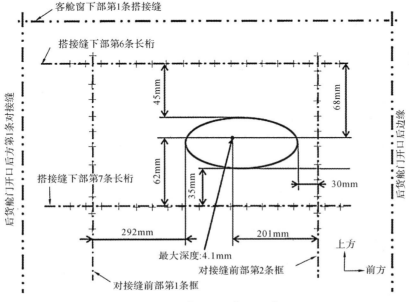

图 7-6　典型凹坑位置尺寸

（3）弯折。弯折一般位于蒙皮内部支撑结构边缘，往往与凹坑同时出现。典型弯折的损伤位置尺寸如图7-7所示。测量弯折的损伤位置尺寸时只需测量损伤区域边缘到最近局部定位基准的距离。

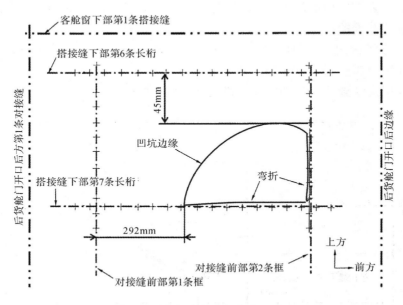

图7-7　典型弯折的损伤位置尺寸

（4）孔、热损伤、分层以及脱胶。对于孔、热损伤、分层以及脱胶只需要测量损伤区域边缘到最近局部定位基准的距离。典型孔、热损伤、分层以及脱胶的损伤位置尺寸如图7-8所示。

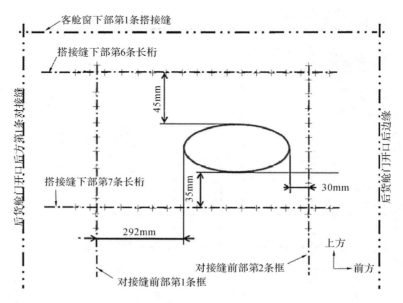

图7-8　典型孔、热损伤、分层以及脱胶位置尺寸

（5）裂纹。典型裂纹位置尺寸如图 7 - 9 所示。裂纹的损伤位置尺寸包括以下两方面：

1）裂纹起点到最近局部定位基准的距离。

2）裂纹终点到最近局部定位基准的距离。

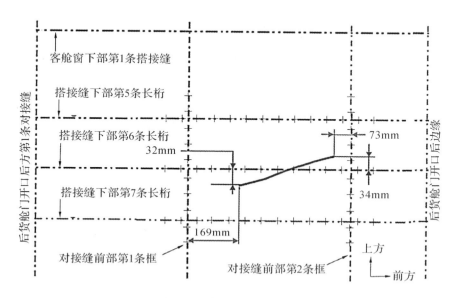

图 7 - 9　典型裂纹位置尺寸

（6）边缘损伤。结构边缘损伤的损伤位置尺寸包括损伤区域边缘到最近局部定位基准的距离。典型结构边缘损伤位置尺寸如图 7 - 10 所示。

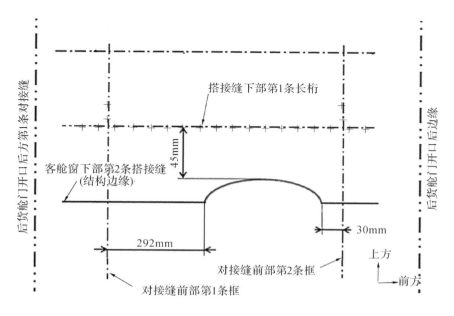

图 7 - 10　典型结构边缘损伤位置尺寸

7.5　结构损伤程度

结构损伤程度信息不仅是飞机维修记录需要的信息,也是结构损伤处理的主要依据。收集结构损伤程度信息主要目的如下:

(1)允许损伤评定。损伤程度是判断结构损伤是否超出 ADL 的主要依据。不同结构损伤型式的 ADL 不同。如果结构损伤程度没有超出 ADL,结构损伤属于允许损伤。

(2)补强修理方案评定。结构损伤程度超出 ADL 后,一般需要切除损伤区域再进行补强修理。损伤切除区域边缘的位置和补强修理的区域大小直接取决于结构损伤程度。

(3)机队腐蚀预防和控制。腐蚀预防和控制是运输类飞机机队结构可靠性管理的主要内容。腐蚀级别是运输类飞机机队预防和控制腐蚀的主要依据。腐蚀程度是评定腐蚀级别的主要依据之一。

7.5.1　损伤程度测量要求

不同结构损伤型式的 ADL 不同,需要测量和收集的损伤程度尺寸不同。将结构损伤程度尺寸的测量结果直接标注在损伤区域相应位置。结构损伤需要测量的损伤程度尺寸包括以下几方面:

(1)损伤区域最深点的深度。

(2)损伤区域最深点的轴宽。

(3)损伤区域的长度。结构损伤区域的长度指平行于结构主要载荷方向的结构损伤区域边缘之间的距离。

(4)损伤区域的宽度。结构损伤区域的宽度指垂直于结构主要载荷方向的结构损伤区域边缘之间的距离。

1. 结构表面损伤

结构表面损伤包括腐蚀、刮伤、擦伤以及划伤。典型结构表面损伤的损伤程度尺寸如图 7-11 所示。结构表面损伤需要测量和记录的损伤程度尺寸包括以下几方面:

(1)损伤区域最深点的深度。结构表面损伤的 ADL 主要取决于最深点的深度。如果机身蒙皮表面损伤区域包括止裂带区域和非止裂带区域,应测量止裂带区域和非止裂带区域两个最深点。如果止裂带区域的深度小于非止裂带区域的深度,非止裂带区域的深度为损伤区域的深度。如果非止裂带区域的深度小于止裂带区域的深度,需要分别记录非止裂带区域和止裂带区域两个最深点的深度。

(2)损伤区域的长度和宽度。损伤区域的长度和宽度决定了补强修理时损伤切除区域大小。机身蒙皮表面损伤的 ADL 也可能决定于损伤区域的长度。

2. 凹坑

典型结构凹坑损伤程度尺寸如图 7-12 所示。对凹坑需要测量和记录的损伤程度尺寸应包括以下几方面：

（1）损伤区域最深点的深度和短轴宽度。凹坑的 ADL 取决于最深点的深度和短轴宽度。凹坑最深点的短轴宽度指经过凹坑区域最深点的边缘之间距离。凹坑最深点短轴宽度与深度的比值是结构塑性变形和应力集中的评定依据。凹坑最深点短轴宽度与深度的比值越小，结构塑性变形和应力集中越严重。

（2）损伤区域的长度和宽度。损伤区域的长度和宽度决定了补强修理时损伤切除区域的大小。

3. 弯折

蒙皮弯折往往与凹坑同时出现，一般需要补强修理。补强修理时损伤切除区域大小主要取决于损伤区域的长度和宽度。因此，弯折需要测量和记录的损伤程度尺寸包括损伤区域的长度和宽度。典型弯折损伤程度尺寸如图 7－13 所示。

4. 孔、热损伤、分层和脱胶

孔、分层和脱胶的 ADL 主要取决于损伤区域的长度和宽度。孔、热损伤、分层和脱胶损伤区域的长度和宽度还决定了补强修理时损伤切除区域的大小。因此，孔、热损伤、分层和脱胶需要测量和记录的损伤程度尺寸包括损伤区域的长度和宽度。对于复合材料层压板结构分层，还需确认并记录损伤的分层数量。典型孔、热损伤、分层和脱胶损伤程度尺寸如图7－14 所示。

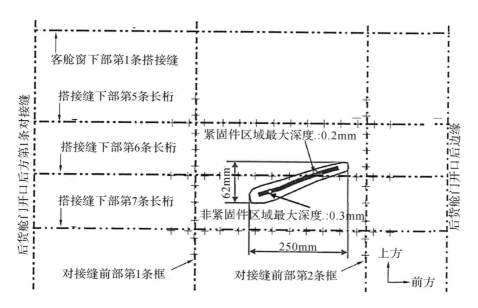

图 7－11　典型结构表面损伤程度尺寸

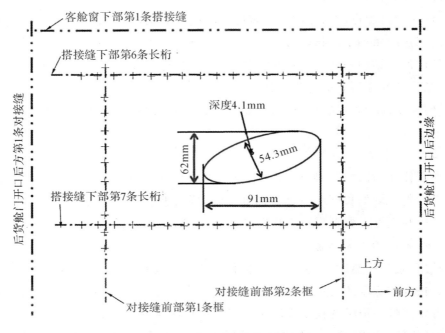

图 7 - 12 典型凹坑损伤程度尺寸

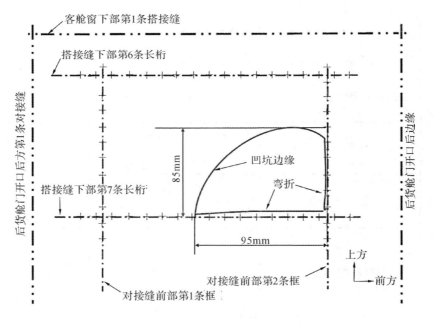

图 7 - 13 典型弯折损伤程度尺寸

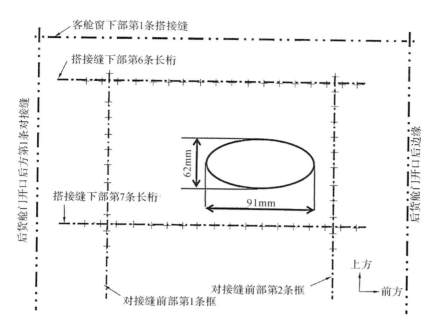

图 7-14　典型孔、热损伤、分层和脱胶损伤程度尺寸

5. 裂纹

裂纹一般需要补强修理。补强修理时损伤切除区域的大小主要取决于损伤区域的长度和宽度。因此,裂纹需要测量和记录的损伤程度尺寸包括损伤区域的长度和宽度。典型裂纹损伤程度尺寸如图7-15所示。

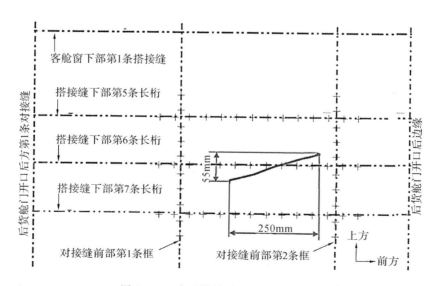

图 7-15　典型结构裂纹损伤程度尺寸

6. 结构边缘损伤

结构边缘损伤的 ADL 以及补强修理时损伤切除区域的大小主要取决于损伤区域的长度和宽度。因此,结构边缘损伤需要测量和记录的损伤程度尺寸包括损伤区域的长度和宽度。结构边缘损伤的宽度指损伤区域边缘到结构边缘的距离。典型结构边缘损伤程度尺寸如图7-16所示。

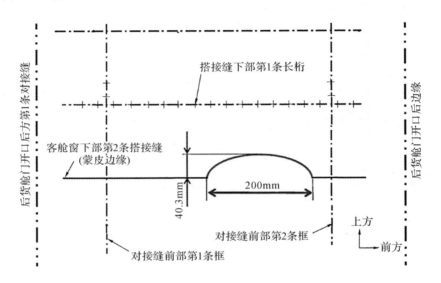

图 7-16　典型结构边缘损伤程度尺寸

7.5.2　损伤程度测量方法

1. 损伤区域的长度、宽度以及轴宽测量

对于结构损伤区域的长度、宽度以及凹坑区域最深点的短轴宽度,一般采用直尺或者游标卡尺等测量工具直接测量。凹坑区域的短轴宽度和结构边缘损伤的宽度测量结果一般要求精确到 0.001 in。其他结构损伤型式的损伤区域长度和宽度测量结果一般要求精确到 0.01 in。

2. 损伤的深度测量

结构损伤区域的深度包括结构表面损伤深度和凹坑深度两种。结构腐蚀、刮伤、擦伤以及划伤等表面损伤导致结构表面凹陷的原因是结构承载截面厚度减小,凹陷区域的深度一般采用超声波测量,测量结果一般要求精确到 0.0001 in(0.01 mm)。凹坑导致结构表面凹陷的原因是结构承载截面凹陷塑性变形,其深度一般采用深度规或者深度游标卡尺测量,结构损伤区域的深度测量结果一般要求精确到 0.001 in(0.1 mm)。

(1)超声波测量结构表面损伤深度。超声波主要用于测量腐蚀、刮伤、擦伤以及划伤等结构表面损伤的深度。超声波测量能够直接显示测量结果,具有效率高、测量结果直观可靠等优点。超声波是测量结构表面损伤深度最常用的方法。典型便携式超声波测厚仪如图 7 - 17 所示。在超声波测量损伤深度前应先清除结构表面损伤。超声波测量结构表面损伤的深度一般按照以下步骤进行：

1）清除结构表面损伤区域的漆层和缓蚀剂。

2）清除结构表面损伤。损伤清除后结构表面粗糙度不能超过 250 μin。

3）校准超声波测量仪后，再测量结构表面损伤清除区域的最小剩余厚度。在损伤区域至少测量 3 个点。结构剩余厚度值取所有测量值中最小值 t_1。

4）确认损伤区域的结构设计厚度 t_0。损伤区域的结构设计厚度 t_0 一般通过结构修理手册（SRM）或结构工程图纸确定。超声波测量的损伤清除区域边缘未损伤区域结构厚度可以作为结构设计厚度的辅助判断依据，但不能直接作为结构设计厚度。

5）计算结构表面损伤最深点的深度 t，有

$$损伤最深点的深度\ t = 结构设计厚度\ t_0 - 结构剩余厚度\ t_1$$

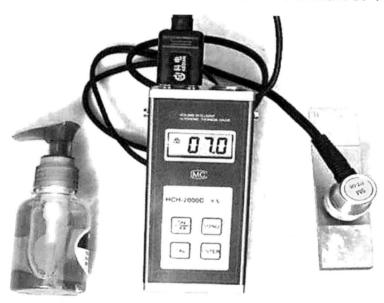

图 7 - 17　便携式超声波测厚仪

（2）深度规或者深度游标卡尺直接测量凹坑深度。深度规或者深度游标卡尺主要用于测量结构表面凹坑的深度。深度规或者深度游标卡尺的测量方法简单，但是效率较低，测量结果误差较大。典型深度规和深度游标卡尺如图 7 - 18 所示。深度规或者深度游标卡尺测量一般按照以下步骤进行：

1）清除结构表面损伤区域的漆层和缓蚀剂。

2）清除结构表面损伤。损伤清除后结构表面粗糙度 Ra 不能超过 250 μin。

3）将深度规或者深度游标卡尺的基座沿结构表面水平放置后，通过 10 倍放大镜确认深度规或者深度游标卡尺的基座与结构表面贴合，且深度规或者深度游标卡尺的深度尺接触损伤区域最深点的结构表面。深度规测量损伤区域深度的方法如图 7 - 19 所示。

4）读取深度规或深度游标卡尺的深度测量结果。

5）将深度规底座或深度游标卡尺放置于结构表面至少3个不同方位，重新测量同一个点的深度。

6）至少选择结构损伤区域3个测量点测量损伤区域的最大深度。选择所有深度测量结果中的最大深度值作为结构损伤区域的深度。

（3）橡皮泥或硅胶拓印测量凹坑深度。如果结构凹坑部位深度无法采用深度规或深度游标卡尺直接测量，可以先采用橡皮泥或硅胶就地拓印凹坑区域的形状模型，再采用游标卡尺通过测量损伤区域形状模型确定结构凹坑区域的深度。其中，采用硅胶拓印比橡皮泥拓印的测量效果好。

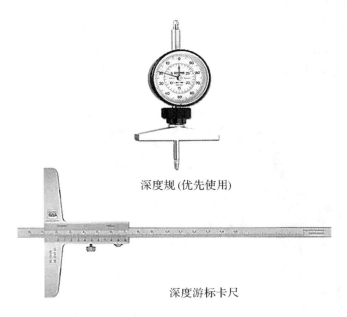

深度规(优先使用)

深度游标卡尺

图7-18　深度规和深度游标卡尺

7.6　结构损伤信息记录和报告

为了便于结构损伤信息的记录存档及报告并提高外场结构损伤处理效率，可以采用手机或者照相机对飞机结构损伤区域的损伤信息进行现场照相记录。飞机结构损伤照片应至少包括结构损伤总体照片和结构损伤详细照片各一张。结构损伤总体照片应能够帮助技术人员清晰识别结构损伤总体定位基准以及结构损伤部位与总体定位基准的相对位置关系。结构损伤详细信息照片应能够帮助技术人员清晰识别损伤区域局部定位基准、局部定位尺寸、结构损伤程度尺寸以及结构损伤区域右下角标注的飞机信息和损伤型式信息。典型结构损伤照片应包含的信息如图7-20所示。

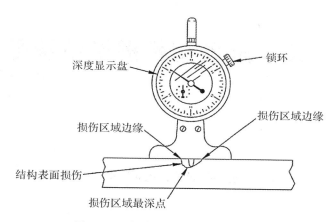

图 7 - 19　深度规测量损伤区域深度

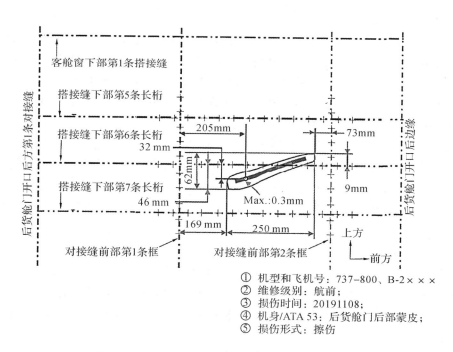

① 机型和飞机号：737-800、B-2×××
② 维修级别：航前；
③ 损伤时间：20191108；
④ 机身/ATA 53：后货舱门后部蒙皮；
⑤ 损伤形式：擦伤

图 7 - 20　典型结构损伤照片包含信息

第8章 外场结构损伤快速处理

8.1 结构损伤处理总体思路

8.1.1 飞机结构损伤放行条件

1. 结构种类及承载要求

根据结构断裂失效后是否影响飞机安全运行,运输类飞机结构分为次要结构和 SSI。断裂失效后不影响飞机安全运行的结构称为次要结构。断裂失效后会影响飞机安全运行的结构称为 SSI。根据断裂失效后是否会引起飞机灾难性破坏,SSI 分为 PSE 和其他 SSI。其中,断裂失效后会引起飞机灾难性破坏的 SSI 称为 PSE。断裂失效后会影响飞机安全运行但不会引起飞机灾难性破坏的 SSI 称为其他 SSI。

SSI 除了需要满足《运输类飞机适航标准》第 25.305 条"强度和变形"的限制载荷和极限载荷承载要求,还需满足飞机用户对于运营经济性的 ADL 要求。次要结构一般为飞机外表面的整流罩,仅承受自身的质量力和空气动力。整流罩需要承受的最大空气动力一般参照《运输类飞机适航标准》第 25.333 条"飞行机动包线"各种条件下的最大当量空速确定。

2. 结构损伤规律

运输类飞机投入运营后,结构不可避免地会出现偶然损伤、腐蚀或疲劳。运输类飞机结构损伤及剩余承载能力变化规律如图 8-1 所示。飞机投入使用一定时间后,结构在 A 点开始出现偶然损伤、腐蚀或疲劳开裂等结构损伤。结构在 A 点的承载能力为无损伤情况下的设计承载能力。

随着飞机使用时间增加,结构损伤程度逐渐加重、剩余承载能力逐渐降低。损伤结构在 B 点的剩余承载能力为极限载荷。结构剩余承载能力下降到 B 点之前仍可以满足《运输类飞机适航标准》第 25.305 条"强度和变形"的极限载荷承载要求。B 点的结构损伤对应 ADL。A—B 阶段的结构损伤为允许损伤。允许损伤不影响飞行安全。

结构损伤程度超过 B 点进入 B—C 阶段后,结构的剩余承载能力低于极限载荷,不满足《运输类飞机适航标准》第 25.305 条"强度和变形"的极限载荷承载要求。结构剩余承载能力低于极限载荷后,需要通过补强修理等方法恢复结构损失的承载能力。限制载荷是飞机使用期间可能遇到的最高载荷。由于 B—C 阶段的结构剩余承载能力仍然高于 C 点对应的限制载荷,结构在限制载荷作用下不会断裂失效。

结构损伤程度超过 C 点后,结构剩余承载能力将低于限制载荷,结构在限制载荷作用下会将断裂失效。PSE 断裂失效后会引起飞机灾难性破坏。因此,PSE 的剩余承载能力不允许低于限制载荷。PSE 剩余承载能力低于限制载荷的飞机不适航。

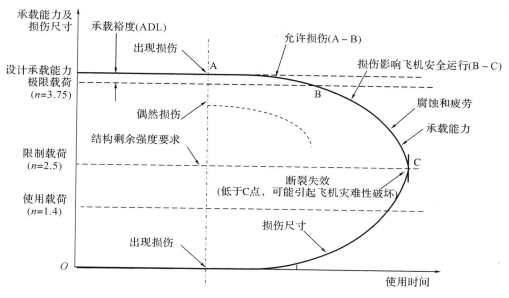

图 8-1　结构损伤及其剩余承载能力变化规律

为了避免结构损伤引起飞机灾难性破坏,《运输类飞机适航标准》第 25.571 条"结构的损伤容限和疲劳评定"要求:飞机型号合格证申请人必须根据飞机结构设计方法,预测飞机服役期间结构损伤部位、损伤型式并评定结构损伤检查要求,以避免服役期间结构损伤引起飞机灾难性破坏。可能发生灾难性破坏的飞机不适航。PSE 剩余承载能力低于限制载荷后可能会引起飞机灾难性破坏。因此,PSE 剩余承载能力低于限制载荷的飞机不适航。

《大型飞机公共航空运输承运人运行合格审定规则》第 121.363 条"适航性责任"要求:飞机用户在每次飞行前,应按照适航批准的飞机维修方案、适航指令和局方要求强制执行的任何其他持续适航要求完成所有维修任务,并进行必要的检查和放行。

3. 结构损伤放行条件

《大型飞机公共航空运输承运人运行合格审定规则》第 121.379 条"飞机放行"要求:飞机放行时应没有已知的飞机不适航的任何状况。如果结构损伤不会引起飞机灾难性破坏,结构损伤不影响运输类飞机放行。运输类飞机结构损伤放行条件判断方法如图 8-2 所示,具体如下:

(1)次要结构的结构损伤。次要结构断裂失效后不影响飞机安全运行。因此,次要结构损伤不影响飞机放行。即使次要结构发生脱落、丢失,飞机用户在满足使用限制条件下,仍然可以依据适航批准的《飞机外形缺损清单》(CDL)放行飞机。

(2)ADL 范围内的 SSI 结构损伤。ADL 范围内的结构损伤属于允许损伤。允许损伤的结构剩余承载能力可以满足极限载荷的承载要求,不影响飞机安全运行。因此,ADL

范围内的 SSI 结构损伤不影响飞机放行。

（3）超出 ADL 范围的其他 SSI 结构损伤。其他 SSI 断裂失效后会影响飞机安全运行但不会引起飞机灾难性破坏。因此，超出 ADL 范围的其他 SSI 结构损伤不影响飞机放行。

（4）不会引起飞机灾难性破坏 PSE 结构损伤。限制载荷是飞机使用期间结构可能遇到的最高载荷。如果 PSE 损伤后的结构剩余承载能力不低于限制载荷，飞机飞行过程中结构不会出现断裂失效引起飞机灾难性破坏。因此，超出 ADL 范围但剩余承载能力不低于限制载荷的 PSE 结构损伤时，则不影响飞机放行。

（5）可能会引起飞机灾难性破坏的 PSE 结构损伤。限制载荷是飞机使用期间结构可能遇到的最高载荷。如果 PSE 损伤后的结构剩余承载能力低于限制载荷，飞机飞行过程中结构可能会出现断裂失效引起飞机灾难性破坏。此外，机身蒙皮等增压边界 PSE 结构需要承受增压载荷。如果机身蒙皮等增压边界结构出现穿透性结构损伤，机身漏气可能会引起飞机灾难性破坏。此时除非得到适航当局批准，否则出现可能会引起飞机灾难性破坏 PSE 结构损伤的飞机不允许放行。

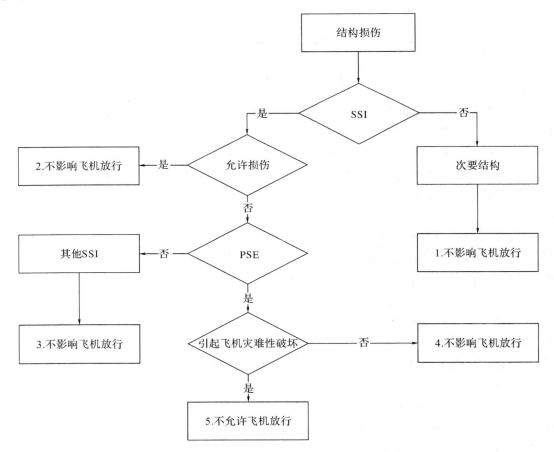

图 8-2　运输类飞机结构损伤放行条件判断方法

图 8-3 是新一代波音 737 机身蒙皮损伤的放行条件，具体如下：

（1）A 区：允许损伤。不影响飞机安全运行，不影响飞机放行。

（2）B 区：影响飞机安全运行但不会引起飞机灾难性破坏，不影响飞机放行。保留结构损伤在 50 个载客运营飞行起落内完成修理。

（3）C/D/E/F 区：可能会引起飞机灾难性破坏。除非适航批准，飞机不允许放行。

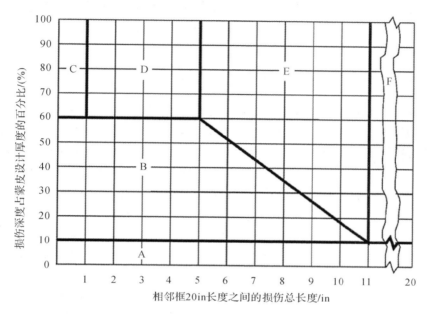

图 8-3　新一代波音 737 机身蒙皮损伤放行条件

8.1.2　外场和内场大修结构损伤特点

运输类飞机在外场航前、航后、过站、短停等期间，结构不仅经常遭受到鸟击、雷击等环境因素以及工作梯或车辆撞机等人为因素导致的偶然损伤，还可能发现腐蚀以及疲劳开裂。飞机外场运营期间发现的结构偶然损伤以及腐蚀和疲劳开裂，统称为外场结构损伤。绝大部分运输类飞机外场结构损伤为偶然损伤。在维修基地对飞机进行的 C 检或以上级别大修称为内场大修。与内场大修期间检查发现的结构损伤相比，运输类飞机外场结构损伤具有以下特点：

（1）突发性。绝大多数外场结构损伤发生在远离飞机用户维修基地的外航站，一般不具备结构损伤处理需要的停场时间、工具设备、航材、人力等。飞机内场大修属于计划停场检修，停场时间较长。生产计划部门对飞机大修期间可能出现的结构损伤及其修理需要的停场时间、工具设备、航材、人力等的准备比较充分。

（2）蒙皮和整流罩受损。大多数外场结构损伤仅位于飞机外表面的蒙皮或者整流罩，且大部分损伤为允许损伤。长桁、框等飞机内部结构受损比较少。运输类飞机除了机翼和尾翼的前缘蒙皮之外，其余蒙皮一般属于 SSI 中的 PSE。整流罩属于次要结构，结构损伤不影响飞机安全运行。但是，整流罩一般为复合材料结构，损伤区域容易吸收潮气并引起损伤区域面积在较短时间内迅速扩大，导致修理成本大幅度上升。飞机内场大修期间检查发现的绝大部分结构损伤属于飞机内部结构损伤。

（3）可能需要非计划停场抢修。运输类飞机外场结构损伤可能会引起飞机灾难生破坏导致飞机不适航。一旦结构损伤可能会引起飞机灾难性破坏导致飞机不适航，一般需要立即非计划停场进行结构损伤抢修。外场飞机结构损伤抢修简称为"AOG"（Airplane on Ground）。外场结构损伤处理不当，可能导致航班取消、扰乱飞机用户机队正常运营而造成较大经济损失，还可能引起飞机灾难性破坏。飞机内场大修属于计划停场，对飞机用户机队运营影响较小。

8.1.3　外场和内场大修结构损伤处理思路

《大型飞机公共航空运输承运人运行合格审定规则》第 121.363 条"适航性责任"要求：飞机用户必须对影响飞机安全运行的有关缺陷和损伤进行处理并达到批准的标准。运输类飞机结构损伤处理总体思路是在保证飞机安全运行基础上，最大限度地降低结构损伤处理经济损失。飞机结构损伤处理经济损失包括飞机停场损失、航材和人工工时成本、结构修理质量增加导致的油耗以及结构损伤修理区域补充维修成本等。根据结构损伤处理方法能够保证飞机安全运行的期限，运输类飞机结构损伤处理分为永久修理和临时修理。可以在飞机整个使用寿命期间内保证飞机安全运行的修理称为永久修理。只能在一定期限内保证飞机安全运行的修理称为临时修理。永久修理的修理周期一般比临时修理长得多。

外场结构损伤处理的主要经济损失是飞机非计划停场损失。以小型运输类飞机波音737 为例，2018 年飞机用户统计数据表明，飞机非计划停场一天造成的经济损失就超过 50 万元。因此，外场结构损伤处理的基本原则是在一定期限内保证飞机安全运行前提下，尽量快速处理后放行飞机，避免非计划停场。如果飞机结构损伤可能会引起飞机灾难性破坏导致飞机不适航，不得不进行 AOG 抢修，应尽量采用飞机非计划停场周期较短的临时修理。

内场大修需要完成的飞机例行和非例行维修工作较多、飞机停场时间长，单个结构损伤处理的飞机停场损失很小。因此，内场大修期间检查发现的结构损伤一般采用永久修理。

针对外场和内场大修的结构损伤特点和修理要求，运输类飞机结构损伤处理总体思路如图 8-4 所示，具体如下：

（1）根据第 7 章介绍的飞机结构损伤信息收集要求收集结构损伤信息。需要收集的结构损伤信息包括飞机信息、损伤型式、损伤位置以及损伤程度。

（2）根据结构损伤信息以及 8.2 节确定结构信息。需确定的结构信息包括结构种类、结构的材料种类、结构的设计厚度以及结构的图纸号。

（3）如果结构损伤出现在外场飞机运营期间且结构种类属于次要结构，根据 8.3 节次要结构损伤外场快速处理要求对结构损伤进行快速处理后放行飞机。然后，保留次要结构损伤的永久修理到合适时机完成。

（4）如果外场结构损伤位于 SSI 且结构损伤属于允许损伤，根据 8.4 节允许损伤外场快速处理要求对结构损伤进行快速处理后放行飞机。然后，保留允许损伤的永久修理到合适时机完成。

（5）如果外场结构损伤位于 SSI 且已经超出 ADL，确定结构损伤是否仅位于飞机蒙皮。如果结构损伤仅位于飞机蒙皮且不会引起飞机灾难性破坏，参照 8.5 节的外场不会引起飞机灾难性破坏的蒙皮损伤快速处理要求进行简单快速处理后放行飞机。然后，保留蒙皮损伤的修理到合适时机完成。如果蒙皮不属于 PSE 或者剩余承载能力不低于限制载荷，蒙皮损伤不会引起飞机灾难性破坏。

（6）如果外场蒙皮损伤可能会引起飞机灾难性破坏且蒙皮是铝合金结构，确定蒙皮补强修理区域蒙皮原装紧固件是否为铆钉或者拉铆钉。如果蒙皮补强修理区域蒙皮原装紧固件为铆钉或者拉铆钉，根据 8.6 节的外场铝合金蒙皮损伤抢修要求进行临时补强修理。然后，保留蒙皮临时补强修理到合适时机更换为永久补强修理。蒙皮属于 PSE 且剩余承载能力低于限制载荷或者机身蒙皮出现较大尺寸穿透性损伤，损伤可能会引起飞机灾难性破坏。

（7）如果外场结构损伤同时位于蒙皮以及长桁、框等飞机内部金属结构，或者铝合金蒙皮补强修理区域原装紧固件为高锁螺杆等高强度紧固件，需要进行永久补强修理。

（8）如果结构损伤出现在内场大修期间，直接对结构损伤进行永久修理。

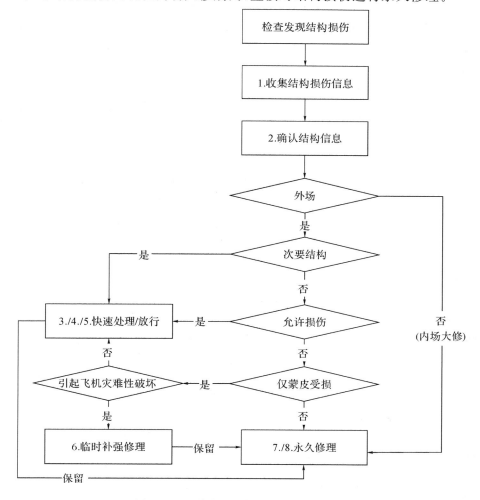

图 8-4　运输类飞机结构损伤处理总体思路

8.1.4 外场结构损伤修理保留

《大型飞机公共航空运输承运人运行合格审定规则》第 121.379 条"飞机放行"要求的飞机放行条件是没有已知的不适航的任何状况。根据咨询通告 AC－121/135－63 R1《航空器保留缺陷和保留工作项目》,如果外场结构损伤不会引起飞机灾难性破坏,结构损伤修理可以保留。外场结构损伤修理保留指在结构损伤不会引起飞机灾难性破坏前提下,为了避免飞机非计划停场或者缩短非计划停场抢修周期,将结构损伤的永久修理推迟到合适时机完成。外场次要结构损伤修理也可以保留。

运输类飞机蒙皮等 SSI 的结构损伤及剩余承载能力变化规律如图 8－1 所示。SSI 的结构损伤程度超过图 8－1 所示 B 点进入 B—C 阶段后,结构损伤会影响飞机安全运行但不会引起飞机灾难性破坏。运输类飞机结构使用载荷的最大过载系数为 1.4,限制载荷的最大过载系数为 2.5。因此,B—C 阶段的结构在使用载荷作用下一定期限内既不会出现疲劳断裂失效,也不会出现屈服塑性变形失效。只要能够有效监控结构损伤扩展情况、确保结构的剩余承载能力不低于限制载荷,B—C 阶段的结构损伤在一定期限内就不会引起飞机灾难性破坏,可以保留到合适时机进行补强修理。B—C 阶段结构损伤的补强修理保留期限主要取决于结构损伤程度对应的剩余承载能力。

由此可见,外场蒙皮允许损伤的修理、不会引起飞机灾难性破坏的蒙皮损伤修理以及外场蒙皮损伤抢修临时补强修理更换为永久补强修理,都可以保留到合适时机完成。其中,外场不会引起飞机灾难性破坏的 PSE 蒙皮损伤修理以及 PSE 蒙皮损伤抢修临时补强修理的保留期限,必须得到适航当局或其授权人的批准或者认可。确定合适的保留期限是外场结构损伤修理保留的核心。保留期限不仅直接影响飞机运营成本,也决定了飞机能否安全运行。外场结构损伤修理的保留期限过短,会影响飞机用户机队正常运营,难以达到结构损伤修理保留目的。外场结构损伤修理的保留期限过长,结构损伤区域可能会引起飞机灾难性破坏的腐蚀或者疲劳开裂。外场结构损伤修理最长保留期限见表 8－1。外场结构损伤修理保留期限的主要决定因素包括:

(1)结构损伤扩展周期。为了保证飞机安全运行,运输类飞机 SSI 的腐蚀和疲劳等损伤从最小目视可检尺寸到剩余承载能力下降到限制载荷的扩展周期,要求保证至少 2 个 C 检或类似级别的大修间隔。因此,外场结构损伤修理的保留期限,最迟一般不超过发现结构损伤后的飞机下次 C 检或者以上级别的内场大修。

(2)结构损伤的修理周期。结构损伤的修理周期指完成结构修理需要的时间。

(3)飞机定期检修计划。结构永久修理保留期限,一般根据结构损伤修理周期选择在最近的飞机定检完成。

(4)结构损伤修理需要的工具设备、航材、人力等。

表 8－1　外场结构损伤修理最长保留期限

损伤种类		最长保留期限
次要结构的结构损伤		下次 C 检或者以上级别的内场大修
ADL 范围内的蒙皮损伤		下次 C 检或者以上级别的内场大修
超出 ADL 范围的非 PSE 蒙皮损伤		下次 C 检或者以上级别的内场大修
超出 ADL 范围的 PSE 蒙皮损伤	剩余承载能力不低于限制载荷	取决于剩余承载能力。最长保留期限为下次 C 检或者以上级别的内场大修
	剩余承载能力低于限制载荷	不允许保留
外场 PSE 蒙皮损伤抢修临时补强修理		下次 C 检或者以上级别的内场大修

8.2　确定结构信息

8.2.1　结构修理手册(SRM)简介

1. SRM 用途

《大型飞机公共航空运输承运人运行合格审定规则》第 121.363 条"适航性责任"要求:飞机用户必须对影响安全运行的有关缺陷和损伤进行处理并达到局方批准的标准。SRM 是获得适航批准的运输类飞机结构损伤处理主要依据标准文件。《运输类飞机适航标准》第 25.1529 条及附录 H 要求:运输类飞机型号合格证申请人在第一架飞机交付之前或者第一架飞机获得适航证之前,必须编制包括《结构修理手册》(Structure Repair Manual,SRM)并通过局方适航审定部门的审定和批准。SRM 还需要获得飞机用户所属局方适航管理部门的批准或者认可。在结构损伤处理过程中,SRM 主要有以下用途:

(1)确定损伤结构的结构种类,为快速判断外场结构损伤是否影响运输类飞机放行提供依据。结构种类分为次要结构和 SSI。SSI 又分为 PSE 和其他 SSI。其中,次要结构和其他 SSI 的外场结构损伤不影响飞机放行。

(2)确认损伤结构的 ADL,为评定结构损伤是否属于允许损伤提供依据。允许损伤不影响飞机安全运行。如果结构损伤程度没有超过 ADL,外场只需要简单、快速处理就可以放行。

(3)确认损伤结构的材料种类和设计厚度,为评定结构损伤是否为允许损伤以及结构损伤补强修理要求提供依据。大部分结构损伤为表面损伤。结构设计厚度是评定结构表面损伤是否为允许损伤的主要依据。损伤结构的材料种类和设计厚度也是确定结构损伤补强修理要求的主要依据。

(4)如果损伤结构需要补强修理,可以先根据 SRM 确认补强修理方案及其补强修理要求。对于外场容易遭受偶然损伤的飞机外表面蒙皮部位,飞机型号合格证持有人一般会提供蒙皮临时补强修理方案和相应的永久补强修理方案。SRM 中补强修理方案已经获得飞机用户所属局方适航批准或认可。为了缩短外场蒙皮损伤抢修方案的制定和适航批准周期，外场蒙皮损伤抢修的临时补强修理要求可以直接采用 SRM 中蒙皮临时补强修理方案的补强修理要求。

（5）确定损伤结构的结构种类是否属于 FCBS。FCBS 容易产生疲劳开裂，补强修理的疲劳防控要求较高。FCBS 补强修理必须严格遵守所有疲劳防控要求。

（6）如果损伤结构需要更换，可以根据 SRM 确认结构的图纸号，再根据结构图纸号通过查阅结构图纸确定结构件的件号等详细信息。

2. SRM 内容

（1）SRM 编写格式。SRM 遵循国际航空运输协会（ATA）ATA100 或 ATA2200 等《运输类飞机维修手册编写规范》，采用"章（Chapter）-节（Section）-子节（Subject）"格式编写。章、节和子节分别用两个数字表示。SRM 典型章节格式如图 8-5 所示。

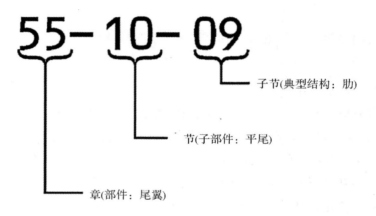

图 8-5 SRM 典型章节格式

运输类飞机 SRM 包括 ATA51～ATA57 七个章。每章两个数字编号由《运输类飞机维修手册编写规范》给定。除了 ATA51 章之外，SRM 的 ATA52～ATA57 章分别对应一类飞机结构部件。SRM 章的编写规则如下：

1）ATA 51：结构及标准施工（Structures and Standard Practices）。

2）ATA 52：门（Doors）。

3）ATA 53：机身（Fuselage）。

4）ATA 54：吊舱（Nacelles and Pylons）。

5）ATA 55：尾翼（Stabilizers）。

6）ATA 56：风挡（Windows）。

7）ATA 57：机翼（Wings）。

ATA51～ATA57 每章分为若干节。除 ATA51 章外，ATA52～ATA57 章每节分别对应结构部件的某类子部件。节两个数字中第一个数字编号由《运输类飞机维修手册编写规范》指定，第二个数字编号可以采用《运输类飞机维修手册编写规范》给定数字，也可由飞机型号合格证持有人自行指定。

SRM 每个章节分为若干子节。ATA52～ATA57 每个子节代表某类典型结构。子节两个数字编号均由飞机型号合格证持有人指定。

（2）ATA51 章内容。ATA51 章为结构及标准施工。ATA51 章的内容由同时适用ATA52～ATA57 章中两个或两个以上章节的结构修理通用信息组成。ATA51 章主要包含以下内容：

1）飞机结构种类以及定位基准、尺寸等飞机结构总体信息（51－0×－××）。

2）结构损伤检查及清除方法（51－1×－××）。

3）结构表面保护处理（51－2×－××）。

4）结构修理材料信息（51－3×－××）。

5）结构修理紧固件信息（51－4×－××）。

6）重大结构损伤修理的飞机支撑及对称性检查（51－5×－××）。

7）操纵面配平等特殊修理要求（51－6×－××）。

8）结构通用修理方法（51－7×－××）。

（3）ATA52 章～ATA 57 章内容。

ATA52～ATA57 章按照"结构部件-子部件-典型结构"格式编写，分别提供门、机身、吊舱、尾翼、风挡以及机翼各子部件每一类典型结构损伤处理所需信息。ATA52～ATA57 章主要包含以下内容：

1）典型结构损伤处理所需要的结构信息（I）。结构信息包括结构元件的材料种类、设计厚度以及图纸号。极少数特殊情况下，如果 SRM 没有给出结构元件的设计厚度，飞机用户可以通过结构图纸号查阅结构图纸确定结构元件的设计厚度。

2）典型结构的 ADL（A）。

3）易损结构的典型补强修理方案（R）。

8.2.2　结构信息确定方法

损伤结构的结构种类是否属于次要结构以及结构损伤程度是否为允许损伤，决定了结构损伤是否影响飞机放行。损伤结构的材料种类、设计厚度、图纸号以及是否为 FCBS是确定结构损伤补强修理的静强度和刚度要求、腐蚀和疲劳防控要求的依据。结构损伤处理过程中需要根据 SRM 确定的结构信息包括以下几方面：

1）损伤结构的结构种类是否为 PSE？是否为 FCBS？

2）损伤结构的材料种类。

3）损伤结构的设计厚度。

4）损伤结构的图纸号。

确定结构信息的主要依据是结构损伤现场收集到的飞机信息和结构损伤位置信息。其中，确定结构信息需要的飞机信息主要包括机型和飞机号。确定结构信息方法如图8－6 所示，具体如下：

（1）根据损伤飞机的机型选择正确的 SRM。不同机型的 SRM 不同。必须根据损伤结构的飞机机型选择正确的 SRM。

（2）根据结构损伤所在的 ATA 章节、部件及子部件名称、结构元件名称及损伤部位等损伤总体位置信息，确定损伤结构所属 SRM 章节的结构信息部分（I）。

（3）根据损伤详细位置信息，确定结构损伤在损伤结构所属 SRM 章节结构信息部分（I）中结构信息图的位置。

（4）根据结构损伤所在 SRM 章节结构信息部分（I）中结构信息图的位置以及飞机号，确定损伤结构的设计厚度。结构设计厚度是评定结构表面损伤是否为允许损伤的主要依据。如果 SRM 没有给出损伤位置的结构设计厚度，可以进一步通过结构图纸号查找结构图纸确定结构设计厚度。相同结构但生产批次不同的飞机结构信息可能并不相同。因此，有时需要采用飞机号判断准确的结构信息。

（5）根据损伤结构的 ATA 章节、部件及子部件名称、结构元件名称及损伤部位等损伤总体位置信息，确定损伤结构的结构种类是否属于 PSE 以及是否属于 FCBS。

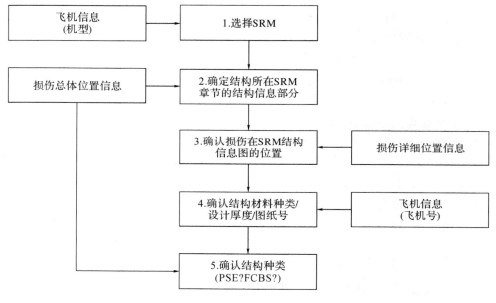

图 8-6 结构信息确定方法

8.3　外场次要结构损伤快速处理

运输类飞机绝大部分次要结构为飞机外表面的整流罩，外场容易遭受偶然损伤。次要结构失效后不影响飞机安全运行。因此，外场次要结构损伤不影响飞机放行。为了避免非计划停场，外场可以对次要结构损伤简单快速处理后放行飞机。除了位于飞机外表面气动外形敏感区域的尾翼前缘蒙皮之外，次要结构损伤的永久修理可以保留到停场时间较长的下次 C 检或以上级别的内场大修完成永久修理。次要结构一般属于可拆换件，在更换条件许可前提下可以拆下损伤结构进行换件修理。外场对次要结构损伤进行简单快速处理的目的如下：

（1）恢复飞机气动外形，减小飞行阻力。例如，尾翼前缘蒙皮的鸟击凹坑会破坏尾翼气动外形并大大增加飞行阻力，外场需要快速填充凹坑区域恢复气动外形后再放行飞机。

（2）防止结构损伤区域进一步扩大，减小后续修理成本。运输类飞机大多数次要结构损伤位于复合材料整流罩。复合材料整流罩损伤一般会破坏整流罩表面的保护漆层并引起整流罩表面局部破损。复合材料结构的增强纤维与树脂基体结合面连接强度较低。空气动力可能导致复合材料结构表面破损区域的增强纤维与树脂基体脱胶，引起损伤区域面积迅速扩大。复合材料结构还容易吸收水分。复合材料结构表面漆层破损容易导致潮气进入结构，进一步加快损伤区域面积扩大速度。因此，对复合材料整流罩，一般需要采用铝箔对损伤区域进行保护处理后再放行飞机。

采用铝箔恢复飞机外表面气动外形，防止结构损伤区域扩大，是外场结构损伤常用快速处理方法。典型外场结构损伤铝箔保护处理如图 8-7 所示。外场结构损伤铝箔保护处理方法如下。

图 8-7　平尾前缘蒙皮鸟击损伤外场铝箔保护处理

（1）采用清洁剂清洁结构外表面损伤区域。

（2）选用合适宽度的铝箔贴在结构损伤区域外表面并压实。铝箔边缘应超出结构损伤区域边缘至少 0.25 in。铝箔之间搭接宽度不少于 0.25 in。

（3）每天航后目视检查铝箔状态是否完好。如果发现铝箔存在松脱等缺陷，重新采用铝箔进行简单保护处理。

运输类飞机尾翼前缘蒙皮位于飞机外表面气动外形敏感区域并将参与主盒段扭矩的传递。尾翼前缘铝合金蒙皮容易遭受鸟击导致的凹坑、开裂等损伤。如果尾翼前缘铝合金蒙皮鸟击损伤严重，一般保留到航后采用拉铆钉进行临时补强修理，如图8-8所示。运输类飞机尾翼前缘铝合金蒙皮鸟击损伤的临时补强修理方法参见8.6节。

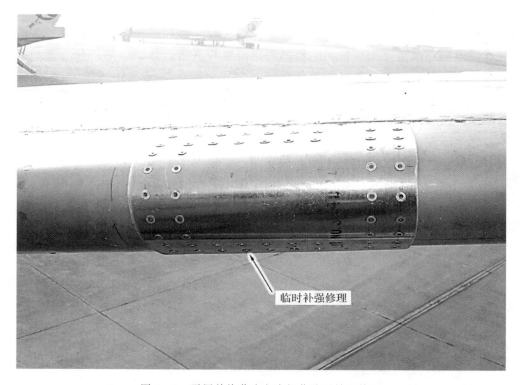

临时补强修理

图8-8 平尾前缘蒙皮鸟击损伤临时补强修理

8.4 外场允许损伤快速处理

8.4.1 允许损伤评定

1. 允许损伤评定方法

结构剩余承载能力能够满足极限载荷承载要求的结构损伤称为允许损伤。允许损伤不影响飞机安全运行，不需要补强修理或者更换结构。结构允许损伤极限或最大程度称为ADL。损伤程度不超过ADL的结构损伤是允许损伤。ADL一般通过SRM确定。通过SRM评定结构损伤是否为允许损伤的方法如图8-9所示，具体如下：

（1）根据损伤飞机的机型选择正确的SRM。不同机型的SRM不同，必须根据损伤结构的飞机机型选择正确的SRM。

（2）根据结构损伤所在的ATA章节、部件及子部件名称、结构元件名称及损伤部位等损伤总体位置信息，确定损伤结构所属SRM章节的结构信息部分（I）。

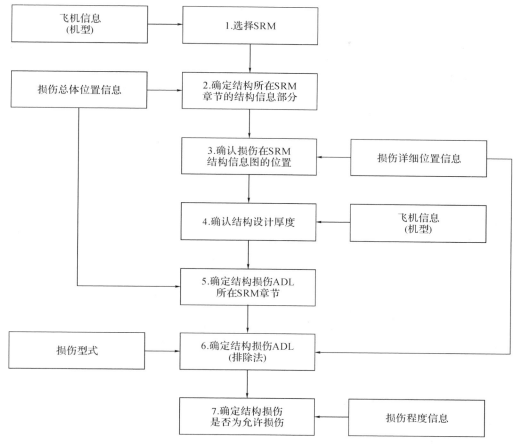

图 8-9　允许损伤评定方法

　　(3)根据损伤详细位置信息,确定结构损伤在损伤结构所属 SRM 章节结构信息部分(I)中结构信息图的位置。

　　(4)根据结构损伤所在 SRM 章节结构信息部分(I)中结构信息图的位置以及飞机号,确定损伤结构的设计厚度。结构设计厚度是评定结构表面损伤是否为允许损伤的主要依据。如果 SRM 没有给出损伤位置的结构设计厚度,可以进一步通过结构图纸号查找结构图纸确定结构设计厚度。相同结构但生产批次不同的飞机结构信息可能并不相同。因此,有时需要采用飞机号判断准确的结构信息。

　　(5)根据结构损伤所在的 ATA 章节、部件及子部件名称、结构元件名称及损伤部位等损伤总体位置信息,确定损伤结构所属 SRM 章节的 ADL 部分(A)。

　　(6)通过损伤结构所属 SRM 章节的 ADL 部分(A)确定损伤结构的 ADL。确定结构损伤的 ADL 时,一般根据结构损伤的损伤型式以及损伤详细位置信息,采用排除法确认最合适的 ADL。

　　(7)根据结构的损伤程度信息,将结构的损伤程度与 ADL 进行对比。如果结构的损伤程度没有超过 ADL,结构损伤属于允许损伤。如果结构的损伤程度超过 ADL,结构损伤不属于允许损伤。

2. 允许损伤评定依据

(1)结构表面损伤。腐蚀、刮伤、擦伤和划伤等结构表面损伤的允许损伤评定依据主要是损伤区域的最大深度。只要结构表面损伤区域的最大深度不超过结构表面损伤 ADL 允许的最大深度,这样的结构表面损伤就属于允许损伤。

(2)凹坑。凹坑的允许损伤评定依据分别是凹坑区域的最大深度以及最深点的轴宽与深度的比值。如果凹坑区域的最大深度不超过凹坑 ADL 允许的最大值,并且最深点的轴宽与深度的比值不小于 ADL 允许的最小值,这样的凹坑就属于允许损伤。

(3)孔。孔的允许损伤评定依据主要是孔的直径或长度以及孔的边距和间距。如果孔的直径或长度不超过孔 ADL 允许的最大值,并且孔的边距和间距不小于允许的最小值,这样的孔就是允许损伤。允许的孔最小边距一般是孔直径的 2 倍。允许的孔最小间距一般是孔直径的 4 倍。

(4)结构边缘损伤。结构边缘损伤的允许损伤评定依据主要是损伤区域边缘到结构边缘的宽度。如果结构损伤区域边缘到结构边缘的宽度不超过 ADL 允许的最大值,结构边缘损伤属于允许损伤。

8.4.2　外场允许损伤快速处理

蒙皮位于飞机外表面,外场容易遭受偶然损伤。除机翼和尾翼的前缘蒙皮之外,运输类飞机的蒙皮一般属于 PSE。蒙皮允许损伤的结构剩余承载能力能够满足极限载荷承载要求。另外,传统运输类飞机蒙皮材料一般是耐腐蚀和抗疲劳性能良好的 $2 \times \times \times$ 系列铝合金。为了避免非计划停场,外场铝合金蒙皮的允许损伤可以不用处理,直接放行飞机。铝合金蒙皮允许损伤的安全扩展周期较长,可以保留到停场时间较长的下次 C 检或者以上级别的内场大修完成永久修理。

运输类飞机复合材料蒙皮损伤一般会破坏蒙皮表面的保护漆层并引起蒙皮结构局部破损。复合材料结构的增强纤维与树脂基体结合面连接强度较低。空气动力可能导致复合材料蒙皮表面局部缺损区域的增强纤维与树脂基体脱胶,引起损伤区域面积迅速扩大。复合材料结构容易吸收水分。复合材料蒙皮表面漆层破损后容易导致潮气进入结构,进一步加快损伤区域扩大速度。因此,复合材料蒙皮损伤一般需要采用铝箔对损伤区域进行保护处理。外场复合材料蒙皮允许损伤的损伤区域铝箔保护处理方法,与 8.3 节的外场结构损伤铝箔保护处理方法相同。复合材料蒙皮允许损伤的安全扩展周期较长,可以保留到停场时间较长的下次 C 检或者以上级别的内场大修完成永久修理。

8.4.3　允许损伤永久修理要求

飞机用户应在允许损伤的修理保留期限之内完成允许损伤的修理。复合材料结构允许损伤的永久修理方法参考相应机型 SRM。

金属结构的允许损伤不仅会破坏结构表面的腐蚀防护层引起腐蚀,还会导致应力集中引起疲劳开裂。因此,金属结构允许安全的永久修理要求主要包括疲劳防控要求和腐蚀防控要求。金属结构允许损伤的永久修理要求如下所述。

1. 疲劳防控要求

金属结构允许损伤永久修理的疲劳防控要求是在飞机使用寿命期间内避免疲劳损伤引起飞机灾难性破坏。结构表面损伤、孔以及结构边缘损伤会改变结构承载截面形状,从而引起应力集中诱导结构疲劳开裂。因此,金属结构允许损伤永久修理的疲劳防控要求主要是通过简单修理降低应力集中。金属结构的允许损伤永久修理疲劳防控要求如下:

(1)孔。孔的应力集中系数一般不小于3,孔壁边缘区域容易出现疲劳开裂。铆钉成型过程中,铆钉杆会被镦粗、挤压紧固孔壁形成干涉配合降低应力幅值,从而提高结构紧固件孔壁区域的疲劳寿命。如果孔属于允许损伤,可以采用铝铆钉堵孔修理。外场为了避免进入飞机内部安装铆钉导致修理周期不可控,可以先采用拉铆钉堵孔。然后,在保留期限内将拉铆钉更换成铆钉。铆钉堵孔方法如图 8-10 所示。

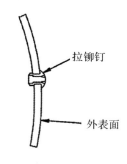
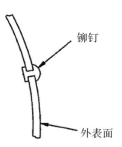

（a）外场抢修(临时修理)　　　　　　　（b）内场大修(永久修理)

图 8-10　铆钉堵孔方法

(2)结构边缘损伤。结构边缘损伤清除后,结构边缘凹陷引起的应力集中可能导致结构疲劳开裂。如果结构边缘损伤属于允许损伤,一般采取圆弧过渡方法降低应力集中。圆弧的半径 R 不得小于 SRM 规定值。结构边缘损伤圆弧过渡方法如图 8-11 所示。蒙皮边缘损伤的过渡圆弧半径一般不小于 1.0 in。

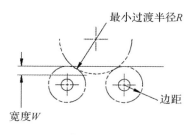
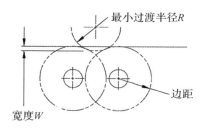

（a）紧固件孔边距不重合　　　　　　（b）紧固件孔边距重合

图 8-11　结构边缘损伤圆弧过渡方法

(3)腐蚀、擦伤、刮伤、划伤等结构表面损伤。损伤清除区域结构表面凹陷引起的应力集中可能导致结构疲劳开裂。结构表面凹陷区域的宽度 W 与深度 D 比值越小,应力集中越严重,结构表面凹陷区域越容易产生疲劳开裂。因此,需要根据 SRM 结构表面 ADL 给

定的宽度 W 与深度 D 比值要求进行斜坡过渡。结构表面损伤过渡方法如图 8-12 所示。结构损伤区域宽度 W 指结构材料长横向 LT 方向的宽度。不同基本结构型式的锪平过渡圆角半径 R 不同。蒙皮表面损伤过渡区域的宽度 W 与深度 D 的比值一般不小于 20，锪平过渡圆角半径 R 不小于 0.5 in。

2. 腐蚀防控要求

结构允许损伤永久修理的腐蚀防控要求是在飞机使用寿命期间内能够避免腐蚀影响飞机安全运行。结构表面主要通过漆层或者镀层等腐蚀防护层阻止电解液直接接触金属材料，从而达到腐蚀防控的目的。结构损伤一般会破坏结构表面的腐蚀防护层，使得电解液可以直接接触金属材料引起腐蚀。因此，允许损伤需要恢复结构表面腐蚀防护层。如果结构损伤位于飞机内部，还需要根据结构腐蚀环境喷涂合适的缓蚀剂。结构表面的腐蚀防护层要求取决于结构材料种类。不同结构材料的表面腐蚀防护层要求不同。运输类飞机金属结构表面腐蚀防护层的通用要求如下：

（1）铝合金结构。在铝合金蒙皮外表面先采用阿罗丁或水洗底漆进行表面处理后，喷涂一层防腐蚀底漆，再喷涂一层防腐蚀面漆。面漆硬度高，可以保护较软的底漆。如果结构损伤位于飞机内部区域，在损伤区域结构表面采用阿罗丁或水洗底漆进行表面处理后，一般喷涂两层防腐蚀底漆。两层防腐蚀底漆的防腐蚀效果比一层防腐蚀底漆和一层防腐蚀面漆的防腐蚀效果好，且重量更轻、漆层固化时间更短。

（2）合金钢结构。强度 220KSI 以下合金钢一般采用刷镀方式先刷镀一层镉，再喷涂一层防腐蚀底漆。强度 220KSI 及以上合金钢一般采用刷镀方式先刷镀一层镉-钛，然后喷涂一层防腐蚀底漆。

（3）耐蚀钢结构。耐蚀钢在大气环境中可以自钝化，耐蚀性很好，一般情况下不会产生腐蚀。因此，耐蚀钢结构的非连接部位一般采取钝化处理。由于耐蚀钢电位较高，可能会引起与其连接的铝合金等低电位金属腐蚀。耐蚀钢结构连接部位贴合面区域的结构表面一般采用刷镀方式镀镉后再喷涂一层防腐蚀底漆。

（4）钛合金结构。在自然环境下，钛合金结构表面极易形成稳定性很好且能"自愈"的氧化膜，耐蚀性非常好。因此，钛合金结构非连接部位区域一般不需要表面保护处理。但是钛合金电位较高，可能会引起与其连接的铝合金等低电位金属腐蚀。因此，钛合金结构连接部位贴合面的结构表面一般需要磷化后再喷涂一层防腐蚀底漆。

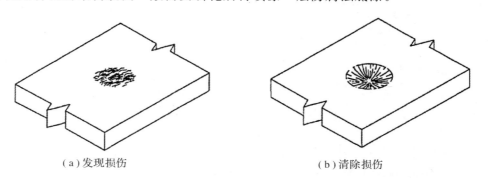

（a）发现损伤　　　　　　　　　　　（b）清除损伤

图 8-12　结构表面损伤过渡方法

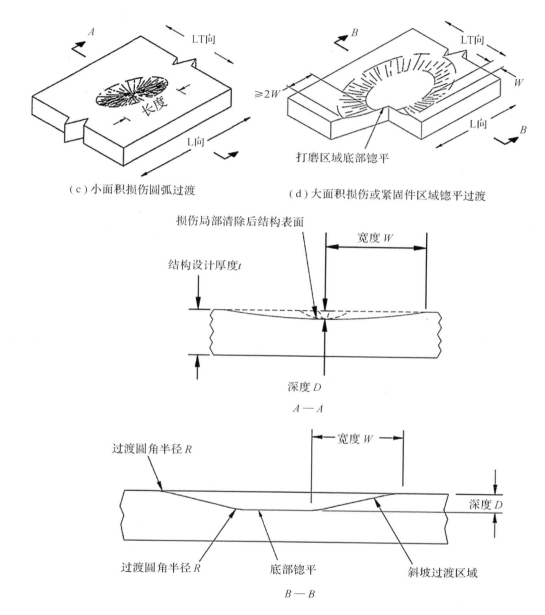

（c）小面积损伤圆弧过渡　　　　　（d）大面积损伤或紧固件区域锪平过渡

A—A

B—B

续图 8-12　结构表面损伤过渡方法

3. 经济性要求

蒙皮凹坑等损伤会破坏飞机外表面的气动外形增加飞行阻力,从而导致油耗上升。表 8-2 为某机型机翼上翼面蒙皮凹坑导致的阻力及其油耗测试数据。如果凹坑属于允许损伤,可以在内场大修等合适时机下,通过整形等简单修理恢复飞机外表面的气动外形。

表 8 - 2　某机型机翼上翼面蒙皮凹坑阻力及其油耗

凹坑位置及尺寸/in	当量阻力/lbs	油耗/(升·航段$^{-1}$)
气动敏感区域:4(直径)×0.6(深度)	5.4	5.0
非气动敏感区域:4(直径)×0.6(深度)	3.9	3.6

注:表中给出的阻力及其油耗是在航程约为 1 000 mi[1 mi(英里)=1.609 km],巡航速度 0.8Ma、巡航高度 35 000 ft[1 ft(英尺)=0.305 m]条件下的测试值。

8.5　外场不会引起飞机灾难性破坏的蒙皮损伤快速处理

蒙皮位于飞机外表面,外场容易遭受偶然损伤。运输类飞机蒙皮的结构种类包括次要结构和 SSI。其中,SSI 蒙皮包括其他 SSI 蒙皮和 PSE 蒙皮。除机翼和尾翼的前缘蒙皮之外,运输类飞机的蒙皮一般属于 PSE 蒙皮。对于影响飞机安全运行但不会引起飞机灾难性破坏的外场蒙皮损伤,可以简单处理后放行飞机。影响飞机安全运行但不会引起飞机灾难性破坏的运输类飞机蒙皮损伤包括:

(1)超出 ADL 范围的其他 SSI 蒙皮损伤。

(2)超出 ADL 范围但剩余承载能力不低于限制载荷的 PSE 蒙皮损伤。PSE 蒙皮损伤超过 ADL 后会影响飞机安全运行。但是,只要 PSE 蒙皮的剩余承载能力仍然能够满足限制载荷承载要求且不会导致机身增压区域漏气,蒙皮损伤虽然会影响飞机安全运行但不会引起飞机灾难性破坏。

为了避免非计划停场 AOG 补强修理,外场可以对影响飞机安全运行但不引起飞机灾难性破坏的复合材料蒙皮损伤简单、快速处理后放行飞机。金属蒙皮损伤一般不用处理。然后,保留蒙皮损伤的永久修理到合适时机完成。超出 ADL 范围的其他 SSI 蒙皮损伤最长保留期限为下次 C 检或者以上级别的内场大修。超出永久 ADL 范围但剩余承载能力不低于限制载荷的 PSE 蒙皮损伤的保留期限,取决于 PSE 蒙皮剩余承载能力下降到限制载荷时的损伤扩展周期。PSE 蒙皮损伤程度越轻,允许的保留期限越长。PSE 蒙皮损伤修理的最长保留期限为下次 C 检或者以上级别的内场大修。SRM 一般会给出影响飞机安全运行但不会引起飞机灾难性破坏的 PSE 蒙皮损伤保留期限。

现代运输类飞机的蒙皮可能为复合材料结构。复合材料蒙皮损伤一般会破坏蒙皮表面的保护漆层并引起蒙皮结构表面局部破损。复合材料结构的增强纤维与树脂基体结合面连接强度较低。空气动力可能导致复合材料蒙皮表面破损区域的增强纤维与树脂基体脱胶,引起损伤区域面积迅速扩大。复合材料结构容易吸收水分。复合材料蒙皮表面漆层破损容易导致潮气进入结构,进一步加快损伤区域扩大速度。对于影响飞机安全运行但不会引起飞机灾难性破坏的复合材料蒙皮损伤,外场可以采用铝箔对损伤区域进行保护处理,然后放行飞机。外场复合材料蒙皮损伤区域铝箔保护处理方法,与 8.3 节的外场结构损伤铝箔保护处理方法相同。

8.6　外场铝合金蒙皮损伤抢修

8.6.1　蒙皮损伤抢修思路

1. 蒙皮承载特性

运输类飞机蒙皮分为拉伸蒙皮和剪切蒙皮。机身以及机翼和尾翼的主盒段以及门等盒式梁结构的蒙皮为拉伸蒙皮。拉伸蒙皮一般为 PSE，内力包括拉力和剪力。其中，机身和门的蒙皮为双向拉伸蒙皮。机翼和尾翼主盒段的蒙皮为单向拉伸蒙皮。拉伸蒙皮补强修理时，拉伸方向承载截面需要恢复损失的拉伸极限承载能力，纯剪切承载截面需要恢复损失的剪切极限承载能力。拉伸蒙皮的拉力和剪力一般是大小随时间周期性变化的交变载荷。因此，运输类飞机拉伸蒙皮属于 FCBS。

尾翼的前缘蒙皮为剪切蒙皮。剪切蒙皮一般为次要结构，内力主要为剪力。剪切蒙皮一般是薄板且曲率较大，还以软板形式承受垂直于蒙皮表面空气动力导致的较小链式拉力。剪切蒙皮补强修理时，需要恢复承载截面损失的剪切极限承载能力。运输类飞机剪切蒙皮的剪力和链式拉力一般为交变载荷，会引起交变拉应力。但是，剪切蒙皮的交变拉应力中最大拉应力较低且应力幅值较小。因此，剪切蒙皮一般为非 FCBS。

2. 蒙皮抢修思路

除机翼和尾翼的前缘蒙皮之外，运输类飞机的蒙皮一般属于 PSE。在 PSE 蒙皮的剩余承载能力低于限制载荷承载要求后，蒙皮损伤可能会引起飞机灾难性破坏导致飞机不适航。根据《运输类飞机适航标准》第 25.379 条"飞机放行"条件，如果外场蒙皮损伤可能会引起飞机灾难性破坏，飞机需要非计划停场完成补强修理。外场蒙皮损伤补强修理包括永久补强修理和临时补强修理。如果外场蒙皮补强修理区域旧孔原装紧固件为高锁螺杆，或者蒙皮和飞机内部长桁、框等结构同时受损，一般采取永久补强修理。但是永久补强修理需要进入飞机内部安装铆钉等永久性紧固件，不仅修理周期长，还可能导致修理周期不可控。

如果外场损伤仅位于蒙皮且补强修理区域旧孔原装紧固件为铆钉或者拉铆钉，一般采用拉铆钉在飞机外表面进行临时补强修理，然后在给定保留期限内将蒙皮临时补强修理更换为永久补强修理。除了加强框、加强肋等需要将较高集中载荷加载给蒙皮的少数特殊部位紧固件为高锁螺杆之外，运输类飞机蒙皮的紧固件一般为铆钉。因此，绝大部分外场蒙皮损伤补强修理可以采用临时补强修理。外场蒙皮损伤采用拉铆钉在飞机外表面进行临时补强修理称为外场蒙皮损伤抢修。运输类飞机尾翼前缘蒙皮位于飞机外表面气动外形敏感区域并将参与主盒段扭矩的传递。如果尾翼前缘铝合金蒙皮鸟击损伤严重，一般保留到航后采用拉铆钉进行临时补强修理。

运输类飞机外场蒙皮损伤抢修的主要经济损失为非计划停场损失。运输类飞机外场蒙皮损伤抢修的基本原则是在一定期限内保证飞行安全基础上，最大限度地缩短抢修周期。除了尽量缩短非计划停场抢修周期之外，外场蒙皮损伤抢修主要关注以下安全性问题：

(1)蒙皮补强修理完成后飞机能不能飞？外场蒙皮损伤抢修的静强度和刚度能否满足飞机安全运行要求，决定了蒙皮补强修理完成后飞机能不能飞。如果 PSE 蒙皮补强修理不满足静强度和刚度要求，不允许放行飞机。

(2)蒙皮补强修理完成后飞机能飞多久？蒙皮补强修理完成后飞机能飞多久，主要取决于补强修理区域产生可能会引起飞机灾难性破坏的腐蚀和疲劳损伤的时间周期。

(3)能否及时检查发现补强修理区域拉铆钉松脱？拉铆钉在飞机使用过程中可能会松脱失效。因此，必须确定包括检查方法和检查间隔在内的外场蒙皮损伤抢修区域拉铆钉的补充检查要求。拉铆钉的补充检查要求属于外场蒙皮损伤抢修区域的损伤容限要求。

(4)外场蒙皮损伤抢修方案是否合法？飞机用户按照本章确定的外场蒙皮损伤抢修方案属于超出局方适航批准文件范围的修理方案，必须获得适航当局或者适航当局授权的 DMDOR 等机构批准。

由此可见，外场蒙皮损伤抢修要求包括静强度和刚度要求、腐蚀防控要求、疲劳防控要求、损伤容限要求和经济性要求。其中，静强度和刚度要求以及拉铆钉补充检查要求是外场蒙皮损伤抢修确保飞机安全运行的基本要求。静强度和刚度必须满足《运输类飞机适航标准》第 25.305 条"强度和变形"要求。拉铆钉补充检查必须满足《运输类飞机适航标准》第 25.571 条"结构的疲劳和损伤容限评定"要求。

外场蒙皮损伤抢修非计划停场抢修周期，主要取决于蒙皮临时补强修理腐蚀防控和疲劳防控要求对应的腐蚀防控和疲劳防控措施。运输类飞机要求铝合金蒙皮腐蚀和疲劳损伤从目视可检扩展到承载能力下降到限制载荷至少保证 2 个 C 检或者同等级别的大修间隔。只要外场蒙皮损伤抢修区域的拉铆钉不产生腐蚀且修理区域不产生积水或者较为严重的应力集中，蒙皮临时补强修理区域到下次 C 检或者以上级别的内场大修之前，不会产生引起飞机灾难性破坏的腐蚀和疲劳损伤。为了尽量缩短外场蒙皮损伤抢修的非计划停场周期，可以先根据飞机定期检修计划确定合适的外场蒙皮损伤抢修保留期限。然后，根据外场蒙皮损伤抢修保留期限，通过简化外场蒙皮损伤抢修的腐蚀防控和疲劳防控要求尽量缩短非计划停场抢修周期。外场蒙皮损伤抢修的最长保留期限一般为下次 C 检或者以上级别的内场大修。外场蒙皮损伤抢修思路如图 8-13 所示。

为了满足飞机用户机队正常运营的要求，对于容易遭受偶然损伤的飞机蒙皮区域，运输类飞机型号合格证持有人一般会在 SRM 中提供蒙皮临时补强修理方案和相应的永久补强修理方案。SRM 蒙皮补强修理方案已经得到型号合格证持有人所属适航当局的批准，并经过飞机用户所属适航当局批准和认可。因此，SRM 蒙皮临时补强修理方案的静强度和刚度要求以及拉铆钉的补充检查要求，可分别符合《运输类飞机适航标准》第 25.305 条"强度和变形"要求以及第 25.571 条"结构的疲劳和损伤容限评定"要求。然而，为了能够只将拉铆钉更换为铆钉就可以将蒙皮临时补强修理升级为永久补强修理，SRM 蒙皮临时补强修理方案的腐蚀防控措施和疲劳防控措施必须满足飞机整个使用寿命期间的安全运行要求，施工工序较多、修理周期较长，难以满足运输类飞机外场蒙皮损伤抢修周期要求，仅供外场蒙皮损伤抢修参考。外场蒙皮损伤抢修方案可以直接采用 SRM 蒙皮临时补强修理方案的静强度和刚度要求以及拉铆钉补充检查要求。根据 SRM 蒙皮临时补

强修理方案的静强度和刚度要求以及拉铆钉的补充检查要求制定外场蒙皮损伤抢修方案,具有以下突出优点:

(1)可以大大缩短抢修方案制定周期。

(2)重量轻。

(3)容易升级为永久补强修理。

(4)可以大大缩短适航当局或者适航当局授权机构的审批周期。静强度和刚度要求以及拉铆钉的补充检查要求是外场蒙皮损伤抢修方案的核心,也是适航当局或者适航当局授权机构的审核重点。外场蒙皮损伤抢修方案直接采用 SRM 蒙皮临时补强修理方案的静强度和刚度要求以及拉铆钉补充检查要求,容易通过适航当局或者适航当局授权 DMDOR 机构的审批。

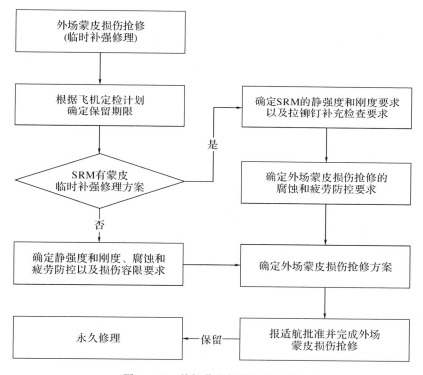

图 8-13　外场蒙皮损伤抢修思路

如果 SRM 没有合适的蒙皮临时补强修理方案,飞机用户需要根据外场蒙皮损伤抢修要求设计外场蒙皮损伤抢修方案。根据本章介绍的 SRM 蒙皮临时补强修理方案制定的外场蒙皮损伤抢修方案,以及根据外场蒙皮损伤抢修要求设计的外场蒙皮损伤抢修方案,均属于超出适航批准文件修理范围的修理方案,需要报适航当局或者适航当局授权 DM-DOR 等机构批准方可实施。

3. 外场蒙皮损伤抢修失效分析

(1)静强度和刚度失效。如果外场蒙皮损伤抢修不满足静强度和刚度要求,飞机使用期间蒙皮补强修理区域的补强件、紧固件或者蒙皮可能会出现屈服失效或者断裂失效等静强度和刚度失效。PSE 蒙皮一般承受剪力和拉力,外场蒙皮损伤抢修区域的静强度和刚度失效主要包括以下形式：

1）补强件拉伸失效。若补强件的拉伸极限承载能力小于蒙皮损失的拉伸极限承载能力，可能会导致补强件沿拉伸方向出现拉伸屈服失效或者沿垂直于拉伸方向出现断裂失效。外场蒙皮损伤抢修补强件拉伸失效的主要原因是补强件太薄。

2）补强件剪切失效。若补强件的剪切极限承载能力小于蒙皮损失的剪切极限承载能力，可能会导致补强件沿剪切方向出现剪切断裂失效。外场蒙皮损伤抢修补强件剪切失效的主要原因是补强件太薄。

3）蒙皮撕裂。外场蒙皮损伤抢修区域补强件边缘的蒙皮紧固件孔称为关键紧固件孔。蒙皮撕裂包括补强修理区域紧固件孔之间撕裂和关键紧固件孔到蒙皮边缘撕裂两种形式。紧固件孔之间撕裂的主要原因是紧固件列间距过小。关键紧固件孔到结构边缘撕裂的主要原因是紧固件列边距过小。

4）蒙皮紧固件孔壁挤压失效。补强修理区域有效紧固件数量不够且紧固件直径过大时，厚度较薄的蒙皮紧固件孔壁在拉铆钉挤压载荷的作用下，可能会出现挤压屈服或者开裂。蒙皮补强修理区域的拉伸方向每行有效紧固件少于 3 颗说明拉铆钉直径过大。

5）拉铆钉剪切失效。补强修理区域有效紧固件的数量不够且紧固件直径过小时，拉铆钉杆可能会沿平行于横截面方向剪切断裂。蒙皮补强修理区域的拉伸方向每行有效紧固件多于 6 颗说明拉铆钉直径过小。

6）拉铆钉拉伸失效。外场蒙皮损伤抢修采用的拉铆钉在飞机使用过程中可能会出现松动、脱落。此外，若补强修理区域拉铆钉直径不合适或者承受过大轴向载荷，可能会导致拉铆钉轴向拉力过大引起结构拉透，或者紧固件出现拉断、卡环脱落、松动等损伤。

（2）腐蚀和疲劳。除了机翼主盒段上蒙皮为 7××× 系列铝锌合金之外，运输类飞机铝合金蒙皮一般为抗疲劳性能较好的 2××× 系列铝铜合金材料。铝合金具有良好的抗腐蚀和抗疲劳性能。在补强件和填片材料与铝合金蒙皮材料相同且补强修理区域不存在积水和严重应力集中缺陷的前提下，外场蒙皮损伤抢修区域的腐蚀和疲劳损伤从目视可检扩展到承载能力低于限制载荷，至少需要 2 个 C 检或者同等级别的大修间隔。因此，外场蒙皮损伤抢修区域到下次 C 检或者以上级别内场大修的保留期限内，一般不会出现可能会引起飞机灾难性的腐蚀或者疲劳损伤。

8.6.2 根据 SRM 确定外场蒙皮损伤抢修要求

运输类飞机 SRM 蒙皮临时补强修理方案包含了蒙皮临时补强修理需要满足的静强度和刚度要求、腐蚀防控要求、疲劳防控要求以及损伤容限要求等适航要求以及经济性要求。SRM 蒙皮临时补强修理方案已经得到适航当局的批准，静强度和刚度要求以及拉铆钉补充检查要求分别满足《运输类飞机适航标准》第 25.305 条"强度和变形"要求以及第 25.571 条"结构的疲劳和损伤容限评定"要求。静强度和刚度要求以及拉铆钉的补充检查要求是外场蒙皮损伤抢修方案的核心。外场蒙皮损伤抢修方案的静强度和刚度要求以及拉铆钉补充检查要求，可以直接采用 SRM 蒙皮临时补强修理方案的静强度和刚度要求以及拉铆钉补充检查要求。

1. 选择 SRM 蒙皮临时补强修理方案

根据外场飞机蒙皮损伤规律,SRM 同一类蒙皮往往包含多个蒙皮临时补强修理方案。需要根据外场蒙皮损伤位置和损伤程度等信息,确定最合适的蒙皮临时补强修理方案。SRM 蒙皮临时补强修理方案确定方法如图 8-14 所示,具体如下:

(1)根据损伤飞机的机型选择正确的 SRM。不同机型的 SRM 不同,必须根据飞机机型选择正确的 SRM。

(2)根据蒙皮损伤所在的 ATA 章节、部件及子部件名称、蒙皮损伤部位等损伤总体位置信息,确定损伤蒙皮所属 SRM 章节的结构信息部分(I)。

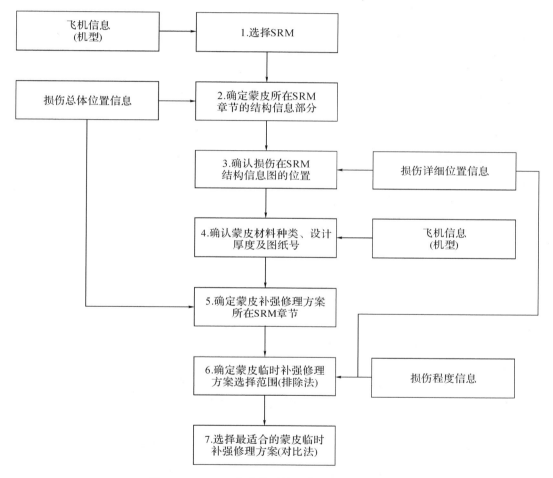

图 8-14　SRM 蒙皮临时补强修理方案确定方法

(3)根据损伤详细位置信息,确定蒙皮损伤在蒙皮所属 SRM 章节结构信息部分(I)中结构信息图的位置。

(4)根据蒙皮损伤所在 SRM 章节结构信息部分(I)中结构信息图的位置以及飞机号,确定损伤蒙皮的设计厚度。蒙皮设计厚度是评定蒙皮表面损伤是否为允许损伤以及补强修理静强度和刚度要求的主要依据。如果 SRM 没有给出损伤位置的蒙皮设计厚度,可以进一步通过蒙皮图纸号查找蒙皮图纸确定蒙皮设计厚度。相同蒙皮但生产批次不同的飞机蒙皮设计厚度可能并不相同。因此,有时需要采用飞机号判断准确的蒙皮设计厚度。

(5)根据蒙皮损伤所在的 ATA 章节、部件及子部件名称、损伤部位等损伤总体位置信息,确定蒙皮补强修理方案所属 SRM 章节。

(6)根据蒙皮补强修理方案所属 SRM 章节,蒙皮损伤详细位置信息、损伤程度信息、蒙皮设计厚度以及 SRM 补强修理方案的名称描述等信息,排除不适用的蒙皮补强修理方案。

(7)根据剩余蒙皮临时补强修理方案的适用范围(Applicability)等信息,对比确定最合适的蒙皮临时补强修理方案。

2. 确定 SRM 蒙皮临时补强修理方案的静强度和刚度要求

根据 SRM 确定外场蒙皮抢修临时补强修理的静强度和刚度要求时,一般根据 SRM 蒙皮临时补强修理方案的补强修理装配图理解蒙皮临时补强修理要求,找出 SRM 蒙皮临时补强修理方案已明确的静强度和刚度要求。对于 SRM 蒙皮临时补强修理方案中没有明确的静强度和刚度要求,按照 8.6.3 节内容确定。SRM 蒙皮临时补强修理方案的静强度和刚度要求如图8－15所示,具体如下:

(1)补强件的材料种类和厚度。根据蒙皮的材料种类和设计厚度、SRM 蒙皮临时补强修理方案给出的补强件材料种类和厚度要求确定方法,确定补强件的材料种类和厚度。

(2)紧固件的种类和直径。选择外场蒙皮损伤抢修用拉铆钉种类,关键是拉铆钉的空心套材料电位要高于铝合金蒙皮电位,以避免拉铆钉产生电偶腐蚀。SRM 蒙皮临时补强修理方案的紧固件有时会采用加大级小平头拉铆钉。为了缩短外场蒙皮损伤抢修周期,在紧固件材料、直径等相同前提下,最好将小平头拉铆钉改为连接强度更高、疲劳性能更好的小凸头拉铆钉。

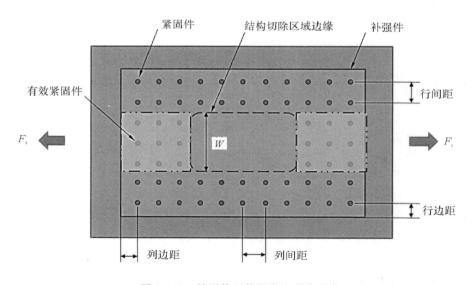

图 8－15　补强修理静强度和刚度要求

(3)紧固件的间距和边距。排列方向与蒙皮载荷方向平行的一排紧固件称为一行,排列方向与蒙皮载荷方向垂直的一排紧固件称为一列。紧固件间距指与蒙皮拉伸或剪切载荷方向平行或者垂直的相邻排紧固件孔中心距离。紧固件边距指结构边缘紧固件孔中心到结构边缘的距离。紧固件的间距和边距包括行间距和行边距、列间距和列边距。

（4）最少有效紧固件数量。有效紧固件指蒙皮损失承载截面对应区域的紧固件。

3. 确定 SRM 蒙皮临时补强修理方案的拉铆钉补充检查要求

SRM 蒙皮临时补强修理方案的拉铆钉补充检查要求包括检查部位和检查间隔。拉铆钉的重点检查部位是补强修理区域补强件最外排关键紧固件。

8.6.3　静强度和刚度要求

外场蒙皮损伤抢修必须满足《运输类飞机适航标准》第 25.305 条"强度和变形"的静强度和刚度要求。运输类飞机结构补强修理的静强度和刚度要求包括补强件的材料种类和厚度要求、紧固件的种类和直径要求、紧固件列间距和列边距要求以及最少有效紧固件数量要求。如果能够根据 SRM 找到类似蒙皮临时补强修理方案，外场蒙皮损伤抢修方案的静强度和刚度要求可以直接采用 SRM 蒙皮临时补强修理方案的静强度和刚度要求。如果 SRM 没有合适的蒙皮临时补强修理方案，或者 SRM 蒙皮临时补强修理方案没有明确的静强度和刚度要求，需要按照以下规则确定外场蒙皮损伤抢修方案的静强度和刚度要求。

1. 补强件的材料种类和厚度要求

在补强件与蒙皮材料种类相同的提下，补强件的厚度应至少比蒙皮设计厚度高一级。外场蒙皮损伤抢修采用厚度不超过 0.10 in 的标准厚度铝合金板制作单层补强件。铝合金板的标准厚度尺寸如下：

铝合金板标准厚度（单位为 in，厚度级别依次增加）：0.012，0.016，0.020，0.025，0.032，0.036，0.040，0.045，0.050，0.056，0.063，0.071，0.080，0.090，0.100。

例如：如果蒙皮材料为厚度 0.040 in 的 2024 - T3 包铝合金板，补强件应该选用厚度至少为 0.045 in 的 2024 - T3 包铝合金板。

2. 紧固件的种类和直径

紧固件主要作用是以剪切形式在补强件和被补强结构之间传递载荷。根据被补强结构与补强件之间紧固件的剪切面数量，补强修理紧固件连接方式分为单剪连接和双剪连接。典型紧固件单剪连接和双剪连接如图 8 - 16 所示。运输类飞机铝合金蒙皮外场抢修的拉铆钉一般为单剪连接。

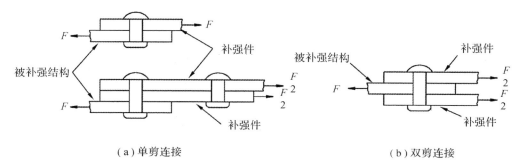

（a）单剪连接　　　　　　　　　　（b）双剪连接

图 8 - 16　典型紧固件单剪连接和双剪连接

　　补强修理区域单颗紧固件能够传递的最大载荷称为紧固件连接强度。拉铆钉的种类和直径决定了补强修理区域的拉铆钉连接强度。运输类飞机铝合金蒙皮材料一般为2×××系列铝合金。为了缩短补强修理周期、便于升级为永久补强修理且避免拉铆钉出现腐蚀,外场蒙皮损伤抢修一般使用5056铝合金空芯套材料的加大级小凸头拉铆钉。如果拉铆钉直径过小,补强修理区域拉铆钉可能会剪切失效或拉伸失效。如果拉铆钉直径过大,会引起补强修理区域关键紧固件孔应力过高导致疲劳裂纹。外场蒙皮损伤抢修的拉铆钉种类和直径应满足以下要求:

　　(1)补强修理区域所有拉铆钉的种类和直径应相同。

　　(2)如果补强修理区域蒙皮存在原装小平头铆钉旧孔,拉铆钉采用相同直径的5056铝合金空芯套加大级小凸头铝拉铆钉。

　　(3)如果补强修理区域全部为新孔,在满足连接强度前提下,补强修理区域优先选用直径不小于5/32 in5056铝合金空芯套加大级小凸头拉铆钉。5056铝合金空芯套拉铆钉直径不得小于蒙皮损失承载截面厚度的4倍。

　　运输类飞机外场蒙皮损伤抢修临时补强修理区域的拉铆钉直径主要取决于蒙皮的材料种类和厚度。除了机翼主盒段上蒙皮为7×××系列铝锌合金之外,传统运输类飞机铝合金蒙皮一般为疲劳性能较好的2024-T3包铝合金。运输类飞机外场蒙皮损伤抢修临时补强修理区域的拉铆钉一般为单剪连接。补强修理区域5056铝合金空芯套加大级小凸头拉铆钉的直径可以采用以下方法确定:

　　(1)根据蒙皮的材料种类和厚度,通过表8-3确定许可的拉铆钉直径范围。

　　(2)尽量选择拉铆钉直径许可范围内的中间值作为外场蒙皮损伤抢修临时补强修理的拉铆钉直径。拉伸蒙皮的拉伸方向每行拉铆钉数量应为3~6颗。

表 8-3　5056 铝合金空芯套加大级小凸头拉铆钉连接强度

紧固件种类	5056 铝套小凸头拉铆钉		
参考件号	NAS1738B,NAS1738E		
连接方式	单剪		
被连接结构材料	2024-T3 包铝合金或 2024-T3 裸铝合金		
	紧固件直径(in,实际直径加大 1/64in)		
蒙皮厚度/in	1/8	5/32	3/16
	0.125 0	0.156 2	0.187 5
	极限连接强度(lbs)		
0.020	199	216	228
0.025	267	305	330
0.032	368	428	473
0.036	397	496	555
0.040	427	565	635

续　表

0.045	453	605	725
0.050	480	650	815
0.056	504	689	860
0.063	504	735	910
0.071	504	765	975
0.080	—	765	1 027
0.090	—	—	1 027
0.100	—	—	1 027

3. 紧固件列间距和列边距

紧固件间距和边距一般以紧固件孔直径 D 的倍数表示。例如,4D 表示紧固件孔直径的 4 倍。凸头紧固件孔的直径为紧固件孔的内径。平头紧固件孔的直径为紧固件孔的平均直径。平头紧固件孔的直径取决于紧固件的种类和结构厚度,略大于紧固件杆段孔的内径。平头紧固件孔的直径一般需要通过 SRM 确定。平头紧固件孔的平均直径 D_{avg} 如图 8 - 17 所示。

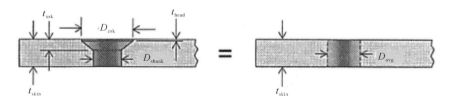

图 8 - 17　平头紧固件孔直径 D_{avg}

蒙皮位于飞机外表面。蒙皮主要承受空气动力导致的较小链式拉力,PSE 蒙皮还要承受其他结构加载的拉力和剪力。在尽量减轻补强修理重量前提下,为了避免补强修理区域蒙皮紧固件孔之间撕裂和关键紧固件孔到蒙皮边缘撕裂,外场蒙皮损伤抢修的紧固件列间距和列边距要求如下:

(1)列间距:4D～6D。为了减轻补强修理重量,紧固件的间距和边距应尽量靠近下限。

(2)列边距:不小于 2D。

4. 最少有效紧固件数量

(1)蒙皮损失承载能力。蒙皮损失承载能力是确定外场蒙皮损伤抢修方案最少有效紧固件数量的依据。根据《运输类飞机适航标准》第 25.305 条"强度和变形",运输类飞机蒙皮需要满足极限载荷承载要求。因此,蒙皮损失承载能力指承载截面损失的极限载荷承载能力。

蒙皮损失承载能力取决于损失承载截面的内力种类和承载面积。蒙皮内力包括拉力和剪力,如图 8－18 所示。其中,蒙皮损失承载截面内力存在拉力的 W 截面称为拉伸承载截面。蒙皮损失承载截面内力只存在剪力的 L 截面称为剪切承载截面。蒙皮 ADL 对应于设计承载裕度,不需承受结构载荷。计算蒙皮损失承载截面面积时,不包括 ADL 对应的截面面积。

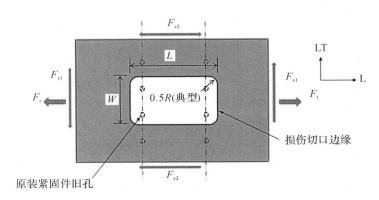

图 8－18　蒙皮内力及损失承载截面

1)拉伸承载截面损失的拉伸极限承载能力。蒙皮拉伸承载截面损失的拉伸极限承载能力,取决于蒙皮拉伸方向的材料拉伸强度和损失的拉伸承载面积。为了保证蒙皮同时满足《运输类飞机适航标准》第 25.305 条"强度和变形"的拉伸极限载荷承载要求和限制载荷承载要求,如果蒙皮材料的拉伸极限强度 F_{tu} 小于 1.5 倍的材料拉伸屈服强度 F_{ty},蒙皮的极限载荷承载能力就等于材料拉伸极限强度 F_{tu} 乘以蒙皮的拉伸承载面积;如果蒙皮材料的拉伸极限强度 F_{tu} 大于 1.5 倍的材料拉伸屈服强度 F_{ty},蒙皮的极限载荷承载能力就等于 $1.5F_{ty}$ 乘以结构的拉伸承载面积。蒙皮拉伸承载截面损失的拉伸极限承载能力 F_t 计算方法如下:

$$F_t = F_{du} \times W \times (t - t_{ADL})$$

式中:

F_t:蒙皮拉伸承载截面损失的拉伸极限承载能力。

F_{du}:蒙皮拉伸承载截面的材料拉伸强度(F_{du} 取 $1.5F_{ty}$ 和 F_{tu} 中的较小值,取表 2－3 中蒙皮铝合金材料强度的 B 值)。

W:蒙皮损失拉伸承载截面的宽度。如果蒙皮损失的拉伸承载截面有原装紧固件旧孔,且难以判断原装紧固件对于损失的拉伸承载截面是加载还是减载,计算蒙皮损失承载能力时不考虑切除区域原装紧固件旧孔减小的承载截面面积。

t:蒙皮损失拉伸承载截面的设计厚度。

t_{ADL}:蒙皮 ADL 对应厚度。

2)剪切承载截面损失的剪切极限承载能力。蒙皮剪切承载截面损失的剪切极限承载能力,取决于蒙皮材料的剪切极限强度和损失的剪切承载面积。蒙皮剪切承载截面损失的剪切极限承载能力 F_{s2} 计算方法如下:

$$F_{s2} = F_{su} \times L \times (t - t_{ADL})$$

式中：

F_{s2}：蒙皮剪切承载截面损失的剪切极限承载能力。

F_{su}：蒙皮材料剪切极限强度（取表 2-3 中蒙皮铝合金材料强度的 B 值）。

L：蒙皮损失剪切承载截面的长度。如果蒙皮损失承载截面有原装紧固件旧孔，且难以判断原装紧固件对于损失承载截面是加载还是减载，计算蒙皮损失承载能力时不考虑切除区域原装紧固件旧孔减小的承载截面面积。

t：蒙皮损失剪切承载截面的设计厚度。

t_{ADL}：蒙皮 ADL 对应厚度。

（2）紧固件连接强度。如果紧固件的间距不小于 4D、边距不小于 2D，根据 5056 铝合金空芯套加大级小凸头拉铆钉的直径以及蒙皮的材料种类和损失承载截面厚度最小值，通过表 8-3 确定紧固件在蒙皮中连接强度。

（3）最少有效紧固件数量。为了满足《运输类飞机适航标准》第 25.305 条"强度和变形"的极限载荷承载要求，蒙皮补强修理有效紧固件的总连接强度不得小于蒙皮损失承载能力。如最少有效紧固件数量计算结果有小数，采用收尾凑整法。最少有效紧固件数量计算方法为

$$最少有效紧固件数量 = \frac{蒙皮损失承载能力}{紧固件连接强度}$$

8.6.4　腐蚀防控要求

运输类飞机结构修理腐蚀防控要求主要包括紧固件种类以及修理件材料选择、表面保护、防腐蚀密封、排水以及缓蚀剂使用六个方面。SRM 蒙皮临时补强修理方案中腐蚀防控措施的施工周期太长，难以满足外场蒙皮损伤抢修要求。为了尽量缩短外场蒙皮损伤抢修周期，需要根据外场蒙皮损伤抢修的保留期限尽量简化腐蚀防控措施。

运输类飞机外场蒙皮损伤抢修的腐蚀防控要求是在保留期限内避免补强修理区域腐蚀引起飞机灾难性破坏。外场蒙皮损伤抢修的最长保留期限为补强修理完成后的下次 C 检或者以上级别的内场大修。外场蒙皮损伤抢修腐蚀防控的关键是拉铆钉空心套材料电位要高于蒙皮电位，避免拉铆钉产生电偶腐蚀。在此前提下，只要补强件和填片材料与铝合金蒙皮材料相同且补强修理区域不存在积水，外场蒙皮损伤抢修临时补强修理区域在保留期限内一般不会出现引起飞机灾难性破坏的腐蚀。因此，外场蒙皮损伤抢修只需满足以下基本腐蚀防控要求。

1. 表面腐蚀防护要求

飞机蒙皮分为机身增压边界蒙皮和非机身增压边界蒙皮。要求机身增压边界蒙皮损伤抢修不仅能够在保留期限内避免腐蚀引起飞机灾难性破坏，还要能防止补强修理区域漏气导致机身失压和增加飞行阻力。表 8-4 为某机型机身蒙皮漏气导致的飞行阻力和油耗测试数据。因此，对机身增压边界蒙皮损伤抢修的蒙皮与补强件之间贴合面区域，需

要采用防腐蚀密封胶进行贴合面密封。对油箱密封边界的蒙皮与补强件之间贴合面区域,需要采用密封胶进行贴合面密封防止燃油渗漏。机身增压边界以及油箱密封边界的铝合金蒙皮抢修的表面腐蚀防护一般按照以下步骤进行:

(1)对补强修理区域的蒙皮和补强件采用阿罗丁或者水洗底漆进行表面处理。

(2)在蒙皮和补强件的贴合面区域结构表面各喷涂一层防腐蚀底漆。如果补强修理区域外表面不喷涂面漆,补强件外表面可以不喷涂底漆。

(3)结构表面底漆固化后,采用拉铆钉安装补强件。补强件与蒙皮的贴合面区域需要采用防腐蚀密封胶进行贴合面密封。拉铆钉等临时性紧固件不用涂密封胶湿装配。在补强修理区域的密封胶固化到不黏手状态(Tack Free)之后,飞机才可进行增压渗漏测试。外场蒙皮损伤抢修可采用固化时间较短的快干型防腐蚀密封胶。

(4)视情在飞机外表面喷涂一层面漆。面漆主要作用是保护防腐蚀底漆。由于面漆固化时间较长且需要防腐蚀密封胶固化后才能喷涂,外场蒙皮损伤抢修中可以不喷面漆。

对不属于机身增压边界和油箱密封边界的蒙皮补强修理,不必担心渗漏问题。为了进一步缩短外场蒙皮抢修周期、便于下次重新修理升级为永久补强修理,补强件与蒙皮之间贴合面一般不需要贴合面密封。除油箱密封边界之外,非机身增压边界铝合金蒙皮临时补强修理的表面腐蚀防护一般按照以下步骤进行:

(1)对补强修理区域的蒙皮和补强件表面采用阿罗丁或者水洗底漆进行表面处理。

(2)在蒙皮和补强件的贴合面区域喷涂一层防腐蚀底漆。如果补强修理区域外表面不喷涂面漆,补强件外表面可以不喷涂底漆。

(3)结构表面底漆固化之后,采用拉铆钉安装补强件。

表 8-4 某机型机身蒙皮漏气对应的飞行阻力和油耗

机身增压区域蒙皮补强修理漏气	当量阻力/lbs	油耗/(升·航段$^{-1}$)
漏气长度为 10 in	73.2	68.2

注:表中阻力和油耗数据是在航程约 1 000 mi,巡航速度 0.8 Ma、巡航高度 35 000 ft 的测试结果。

2. 排水要求

飞机内部冷凝水等是铝合金结构腐蚀所需电解液的主要来源。一旦外场蒙皮损伤抢修区域积水,腐蚀的形成和扩展速度将大幅升高。避免补强修理区域积水是外场蒙皮损伤抢修腐蚀防控的重点。外场蒙皮损伤抢修应满足以下排水要求:

(1)避免形成凹陷等容易积水区域。如果蒙皮损伤切除区域位于机身中下部或底部等容易积水区域,应采用密封胶填平蒙皮切除区域。操作方法是在安装补强件前,先在蒙皮切除区域对应的补强件表面涂上一定厚度的密封胶湿安装。

(2)飞机内部的积水需要通过飞机底部的排水孔、排水缝等排水通道排到飞机外面。补强修理区域的补强件或者密封胶不得堵塞蒙皮的排水孔、排水缝等排水通道。典型蒙皮排水孔如图 8-19 所示。

图 8 - 19　典型机身底部蒙皮排水孔

8.6.5　疲劳防控要求

　　SRM 蒙皮临时补强修理方案中疲劳防控措施的施工周期太长,难以满足外场蒙皮损伤抢修要求。为了缩短外场蒙皮损伤抢修周期,需要根据蒙皮临时补强修理的保留期限尽量简化疲劳防控措施。

　　运输类飞机外场蒙皮损伤抢修的疲劳防控要求是在保留期限内避免蒙皮补强修理区域疲劳裂纹引起飞机灾难性破坏。外场蒙皮损伤抢修的保留期限为补强修理完成后的下次 C 检或者以上级别的内场大修。只要补强件材料与铝合金蒙皮材料相同且补强修理区域不存在严重的应力集中缺陷,外场蒙皮损伤抢修临时补强修理区域一般不会出现引起飞机灾难性破坏的疲劳损伤。因此,外场蒙皮损伤抢修的疲劳防控要求重点是避免补强修理区域产生严重的应力集中。外场蒙皮损伤抢修应满足以下疲劳防控基本要求。

　　1. 紧固件的行间距和行边距

　　如果紧固件的行间距和行边距过小,孔应力集中区域相互叠加会引起紧固件孔边缘或者蒙皮边缘应力升高,如图 8 - 20 所示。为了避免紧固件孔应力集中区域相互叠加导致过早出现疲劳裂纹,紧固件的行间距和行边距应满足最小值要求。除了承受空气动力导致的较小链式拉力外,PSE 蒙皮还承受其他结构加载的拉力和剪力。外场蒙皮损伤抢修疲劳防控的行间距和行边距要求如下:

(1)拉伸方向：行间距不小于5D，行边距不小于2.5D。

(2)其余：行间距不小于4D，行边距不小于2D。

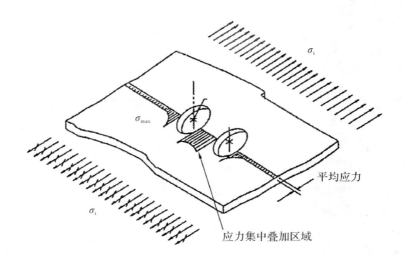

图8-20 紧固件孔应力集中

2. 损伤切除区域要求

运输类飞机蒙皮损伤切除区域形状一般为矩形，矩形的边与蒙皮的拉力或剪力方向平行或者垂直。为了减小应力集中，矩形切除区域的四个角必须是半径不小于0.5 in的圆角。如果蒙皮损伤区域长度小于1 in，可以采取圆形方式切除损伤区域后简单补强修理。蒙皮损伤切除区域边缘一般按照以下步骤进行归零处理：

(1)采用便携式高频涡流检查仪器检测蒙皮切除区域边缘，确认蒙皮切除区域边缘没有裂纹信号。如果发现裂纹信号，采用铣刀等工具铣切残留裂纹信号区域边缘。然后重新采用高频涡流检测，直到确认没有裂纹信号为止。

(2)采用铣刀等工具沿蒙皮切除区域边缘再切除0.04 in宽度的蒙皮材料。

3. 表面粗糙度要求

蒙皮表面过于粗糙会导致应力集中过高诱导疲劳裂纹。外场蒙皮损伤抢修区域的结构表面粗糙度Ra一般不超过125 μin。

4. 埋头窝要求

对于运输类飞机，为了保持飞机外表面气动外形光滑、减小飞行阻力，蒙皮旧孔的原装紧固件一般为小平头紧固件。补强修理区域蒙皮与补强件贴合面区域原装紧固件旧孔埋头窝间隙会降低拉铆钉的使用寿命，需要使用埋头窝垫片垫平。埋头窝垫片可以直接采用与旧孔原装铆钉相同的铆钉头加工制成。蒙皮旧孔埋头窝垫片要求如图8-21所示。

5. 紧固件排列要求

蒙皮补强修理区域补强件边缘的蒙皮关键紧固件孔应力最高。补强修理区域旧孔原装紧固件一般会通过蒙皮内部框等结构给蒙皮加载，旧孔区域的应力也比较高。为了避免关键紧固件孔与蒙皮旧孔原装紧固件载荷叠加引起过早疲劳开裂,如果外场蒙皮损伤抢修区域关键排紧固件孔为旧孔,补强件应延伸跨过旧孔至少一排紧固件。

蒙皮拉伸方向每行有效紧固件的数量不得少于 3 颗或者多于 6 颗。否则,会导致蒙皮补强修理区域关键紧固件处应力过高引起过早疲劳开裂。

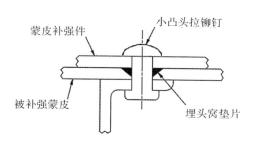

图 8-21　蒙皮旧孔埋头窝垫片要求

8.6.6　损伤容限要求

《运输类飞机适航标准》第 25.571 条"结构的损伤容限和疲劳评定"要求:必须评估并制定结构检查要求,在飞机使用期间避免由于疲劳、腐蚀、制造缺陷或意外损伤引起的灾难性破坏。运输类飞机外场蒙皮损伤抢修的损伤容限要求是在保留期限内,及时检查发现补强修理区域蒙皮、补强件以及拉铆钉的损伤或缺陷,避免引起飞机灾难性破坏。

运输类飞机外场蒙皮损伤抢修的损伤容限要求包括临时补强修理更换为永久补强修理的保留期限和补强修理区域的结构补充检查要求。外场蒙皮损伤抢修的保留期限为补强修理完成后的下次 C 检或者以上级别的内场大修。只要补强件和填片材料与铝合金蒙皮材料相同且满足外场蒙皮损伤抢修的腐蚀和疲劳防控要求,补强修理区域不会出现引起飞机灾难性破坏的腐蚀和疲劳损伤。但是,外场蒙皮损伤抢修采用的拉铆钉在使用过程中可能会出现松动、脱落。因此,外场蒙皮损伤抢修的结构补充检查要求,主要是能够及时检查发现拉铆钉可能出现的松动、脱落。一旦检查发现蒙皮损伤抢修区域的拉铆钉松动、脱落,需要更换松动、脱落的拉铆钉。外场蒙皮损伤抢修区域的拉铆钉检查要求如下:

(1)检查对象。飞机使用过程中外场蒙皮损伤抢修区域的拉铆钉都可能出现松动、脱落。其中,蒙皮补强修理区域补强件边缘的关键紧固件孔以及补强修理区域的旧孔部位应力最高,拉铆钉最容易松动、脱落,是重点检查部位。

(2)检查方法。外场蒙皮损伤抢修区域的拉铆钉检查方法一般为详细目视检查(DVI)。

(3)检查间隔。如果外场蒙皮损伤抢修采用的拉铆钉与 SRM 蒙皮临时补强修理方案的拉铆钉相同,外场蒙皮损伤抢修的拉铆钉补充检查间隔可以直接采用 SRM 蒙皮临时补强修理方案的拉铆钉补充检查间隔。否则,外场蒙皮损伤抢修的拉铆钉补充检查间隔是补强修理完成后的每个 A 检或者同等级别定期检修间隔。

8.6.7　经济性要求

为了保持飞机外表面气动外形光滑、降低飞行阻力,可以根据飞机允许的停场时间视情对补强件边缘进行倒角。蒙皮补强件边缘倒角要求如图 8-22 所示。

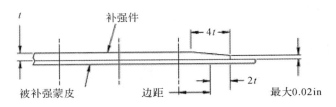

图 8-22　蒙皮补强件边缘倒角要求

8.6.8　典型案例

某 737-800 飞机航后检查发现机身后货舱左侧 BS727～BS747/S18～S19 区域长桁之间蒙皮损伤。机身蒙皮材料为 2024-T3 0.040 包铝,损伤切除区域长度 L 为 5.0 in,宽度 W 为 7.5 in,补强修理区域旧孔原装紧固件为直径 3/16 in 小平头 2017-T3 铝铆钉。蒙皮 ADL 为结构设计厚度的 15%。蒙皮损伤尺寸如图 8-23 所示。请确定外场蒙皮损伤抢修方案。

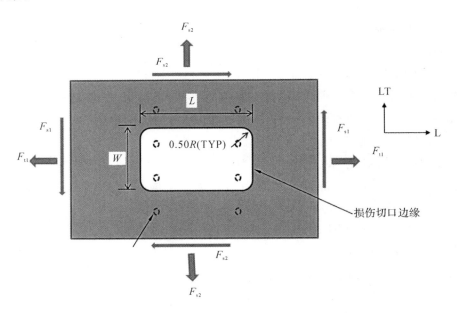

图 8-23　机身蒙皮损失承载能力计算方法

1. 切除结构损伤区域

运输类飞机增压区域的机身蒙皮为环向和纵向双向拉伸蒙皮。由于蒙皮损伤长度超过 1 in,采用矩形方式切除蒙皮损伤。矩形的边与蒙皮拉力平行或者垂直,四个角的圆角半径至少 0.50 in。蒙皮损伤切除区域的边缘按照以下步骤进行归零处理：

（1）采用便携式高频涡流检查仪器检测蒙皮切除区域边缘，确认损伤切除区域边缘没有裂纹信号。如果发现裂纹信号，采用铣刀等工具铣切残留裂纹信号区域边缘。然后，重新采用高频涡流检测，直到确认没有发现裂纹信号为止。

（2）采用铣刀等工具沿蒙皮损伤切除区域边缘再切除 0.04 in 宽度的蒙皮材料。

2. 确定蒙皮损伤抢修思路

蒙皮损伤发生在航后且损伤仅位于机身蒙皮，蒙皮损伤区域旧孔原装紧固件为铆钉。可以采用拉铆钉在飞机外表面进行临时补强修理，保留至下个 C 检或者以上级别的内场大修更换为永久补强修理。

为了缩短确定外场蒙皮损伤抢修方案以及方案适航审批周期，对于本案例机身蒙皮外场损伤，拟首先通过 737 - 800 SRM 确定有无合适的蒙皮临时补强修理方案。如果 SRM 能够找到合适的蒙皮临时补强修理方案，则在直接采用 SRM 蒙皮临时补强修理方案的静强度和刚度要求以及拉铆钉补充检查要求基础上，根据外场蒙皮损伤抢修腐蚀和疲劳防控要求制定外场蒙皮损伤抢修方案。如果通过 737 - 800 SRM 不能找到合适的蒙皮临时补强修理方案，就应根据外场蒙皮损伤抢修要求确定外场蒙皮损伤抢修方案。

3. 根据 SRM 确定外场蒙皮损伤抢修要求

根据本案例蒙皮损伤位置、损伤程度等信息，可以确认 737 - 800 SRM 中临时补强修理方案 SRM 53 - 00 - 01 - 2R - 4"采用拉铆钉在飞机外表面对机身长桁之间的蒙皮进行补强修理"（external repair of fuselage skin between stringers with blind rivets）适合本案例外场蒙皮损伤抢修。根据 737 - 800 SRM 53 - 00 - 01 - 2R - 4，确定本案例外场蒙皮损伤抢修的静强度和刚度要求以及拉铆钉补充检查要求如下：

（1）SRM 53 - 00 - 01 - 2R - 4 的静强度和刚度要求如下：

1）紧固件种类和直径：本案例中机身蒙皮损失承载截面厚度为 0.040 in。补强修理区域旧孔采用直径 3/16 in 的 NAS1738E6 铝合金小凸头加大级拉铆钉，新孔也应采用直径 3/16 in 的 NAS1738E6 铝合金小凸头加大级拉铆钉。

2）紧固件间距和边距：间距 0.88～1.09 in，边距不小于 2.5D(0.50 in)。

3）最少有效紧固件数量：机身蒙皮环向每行至少 4 颗，纵向每行至少 4 颗。

4）补强件材料种类和厚度：运输类飞机结构平头紧固件的划窝深度不得超过 67% 结构厚度。本案例中机身蒙皮材料为 2024 - T3 0.040 包铝。为了便于将临时补强修理更换为永久补强修理，且满足永久补强修理采用的直径 3/16 in 铝合金小平头铆钉划窝深度要求，SRM 53 - 00 - 01 - 2R - 4 采用的补强件材料为 2024 - T3 0.063 包铝。

（2）SRM 53 - 00 - 01 - 2R - 4 的拉铆钉补充检查要求如下：

1）检查方法：详细目视检查（DVI）。

2）检查间隔：1 300 次飞行起落。

4. 静强度和刚度要求

本案例外场蒙皮损伤抢修的静强度和刚度要求，可以直接采用 737 - 800 SRM 53 - 00 - 01 - 2R - 4 蒙皮临时补强修理方案的静强度和刚度要求。如果 SRM 没有合适的蒙皮临时补强修理方案，或者 SRM 蒙皮临时补强修理方案没有给出的静强度和刚度要求，可以按照以下方法确定外场蒙皮损伤抢修的静强度和刚度要求。

（1）补强件材料种类和厚度。根据外场蒙皮损伤抢修的静强度和刚度要求，在补强件与蒙皮的材料种类相同前提下，补强件厚度应至少比蒙皮厚度高一级。本案例中机身蒙皮的材料为 2024－T3 0.040 包铝，补强件应至少采用 2024－T3 0.045 包铝。

（2）紧固件种类和直径。本案例蒙皮补强修理区域旧孔原装紧固件为直径的 3/16 in2017－T3 铝合金小平头铆钉。补强修理区域蒙皮旧孔应选用直径 3/16 in 的 NAS1738E6 铝合金小凸头加大级拉铆钉。由于补强修理区域所有紧固件材料种类和直径应相同，补强修理区域新孔也选用直径 3/16 in 的 NAS1738E6 铝合金小凸头加大级拉铆钉。如果补强修理区域蒙皮拉伸方向每行有效紧固件为 3～6 颗，则证实拟采用的紧固件种类和直径满足要求。

（3）紧固件间距和边距。运输类飞机增压区域的机身蒙皮为环向和纵向双向拉伸蒙皮。本案例中蒙皮损伤位于机身增压区域，属于 FCBS。为了同时满足静强度和刚度要求以及疲劳防控要求，紧固件间距应为 5D～6D，即 0.94～1.1 in。紧固件边距应不小于 2.5D，即边距至少 0.5 in。为了减轻补强修理重量，应使紧固件的间距和边距尽量靠近下限值。

（4）最少有效紧固件数量。

1）蒙皮损失承载能力。运输类飞机增压区域的机身蒙皮为环向和纵向双向拉伸蒙皮。进行机身蒙皮补强修理时，在损伤切除区域长度和宽度方向均需要考虑损失的拉伸极限承载能力。机身蒙皮损伤切除区域宽度 W 承载截面和长度 L 承载截面损失的拉伸极限承载能力计算简图如图 8－23 所示，计算公式为

$$F_{t1} = F_{du1} \times W \times (t - t_{ADL})$$
$$F_{t2} = F_{du2} \times L \times (t - t_{ADL})$$

其中：

F_{t1}：蒙皮损伤切除区域宽度 W 承载截面损失的拉伸极限承载能力。

F_{t2}：蒙皮损伤切除区域长度 L 承载截面损失的拉伸极限承载能力。

F_{du1}：蒙皮材料 L 方向的拉伸强度（F_{du} 取 $1.5F_{ty}$ 和 F_{tu} 中较小值，取表 2－3 中蒙皮铝合金材料强度的 B 值）。根据表 2－3，2024－T3 0.040 包铝蒙皮 F_{ty-L} 为 45×10^3 KSI，F_{tu-L} 为 61×10^3 KSI，F_{du1} 为 61×10^3 KSI。

F_{du2}：蒙皮材料 LT 方向的拉伸强度（F_{du} 取 $1.5F_{ty}$ 和 F_{tu} 中较小值，取表 2－3 中蒙皮铝合金材料强度的 B 值）。根据表 2－3，2024－T3 0.040 包铝蒙皮 F_{ty-LT} 为 40×10^3 KSI，F_{tu-LT} 为 60×10^3 KSI，F_{du2} 为 60×10^3 KSI。

W：蒙皮损伤切除区域宽度。本案例中，W 为 7.5 in。

L：蒙皮损伤切除区域长度。本案例中，L 为 5.0 in。

t：蒙皮损失承载截面的设计厚度。本案例中，t 为 0.040 in。

t_{ADL}：蒙皮 ADL 对应厚度。本案例中 t_{ADL} 为 15%t，即 0.006 in。

根据图 8－23 可知，机身蒙皮损伤切除区域宽度 W 承载截面和长度 L 承载截面损失的拉伸极限承载能力 F_{t1} 和 F_{t2} 分别为

$$F_{t1} = F_{du1} \times W \times (t - t_{ADL})$$
$$= 61 \times 10^3 \times 7.5 \times (0.040 - 0.006)$$
$$= 15555 \text{ lbs}$$

$$F_{t2} = F_{du2} \times L \times (t - t_{ADL})$$
$$= 60 \times 10^3 \times 5.0 \times (0.040 - 0.006)$$
$$= 10\ 200 \text{ lbs}$$

2)最少有效紧固件数量。根据表 8-3 可知:每颗直径 3/16 in 的 NAS1738E6 小凸头铝合金拉铆钉在 2024-T3 0.040 包铝下的承载能力为 635 lbs。损伤切除区域长度 W 方向最少有效紧固件数 n_1 和宽度 L 方向最少有效紧固件数 n_2 分别为

$$最少有效紧固件数量 = \frac{蒙皮损失承载能力}{紧固件连接强度}$$

$$n_1 = \frac{15\ 555}{635} = 24.5(25\ 颗)$$

$$n_2 = \frac{10\ 200}{635} = 16.06(17\ 颗)$$

在满足行间距和行边距的前提下,蒙皮损伤切除区域宽度 W 方向承载截面紧固件排 7 行,每行有效紧固件 4 颗(共 28 颗)。蒙皮损伤切除区域长度 L 方向承载截面紧固件排 5 行,每行有效紧固件 4 颗(共 20 颗)。损伤切除区域长度方向和宽度方向均满足每行有效紧固件 3~6 颗要求,与 737-800 SRM 53-00-01-2R-4 蒙皮临时补强修理方案的"环向每行 4 颗、纵向每行 4 颗"的最少有效紧固件数量要求一致。

5. 腐蚀防控要求

(1)表面腐蚀防护。本案例中机身蒙皮损伤位于运输类飞机机身增压区域,蒙皮材料为 2024-T3 包铝。NAS 1738E6 拉铆钉在蒙皮损伤抢修保留期限内一般不会产生腐蚀。因此,外场蒙皮损伤抢修区域的结构表面腐蚀防护按照以下步骤进行:

1)对补强修理区域的蒙皮和补强件,采用阿罗丁或者水洗底漆进行表面处理。

2)在补强修理区域的蒙皮和补强件表面,至少喷涂一层防腐蚀底漆。由于面漆固化时间较长且需要等防腐蚀密封胶固化后才能喷涂,外场蒙皮损伤抢修区域飞机外表面可以不喷涂面漆。如果外场蒙皮损伤抢修区域飞机外表面不喷涂面漆,补强件外表面不喷涂底漆。

3)在结构表面底漆固化之后,采用拉铆钉安装补强件。对补强件与蒙皮的贴合面区域需要采用防腐蚀密封胶进行贴合面密封。拉铆钉不用涂密封胶湿装配。在补强修理区域的密封胶固化之后才可以进行机身增压渗漏测试。为了缩短密封胶固化时间,贴合面密封一般采用固化时间较短的快干型密封胶。

(2)排水。本案例中蒙皮损伤位于机身后货舱左侧 BS727~BS747/S18~S19 之间侧壁,蒙皮切除区域不会形成凹陷积水区域,补强件也不会堵塞蒙皮排水孔、排水缝等排水通道。因此,本案例中不必考虑排水问题。

6. 疲劳防控要求

(1)表面粗糙度。本案例中蒙皮补强修理区域结构表面粗糙度 Ra 不超过 125 μin。

（2）埋头窝要求。本案例中补强修理区域蒙皮旧孔原装紧固件为直径 3/16 in 的 2017 - T3 铝合金小平头铆钉。蒙皮与补强件贴合面区域的旧孔埋头窝需要使用埋头窝垫片垫平。埋头窝垫片以直接使用直径 3/16 in 的 2017 - T3 铝合金小平头铆钉头部制作。

（3）紧固件排列方法。在满足行间距和行边距的前提下，本案例蒙皮损伤切除区域宽度 W 方向承载截面紧固件排 7 行，每行有效紧固件 4 颗。蒙皮损伤切除区域长度 L 方向承载截面紧固件排 5 行，每行有效紧固件 4 颗。本案例机身蒙皮损伤抢修区域"环向每行 4 颗、纵向每行 4 颗"的紧固件排列方法，可以满足"与拉伸载荷方向平行的每行有效紧固件数量不少于 3 颗或者不多于 6 颗"的疲劳防控要求。但是，如果蒙皮损伤切除区域宽度 W 方向承载截面左侧每行 4 颗有效紧固件，蒙皮关键紧固件孔刚好位于框旧孔位置，需向左侧延伸跨过框一列紧固件。紧固件最终排列方法见补强修理装配图如图 8 - 24 所示。

7. 经济性要求

为了保持飞机外表面气动外形光滑、降低飞行阻力，可以根据飞机允许停场时间视情对补强件边缘进行倒角。补强件边缘进行倒角要求，参见补强修理装配图（见图 8 - 24）。

8. 补强修理装配图

根据本案例蒙皮补强修理的补强件材料种类和厚度、紧固件种类和直径、紧固件间距和边距、最少有效紧固件数量以及腐蚀和疲劳防控等要求，确定外场蒙皮损伤抢修方案补强修理装配图如图 8 - 24 所示。

9. 补强修理施工步骤

（1）按照补强修理装配图（见图 8 - 24）制作修理件。

（2）按照补强修理装配图（见图 8 - 24）预装配修理件并制紧固件孔。

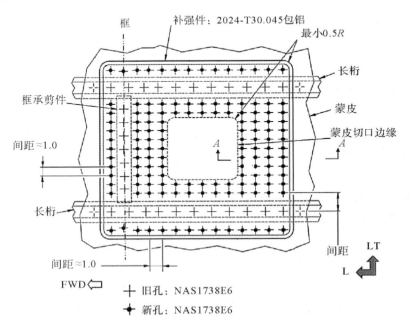

图 8 - 24　外场蒙皮损伤抢修临时补强修理装配图

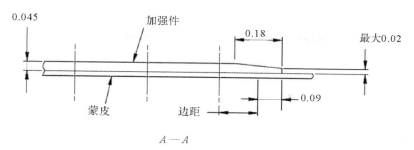

续图 8-24　外场蒙皮损伤抢修临时补强修理装配图

（3）拆下修理件，清除结构表面毛刺等应力集中缺陷，补强修理区域结构表面粗糙度 Ra 不超过 125 μin。

（4）装配前，对补强修理区域结构表面进行表面处理并喷涂一层防腐蚀底漆。

（5）按照补强修理装配图（见图 8-24）安装补强件。补强件和蒙皮之间贴合面采用防腐蚀密封胶进行贴合面密封。

（6）装配后，视情对补强修理区域外表面喷涂一层面漆。

10. 损伤容限要求

外场蒙皮损伤抢修临时补强修理的损伤容限要求包括临时补强修理的保留期限和拉铆钉的补充检查要求。本案例外场蒙皮损伤抢修更换为永久补强修理的保留期限为飞机下次 C 检或者以上级别的内场大修。拉铆钉的补充检查要求可以直接采用 737-800 SRM 53-00-01-2R-4 蒙皮临时补强修理方案的拉铆钉补充检查要求。如果 SRM 没有给出拉铆钉的补充检查要求，可以按照以下方法确定外场蒙皮损伤抢修的拉铆钉补充检查要求：

（1）检查对象。检查对象是蒙皮临时补强修理区域的拉铆钉，确认该区域拉铆钉是否存在松脱。重点检查部位为蒙皮临时补强修理区域补强件边缘的关键紧固件孔和旧孔。

（2）检查方法。详细目视检查（DVI）。

（3）检查间隔。A 检或同等级别定检。

附 录 缩 略 语

AD：Airworthiness Directive。适航指令。

ADL：Allowable Damage Limits。允许损伤限制，或者允许损伤最大值。

AOG：Aiplane on Ground。飞机非计划停场。

ATA：Air Transport Association。(国际)航空运输协会。

BS：Body Station。机身站位。

CAAC：Civil Aviation Administration of China。中国民用航空局。

CDL：Configuration Damage List。外形缺损清单。

DVI：Detailed Visual Inspection。详细目视检查。

FCBS：Fatigue Critical Baseline Structure。疲劳敏感结构，或者疲劳关键结构。

GVI：General Visual Inspection。一般目视检查。

HFEC：High Frequency Eddy Check。高频涡流检测。

LFEC：Low Frequency Eddy Check。低频涡流检测。

MFEC：Middle Frequency Eddy Check。中频涡流检测。

PSE：Principle Structural Element。重要结构。

SDI：Special Detailed Inspection。特殊详细检查，或者无损检测。

SRM：Structural Repair Manual。结构修理手册。

SSI：Significant Structural Item。主要结构。

TC：Type Certificate。型号许可证。

参 考 文 献

[1] 中国民用航空局. 民用航空产品和零部件合格审定规定 CCAR－21－R4[Z]. 2017－5－24.

[2] 中国民用航空局. 运输类飞机适航标准 CCAR－25－R4[Z]. 2011－11－7.

[3] 中国民用航空局. 运输类飞机的持续适航和安全改进规定 CCAR－26[Z]. 2016－3－17.

[4] 中国民用航空局. 维修和改装一般规则 CCAR－43－R1[Z]. 2018－11－16.

[5] 中国民用航空局. 大型飞机公共航空运输承运人运行合格审定规则 CCAR－121－R5[Z]. 2017－9－4.

[6] 中国民用航空局. 飞机维修记录和档案 AC－121－FS－2018－59－R1 [Z]. 2018－1－4.

[7] 中国民用航空局. 航空器结构持续完整性大纲 AC－121－FS－2018－65－R1 [Z]. 2018－1－4.

[8] 中国民用航空局. 机身增压边界的修理损伤容限评估要求 AC－121－FS－2018－70[Z]. 2018－1－4.

[9] 中国民用航空局. 修理和改装的损伤容限检查要求 AC－121－FS－2018－71 [Z]. 2018－1－4.

[10] Federal Aviation Administration of United States of American. Airworthiness Standards of Transport Category Airplane FAR－25[Z]. 2019－4－1.

[11] MMMPDS－04. Metallic Materials Properties Development and Standardization [S]. United States of American：Federal Aviation Administration. 2008－4.

[12] Federal Aviation Administration of United States of American. Acceptable Methods，Techniques，and Practices-Aircraft Alterations AC43.13－2B[Z]. 2008－3－3.

[13] D6－39039. 737－300/400/500 Aircraft Maintenance Manual[S]. United States of American：Boeing. 2007－1.

[14] D634A210. 737－800 Structure Repair Manual[S]. United States of American：Boeing. 2015－7.

[15] D634W210. 777－300 Structure Repair Manual[S]. United States of American：Boeing. 2015－5.

[16] B787－81205－Z0210－00. 787－8 Structure Repair Manual[S]. United States of American：Boeing. 2015－7.